희망의 책

희망의 책

희망의 사도가 전하는 끝나지 않는 메시지

제인 구달 · 더글러스 에이브럼스

게일 허드슨 변용란 옮김

The Book of Hope

사이언스북스
SCIENCE BOOKS

어머니, 러스티, 루이스 리키, 데이비드 그레이비어드에게
— 제인 구달

부모님과 하산 에드워드 캐롤,
그리고 희망을 찾으려 고군분투하는 모든 이들에게
— 더글러스 에이브럼스

머리말
희망의 대화로 여러분을 초대합니다

우리는 어두운 시대를 지나고 있다.

　세계 곳곳에서 벌어지고 있는 무장 갈등, 인종과 종교 차별, 혐오 범죄, 테러리스트들의 공격, 순식간에 시위와 저항의 땔감으로 제공되는 정치적인 편향, 이 모든 것은 종종 폭력적으로 변한다. 가진 자와 못 가진 자 사이의 격차는 점점 벌어져 분노와 불안을 유발한다. 민주주의는 여러 나라에서 공격을 받고 있다. 무엇보다도 코로나19 팬데믹 상황은 전 세계에 너무도 극심한 고통과 죽음, 실직, 경제적 혼란을 안겨 주었다. 일시적으로 뒷전으로 밀려난 기후 위기는 미래를 더욱 엄청나게 위협하고 있으며, 우리도 잘 알고 있듯이 지구의 모든 생명은 정말로 위험에 닥쳐 있다.

기후 변화는 막연히 미래의 우리에게 영향을 미치는 무언가 아니다. 녹아 가는 빙하, 높아지는 해수면, 파괴적으로 강력해진 태풍과 토네이도 등 전 지구적으로 변화하고 있는 날씨의 동향으로 보아도 기후 위기는 지금 당장 우리에게 영향을 미치고 있다. 홍수는 더욱 심해졌고 가뭄은 길어졌으며 끔찍한 산불이 전 세계에서 빈발하고 있다. 북극권에서도 최초로 산불 발생이 기록되었을 정도다.

당신은 이렇게 생각하고 있을지도 모르겠다. "제인 구달은 아흔이 다 되었어. 세상에서 어떤 일이 벌어지고 있는지 안다면, 어떻게 아직도 희망에 대한 글을 쓸 수가 있지? 아마 부질없는 희망적 관측(wishful thinking)에 굴복했겠지. 사실을 직시하고 있을 리가 없어."

나는 사실을 직시하고 있다. 나 또한 우울함을 느끼는 날이 많으며, 그런 날에는 솔직히 사회 정의와 환경 정의를 위한 싸움, 편견과 인종주의와 탐욕에 맞선 싸움을 이어 가는 수많은 사람의 노력과 투쟁과 희생이 결국엔 모두 지는 싸움으로 보인다. 탐욕, 부패, 증오, 맹목적인 편견, 우리를 둘러싼 채 맹위를 떨치고 있는 이러한 위력을 우리 힘으로 극복할 수 있다고 생각하는 것은 어리석은 일일지도 모르겠다. 힘없이 물러나 앉아 "꽹음을 내면서가 아니라 흐느끼면서"(T. S. 엘리엇의 시 구절이다.) 세상의 종말을 지켜볼 운명이라는 심정이 드는 날이 있다는 것도 충분히 이해된다. 80년을 훌쩍 넘긴 세월 동안, 나 역시 9·11 사태, 학교 내 총기 난사 사건, 자살 폭탄 테러 등의 재난과 끔찍한 사건들이 불러일으킨 절망을 목격했다. 나는 히틀러와 나치 때문에 세계가 뒤집힐 위험에 놓였던 제2차 세계 대전을 지켜보며 성장했다. 세계가 핵폭탄 대학살의 위협을 받던 냉전 시대의 무기 경쟁도 겪어 보았고, 세계 곳곳에서 수백만 명의 사람들을 고문과 죽음으로 몰아넣었던 수많은 갈등의 공포도 목도했다. 충분히 오래 산 모든 사람처럼 나 역시 수많은 암흑기를 거쳤고 수없이 많은 고통을 목격했다.

그러나 의기소침해질 때마다 나는 용기와 확신, 결단력을 가지고 '악(惡)의 세력'과 싸우는 사람들의 갖가지 놀라운 이야기를 떠올린

제인 구달. (사진 제공: JANE GOODALL INSTITUTE/BILL WALLAUER)

다. 그렇다, 우리 사이에도 악이 존재한다고 믿기 때문이다. 그러나 악에 맞서 일어나 목소리를 내는 사람들은 얼마나 더 강인하고 감동적인가. 심지어 세상을 떠난 뒤에도 그들의 목소리는 여전히 길게 반향을 울리며 감동과 희망을 전한다. 600만 년 전쯤 원숭이 같은 존재에서 진화해서 갈등을 일삼는 인간이라는 기묘한 동물에게도 궁극적으로는 선(善)이 존재한다는 희망을 주기 때문이다.

인류가 사회적으로나 환경적으로 발생시키는 해악에 대해 사람들의 관심을 불러일으키기 위해서 1986년부터 전 세계를 돌아다니기 시작한 이후, 나는 미래에 대한 희망을 잃어버렸다고 말하는 사람들을 수없이 만났다. 젊은 사람들은 특히 분노하거나 우울해하거나 무시무시할 정도로 냉담한 태도를 보였는데, 그것은 우리가 자신들의 미래를 망가뜨려 자기네들로서는 아무것도 할 수가 없다고 느끼기 때문이라고 토로했다. 미래 세대를 위한 배려는 하지 않은 채 유한한 지구의 자원을 가차 없이 약탈해 왔으므로 우리가 그들의 미래를 단순히 망가뜨린 수준이 아니라 갈취했음이 사실이기는 하지만, 잘못을 되돌리기 위해서 뭐라도 행동하는 것이 너무 늦었다고 생각하지는 않는다.

무엇보다도 유달리 내가 자주 받는 질문은 아마도 이런 것들일 것이다. 솔직히 우리가 사는 세상에 희망이 있다고 믿습니까? 우리 아이들과 손자들의 미래를 위한 희망이?

나는 진심을 다해 그렇다고 대답할 수 있다. 우리가 그간 지구에 끼친 해악을 치유하기 시작할 수 있는 시간의 창문이 아직은 우리에게 열려 있다고 믿는다. 하지만 그 창문은 닫히고 있다. 우리 아이들과 그들의 아이들의 미래를 염려한다면, 자연의 건강을 염려한다면, 우리는 함께 힘을 모아 행동에 옮겨야 한다. 바로 지금, 너무 늦기 전에 말이다.

내가 여전히 믿고 있으며, 이기는 싸움을 계속해 나가겠다는 동기를 부여하는 이 '희망'은 무엇일까? 내가 의미하는 '희망'은 정말로 무엇일까?

희망은 종종 오해를 부른다. 사람들은 희망이 단순히 수동적이고 부질없는 바람이라고 생각하는 경향이 있다. 그래서 무언가가 일어나기를 희망하지만, 그것을 위해서 아무 행동도 하지 않는다. 이런 태도는 행동과 참여를 요하는 진짜 희망과는 정반대다. 지구의 절박한 상황을 많은 사람이 알고 있지만, 무력감과 절망 때문에 그런 상황을 바꾸기 위해 아무런 행동도 하지 않는다. 이 책이 중요한 이유는 바로 그 때문이다. 희망컨대(!) 이 책은 사람들의 행동이 제아무리 미약해 보일지라도 정말로 변화를 일으킬 힘이 있다는 것을 사람들이 깨닫도록 도와줄 것이다. 수천 명이 실천하는 윤리적 행동과 노력이 쌓이면 미래 세대를 위해 우리 지구를 지키고 더 나은 곳으로 만드는 데 도움이 될 수 있다. 변화를 가져올 수 있으리라 진심으로 믿는다면 행동하지 않을 수 없으리라.

이 어둠의 시대에 내가 희망을 품는 이유는 앞으로 이 책에 명확하게 드러나겠지만, 일단은 희망이 없다면 모든 것을 잃는다고만 말해 두겠다. 희망은 석기 시대부터 우리 조상들이 종을 유지해 온 비법이자 중요한 생존 기질이었다. 나에게 희망이 없었다면 내가 걸어온 유별난 삶의 여정도 결단코 불가능했을 것이다.

이 모든 이야기와 더 많은 논의를 공저자인 더글러스 에이브럼스와 함께했고, 그 내용이 이 작은 책의 모든 페이지에 펼쳐져 있다. 더그는 달라이 라마, 데스먼드 투투(Desmond Tutu) 대주교와 더불어 썼던 『기쁨의 발견(The Book of Joy)』과 유사한 대담집을 제안했다. 이어지는 본문에서 더그는 이 책의 화자로서 아프리카와 유럽에서 우리가 나누었던 대화를 여러분에게 들려주는 역할을 한다. 더그의 도움 덕분에 나는 나의 긴 인생과 자연을 연구하면서 배웠던 희망의 이야기를 여러분과 공유할 수 있게 되었다.

희망은 전염된다. 당신의 행동은 다른 이에게 영감을 줄 것이다. 고뇌의 시간에는 위안을, 불안의 시간에는 방향을, 공포의 시간엔 용기를 찾는 데 이 책이 당신에게 도움을 주기를 진심으로 바란다.

우리의 초대를 받아들여 당신도 희망을 향한 이번 여정에 함께하기를 빈다.

제인 구달

차례

3부
희망은 끊임없이 갱신된다

한때는 우리를 다른 동물 왕국과 구분해 준다고 생각했던 존재하지 않는 장벽을 넘어 손을 뻗어 본다.
(사진 제공: JANE GOODALL INSTITUTE/HUGO VAN LAWICK)

1부
희망이란
무엇인가?

위스키와 스와힐리콩 소스

우리가 대화를 시작하기 전날 밤이었다. 나는 초조했다. 책임감이
컸기 때문이다. 그 어느 때보다도 세상엔 희망이 필요해 보였고, 희
망에 대한 이유를 새 책으로 공유해 달라고 제인 구달에게 연락을
취한 이후 몇 달간 희망이라는 주제는 내 머릿속에서 가장 중요한
부분을 차지했다. 희망은 무엇일까? 우리는 왜 희망을 품을까? 희
망은 진짜일까? 희망은 자라날 수 있을까? 인류에겐 정말로 희망
이 있을까? 역경을 경험하고 때로는 절망에 휩싸이며 우리 모두가
고민하는 질문을 던지는 것이 내 역할임은 잘 알고 있었다.

희망의 메신저로 수십 년간 전 세계를 돌아다닌 제인은 세계적인 영웅이므로, 나는 미래에 대한 그의 확신을 이해하고 싶은 열망이 들끓었다. 뿐만 아니라 제인 본인이 지나 온 힘겹고도 선구적인 생애 내내 어떻게 희망을 유지할 수 있었는지도 알고 싶었다.

걱정스러우면서도 열심히 질문을 준비하고 있었을 때, 전화벨이 울렸다.

"우리 가족과 함께 저녁 식사나 하시지 않을래요?" 제인이 물었다. 나는 탄자니아의 옛 수도인 다르에스살람에 막 당도한 참이었으므로 기꺼이 그러겠다고 했다. 식사 대접을 받고 내 오랜 우상과 위스키를 홀짝일 수 있는 드문 기회였을 뿐만 아니라 그를 어머니이자 할머니로서 만나 볼 기회였다.

제대로 된 도로명 주소가 없었으므로 제인의 집을 찾는 일은 쉽지 않았다. 집은 여러 갈래의 흙길을 지나 탄자니아 초대 대통령이었던 줄리우스 니에레레(Julius Nyerere)의 이름을 딴 대형 주택가 옆에 있었다. 나무가 빽빽이 자란 동네에서 택시가 입구를 제대로 찾지 못해 여러 번 실패를 거듭하자 지각이 염려되었다. 새빨간 태양은 빠르게 지고 있었는데 우리를 인도해 줄 가로등도 없었다.

마침내 우리가 집을 찾았을 때 제인은 환한 미소와 꿰뚫어 보는 듯한 눈빛으로 문 앞에서 나를 맞이했다. 흰 머리칼은 목덜미에서 하나로 당겨 묶었고, 공원 관리인 유니폼 같은 초록색 버튼다운 셔츠와 카키색 바지를 입고 있었다. 셔츠에는 제인 구달 연구소(Jane

Goodall Institute, JGI) 로고와 함께 기구의 상징인 그림이 새겨져 있었다. 제인의 옆모습과 네발로 땅을 짚은 침팬지, 환경을 의미하는 나뭇잎, 침팬지와 함께 보호가 필요하다는 결론에 도달한 인간을 의미하는 손 모양이었다.

제인은 여든여섯 살이지만 처음 곰베에 가서 《내셔널 지오그래픽》 표지에 등장했던 때 이후로 별로 나이를 먹은 것 같지 않았다. 희망과 대의의 어떤 지점이 사람을 끊임없이 젊게 유지해 주는 것이 아닐까 궁금해졌다.

그러나 가장 눈에 띄는 것은 제인의 의지력이었다. 자연의 힘 같은 담갈색 눈동자에선 굳은 의지가 뿜어져 나왔다. 그것은 맨 처음 지구를 반 바퀴 돌아 아프리카에서 동물을 연구하도록 제인을 이끌었고, 지난 30년간 여행을 지속하게 만든 의지와 동일했다. 코로나19 팬데믹 이전 제인은 1년에 300일 이상 환경 파괴와 서식지 소멸의 위험에 관한 강연을 하며 지냈다. 그리고 마침내 세상은 그의 이야기를 귀담아듣기 시작했다.

제인이 저녁에 위스키를 즐겨 마신다는 사실을 알고 있었으므로 나는 그가 가장 좋아한다는 조니 워커 그린 라벨 한 병을 가져갔다. 제인은 고맙게 선물을 받았지만, 차라리 값이 더 싼 레드 라벨을 사고 남는 돈은 환경 보호 기구인 제인 구달 연구소에 기부했더라면 좋았을 것이라고 나중에 말해 주었다.

주방에선 제인의 며느리 마리아(Maria)가 탄자니아식 채식 요리

위스키와 스와힐리콩 소스

를 준비했다. 크림 같은 스와힐리 콩 소스를 곁들인 코코넛 라이스, 땅콩 가루와 커리와 고수를 얹은 렌틸콩과 완두콩, 살짝 볶은 시금치가 있었다. 제인은 음식엔 아무런 관심이 없다고 했지만, 나는 생각이 달랐고 내 입엔 벌써 군침이 돌기 시작했다.

제인은 내가 사간 작은 술병을 4.5리터짜리 거대한 페이머스 그라우스 위스키병 옆 조리대에 올려 두었다. 그것은 성인이 된 제인의 손자들이 깜짝 선물로 준 것이었는데, 대용량으로 사면 훨씬 더 쌀 뿐만 아니라 확실히 오래오래 할머니 곁에 둘 수 있을 것이라 했다. 제인이 두 번째 남편과 결혼하며 이주한 다르에스살람의 집에는 현재 손자들이 살고 있고, 사실 당시에도 제인은 여전히 시간 대부분을 곰베에서 보내고 있었다. 이제 제인은 1년에 두 번 탄자니아를 짧게 방문할 때에만 그 집을 찾을 뿐 그나마도 한 번에 며칠밖에는 머물지 않으며, 곰베로 돌아가거나 탄자니아의 다른 마을을 찾는다.

제인에겐 저녁에 즐기는 위스키 한 모금이 밤마다 이어지는 의식이자, 긴장을 풀어 주고 가능하다면 친구들과 함께 건배를 즐길 수 있게 해 주는 기회였다.

"이 모든 것은 고향에 살 때 늘 어머니와 내가 매일 저녁 위스키 1위드램(wee dram, 한 모금 정도의 위스키의 양을 나타내는 영국과 아일랜드의 고유 단위로 약 23.7밀리리터다. ─옮긴이)의 위스키를 나누어 마셨기 때문에 시작되었어요. 그래서 내가 세상 어디에 있든 오후 7시엔 서로를 위해 모녀가

다르에스살람에서 가족과 함께. 왼쪽부터 손자 멀린, 마리아의 아들이자 그의 이복형제인
키키(Kiki), 멀린의 이복형제인 손자 닉(Nick), 손녀 에인절, 아들 그럽(Grub).
(사진 제공: JANE GOODALL INSTITUTE/COURTESY OF THE GOODALL FAMILY)

계속해서 술잔을 들어 올렸죠." 제인이 설명했다. 너무 많은 인터뷰
와 강연에 완전히 지쳐 목이 쉴 때 위스키를 한 모금 마시면 성대가
조여져서 강연을 끝마칠 수 있다는 사실을 발견하기도 했다. "오페
라 가수 네 사람과 유명 록 가수 한 사람도 이 방법이 자기네에게
효과가 있다고 말해 주었답니다."

제인과 가족들이 웃음을 터뜨리며 이야기를 들려주는 동안 나
는 야외 베란다 식탁에서 제인 곁에 앉아 있었다. 우리를 둘러싸고
탐스럽게 피어난 부겐빌레아 꽃은 촛불 빛을 받아 마치 숲에 드리
워진 캐노피처럼 느껴졌다. 장손인 멀린(Merlin)은 스물다섯 살이었

위스키와 스와힐리콩 소스

다. 수년 전인 열여덟 살 때 그는 친구들과 밤에 거하게 놀고 나서 물을 채우지 않은 수영장으로 뛰어들었다. 그 사고로 목이 부러지는 부상을 입은 그는 다른 인생을 살기로 했고, 파티를 포기한 다음 여동생인 에인절(Angel)과 마찬가지로 할머니 뒤를 따라 환경 보호 일에 합류했다. 겸손한 가모장인 제인은 자부심을 당당히 드러내며 식탁 상석에 앉아 있었다.

제인은 발목에 발찌 형태의 모기 기피제를 둘렀고, 우리는 모기들이 채식주의자가 아니라는 농담을 했다. "암컷 모기들만 피를 빨아요." 제인이 지적했다. "수컷들은 수액만으로 대충 살아가죠." 자연주의자의 눈에는 피를 빠는 모기들도 자손에게 먹일 피를 얻으려 애쓰는 모성일 뿐이었다. 그러나 그렇다고 해서 인류 역사상 원수가 틀림없는 모기에 대한 나의 증오심이 달라지진 않았다.

담소와 가족들의 이야기가 중단되자, 처음 희망에 관한 책을 협업하기로 결정한 이후 줄곧 나를 사로잡고 있는 질문들을 제인에게 묻고 싶었다.

워낙 회의주의자로 나고 자란 뉴요커였기에 나는 희망에 의심을 품고 있다는 사실을 인정해야 했다. 희망이란 고작해야 '잘 되기를 빌어 봅시다.' 정도의 나약한 반응이나 소극적인 수긍 같았다. 만병통치약이나 환상 같았다. 고집스러운 거부, 또는 삶의 팍팍한 현실과 사실을 무시한 채 매달리는 맹목적인 신념 같았다. 사기극으로 이어지는 거짓 희망을 품게 될까 봐 두려웠다. 희망으로 위험을 무

에인절은 우리 연구소의 뿌리와 새싹(Roots & Shoots) 프로그램을 담당하고 있고, 멀린은
다르에스살람 인근에 남아 있는 오래된 숲에서 교육 센터 개발 작업을 돕고 있다.

(사진 제공: K 15 PHOTOS/FEMINA HIP)

위스키와 스와힐리콩 소스

룹쓰느니 어느 면에선 냉소주의가 차라리 더 안전하다고 느껴졌다. 특히 지금과도 같은 위기의 시대에는 경적을 울리는 공포와 분노가 확실히 더 유용한 반응 같았다.

희망과 낙관주의의 차이는 무엇인지, 제인도 희망을 잃은 적이 있었는지, 어둠의 시대에 어떻게 희망을 계속 지켜 나갈지도 알고 싶었다. 그러나 시간이 늦어져 저녁 파티가 파하고 있었으므로 질문을 던지는 건 다음 날 아침까지 기다려야 했다.

희망은 진짜일까?

다음 날 약간은 덜 초조한 마음으로 희망에 대한 대화를 시작하려고 돌아갔을 때, 제인과 나는 베란다에서 바닥과 등받이가 초록색 캔버스 천으로 된 낡고 튼튼한 접이식 나무 의자에 자리를 잡고 앉았다. 우리는 나무가 하도 빽빽해서 바로 너머에 있는 인도양을 바라보는 것이 거의 불가능할 정도인 뒷마당을 내다보았다. 열대 지방 새들이 합창하듯 노래를 부르고 꽥꽥거리고 킬킬거리고 고함을 질러댔다. 제인의 발밑엔 유기견 출신 반려견 두 마리가 앉아 있고, 방충망 너머에선 끈질기게 대화에 참여하려는 듯 고양이 한 마리가 울어댔다. 온갖 동물에 둘러싸여 그들을 보호하고 있는 제인은 약간 현대판 아시시의 성(聖) 프란치스코 같았다.

"희망은 무엇입니까?" 내가 말문을 열었다. "선생님은 희망을 어떻게 정의하시죠?"

"희망은 우리가 역경에 맞서 계속 나아가게 해 주는 힘입니다. 꼭 일어나기를 바라지만 그렇게 되게 하려면 열심히 노력할 준비가 되어 있어야 하죠." 제인은 씩 웃었다. "이 기획이 좋은 책이 되기를 희망하는 것처럼 말이에요. 하지만 우리가 열심히 일하지 않으면 그럴 일은 없겠죠."

나는 미소를 지었다. "맞습니다, 그것 역시 분명 우리의 희망 중 하나겠죠. 선생님은 우리가 꼭 일어나기를 바라지만 그러려면 열심히 노력할 준비가 되어야 한다고 말씀하셨습니다. 그렇다면 희망에는 행동이 필요한가요?"

"모든 희망에 행동이 필요하다고 생각하지는 않습니다. 가끔은 행동을 취할 수 없을 때도 있으니까요. 아무런 정당한 이유 없이 교도소에 투옥되어 있다면 행동을 취할 순 없지만 그래도 여전히 출소를 희망할 순 있겠죠. 나는 야생 동물의 존재를 기록하려고 카메라를 단 덫을 설치했다가 재판을 받고 장기 복역 중인 환경 운동가 집단과도 연락을 주고받고 있어요. 그들은 다른 사람들의 행동에 힘입어 풀려날 날을 희망하며 살고 있지만, 실제로 그들 스스로 행동을 취할 순 없습니다."

희망을 도출하기엔 행동과 주체가 중요하지만, 희망은 감방에서도 살아남을 수 있다는 이야기였다. 가슴 부분이 새하얀 검은 고양

위스키와 스와힐리콩 소스

이 한 마리가 어슬렁거리며 집에서 나와 발코니에 오르더니, 제인의 무릎에 뛰어올라 네발을 몸뚱이 아래 감춘 채 아늑하게 자리를 잡았다.

"동물도 희망을 품는지 궁금하네요."

제인은 미소를 지었다. 고양이를 쓰다듬으며 그가 말했다. "여기 우리 벅스는 늘 집안에 앉아 있는데, 결국엔 밖으로 나가게 해 주기를 '희망'하는 것 같아요. 먹을거리를 원할 때면 애처롭게 야옹야옹 울어대면서 내 다리에 몸을 비비고 등을 굽히고 꼬리를 흔들죠. 보통은 그런 행동으로 원하는 결과를 얻거든요. 나는 벅스가 그런 행동을 할 때 곧 사료를 먹게 될 거라는 희망을 품는다고 확신해요. 주인이 집에 오기를 기다리며 창가에서 기다리는 개를 생각해 보세요. 그건 분명 어떤 형태의 희망입니다. 침팬지들은 종종 자기가 원하는 것을 얻지 못하면 울분을 터뜨려요. 그건 일종의 좌절된 형태의 희망일 거예요."

유일하게 인간만 희망을 품는 것은 아닌 듯했지만, 인간의 마음에선 과연 무엇이 희망을 독특하고도 유일한 것으로 만들어 주는지 되짚어 보아야 했다. 우선 나는 종종 혼동을 안겨 주는 다른 용어와의 차이점을 이해하고 싶었다. "세계의 수많은 종교적 전통에서는 희망을 신앙과 동일선상에서 이야기합니다. 희망과 신앙은 같은가요?"

"희망과 신앙은 아주 다릅니다, 안 그래요?" 제인은 질문이라기보다는 단언처럼 말했다. "신앙은 우주 저 너머에 지적인 권능이 실재한다고 믿는 것을 말하죠. 하느님이나 알라 또는 그와 비슷한 것으로 해석될 수 있는 어떤 것 말이죠. 사람들은 신이 창조주라고 믿습니다. 사후 세계나 뭔가 다른 원리를 믿죠. 그것이 신앙입니다. 우리는 이러한 것들이 진실이라고 믿을 수는 있지만 알 수는 없어요. 하지만 우리는 우리가 가고자 하는 방향을 알 수도 있고, 그것이 옳은 방향이기를 희망할 수도 있습니다. 아무도 미래를 알 수는 없기 때문에 희망은 신앙보다 더 겸손하지요."

"희망은 주어지는 것이 아니라 실현하기 위해 노력해야 하는 것이라는 말씀이군요."

"글쎄요, 어떤 맥락에서 노력과 행동은 필수적입니다. 지금 우리가 겪고 있는 악몽과도 같은 환경 문제를 생각해 보세요. 상황을 되돌리기에 너무 늦은 것은 아니기를 절실히 희망하지만, 행동을 취하지 않는 한 그런 변화는 절대로 일어나지 않는다는 걸 우리는 알고 있습니다."

"그럼 능동적인 태도를 취하면 더 희망적이 되나요?"

"글쎄요, 둘 다 지녀야겠죠. 본인의 행동이 뭔가 좋은 일을 낳게 될 것이라고 바랄 수 없다면 능동적으로 될 수는 없을 겁니다. 그러므로 일단 행동에 옮기려는 희망이 필요하고, 그런 다음 행동을 취함으로써 더 많은 희망이 생겨나죠. 돌고 도는 구조에요."

"그렇다면 실제로 희망은 무엇인가요, 감정?"

위스키와 스와힐리콩 소스

"아뇨, 감정은 아닙니다."

"그럼 뭐죠?"

"생존의 자질 중 하나에요."

"생존의 기술이라는 말씀인가요?"

"기술은 아닙니다. 무언가 좀 더 본질적이고 심오하죠. 거의 선물과도 같아요. 어서 다른 단어를 떠올려 보세요."

"도구, 자원, 힘?"

"힘이 좋겠네요. 힘, 도구. 그거랑 비슷해요. 그렇다고 파워 툴(power tool), 전동 기구는 아니고요!"

나는 제인의 농담에 웃음을 터뜨렸다. "설마 드릴은 아니겠죠?"

"예, 전동 드릴은 아니에요." 제인도 웃으며 말했다.

"생존의 메커니즘……?"

"좀 더 비슷하긴 하지만 덜 기계적이에요. 생존……." 제인은 딱 맞는 단어를 떠올리느라 말을 멈추었다.

"충동, 본능?" 내가 의견을 제시했다.

"사실 희망은 살아남은 것들의 특징이고 생존의 본질이에요." 마침내 제인이 결론을 내렸다. "바로 그거예요. 희망은 인간의 생존의 본질이고, 그것이 없으면 우리는 소멸하고 말아요."

희망이 생존의 본질이라면, 왜 어떤 이들은 다른 사람들보다 더 희망적인지, 특별히 스트레스가 많은 시기에 더 많은 희망이 생겨날 수 있는지, 제인은 희망을 잃어 본 적이 있는지 궁금했다.

과학자로서 엄혹한 현실을 마주하는 불굴의 의지와 인간의 삶에 관한 가장 심오한 의문을 이해하려는 탐구자로서의 욕망까지, 제인은 귀한 자질을 두루 갖춘 사람이다.

"과학자로서 선생님은······." 하고 내가 말문을 열었다.

"나는 스스로 자연주의자(naturalist)라고 생각합니다." 제인이 정정했다.

"무슨 차이가 있죠?" 나는 자연주의자란 그냥 현장에 나가서 일하는 과학자라고 늘 짐작하고 있었다.

"자연주의자는 자연의 경이로움을 탐구합니다. 자연의 목소리에 귀를 기울이고 자연을 이해하려 노력하면서 자연으로부터 배움을 얻죠." 제인이 말했다.

"반면에 과학자는 사실과 정량화하려는 욕망에 좀 더 초점을 맞춥니다. 과학자로서 품는 의문은 '이건 왜 적응일까? 저건 어떻게 종의 생존에 기여할까?' 하는 식이죠. 자연주의자로서는 공감과 직관, 그리고 사랑이 필요합니다. 찌르레기 떼를 보면서 그 새들의 놀라운 민첩성을 온 마음을 다해서 경이를 느낄 준비가 되어야 해요. 수천 마리가 모여 어떻게 서로 몸이 닿지도 않으면서도 그토록 촘촘한 대형을 유지하고 한몸인 것처럼 하강과 방향 전환을 하며 날 수 있는 걸까? 그리고 왜 그런 행동을 하는 걸까? 재미 삼아서? 유희를 위해서?" 제인은 상상 속의 찌르레기를 올려다보는 듯 허공을 응시하며, 창공을 날며 퍼덕이는 날개인 듯 양손을 휘저었다.

문득 경외와 경이로 가득 찬 젊은 자연주의자로서 제인의 모습이 눈앞에 그려졌다. 요란하게 비가 쏟아지기 시작해 대화가 중단되자, 제인이 품었던 희망과 꿈이 너무도 멀고 실현되기 어렵게 보였을 까마득한 초창기 시절을 상상하는 것이 그리 힘들지 않았다.

비가 잦아들면서 우리는 다시 대화를 이어 갔다. 나는 제인이 처음 아프리카로 여행을 떠났을 때의 기억을 물었다. 제인은 눈을 감았다. "동화 같았어요." 제인이 말했다. "그 시절엔 대륙을 오가는 비행기가 없었어요, 1957년이었거든요. 그래서 케냐 캐슬(Kenya Castle) 호라는 배를 타고 갔답니다. 원래는 2주쯤 걸릴 예정이었지만 결과적으로는 한 달 정도 걸렸죠. 영국과 이집트 사이에 전쟁이 일어나서 수에즈 운하가 폐쇄됐기 때문이죠. 우리는 곧장 아프리카 대륙 전체를 빙 돌아서 케이프타운까지 내려갔다가 해안을 따라 케냐 몸바사로 향했어요. 마법 같은 여정이었죠."

제인은 야생 동물을 연구하겠다는 꿈을 좇고 있었고, 그 꿈은 닥터 두리틀과 타잔 이야기를 읽은 어린 시절에 피어난 것이다. "타잔은 확실히 엉뚱한 제인을 잘못 만나 결혼을 한 셈이죠." 제인이 농담을 했다. 도저히 믿어지지 않는 제인의 인생은 전 세계 수많은 사람에게 감동을 주었다. 당시만 해도 여성들은 정글에 들어가 야생 동물들과 함께 살며 그에 관한 책을 쓰려고 지구를 반 바퀴 도는 경우가 없었다. 제인의 말대로, "남자들도 그런 일은 하지 않았을 걸요!"

나는 그 초창기 시절에 대해서 더 이야기해 주십사 청했다.

"나는 학교 성적이 좋았지만 열여덟 살에 고등학교를 졸업했을 때 대학에 갈 돈이 없었어요. 취직을 해야 하니 비서 교육을 받았어요. 따분한 일이었죠. 하지만 어머니가 열심히 일해서 기회를 잡아야 한다고, 포기하지 말라고 말씀하셨죠. 어머니는 항상 이렇게 말씀하셨습니다. '무슨 일이든 하려면 제대로 해라.' 그 말씀이 내 인생의 초석이 되었다고 생각해요. 원하지 않는 일은 빨리 끝내 버리고 싶겠지만, 결국엔 해야 할 일이라면 최선을 다해서 전력을 다해야 합니다."

제인의 기회는 학교 친구가 케냐의 가족 농장에 놀러 오라고 초청을 하면서 찾아왔다. 그곳을 방문하는 동안, 제인은 평생을 아프리카에서 인류 최초 조상의 화석 흔적을 찾는 데 바쳤던 저명한 고인류학자 루이스 리키(Louis Leakey) 박사에 대해 듣게 되었다. 당시 그는 코린돈 박물관(Coryndon Museum, 현재는 나이로비 국립 박물관)의 큐레이터였다.

"동물에 관심이 있다면 나더러 리키를 꼭 만나 봐야 한다고 누군가 말해 주었어요." 제인이 설명했다. "그래서 그분과 약속을 잡았죠. 그분은 내가 아프리카 동물들에 관해서 엄청 많이 알고 있다는 사실에 감동한 것 같더군요. 나는 아프리카 동물에 관한 책을 닥치

　　　　　　　　위스키와 스와힐리콩 소스

는 대로 읽었거든요. 게다가 어떻게 된 줄 아세요? 나와 만나기 이틀 전에 그분 비서가 갑자기 그만두어서 비서가 필요한 상황이었어요. 그래서 결국 옛날에 그토록 따분해하며 받았던 비서 교육이 전부 쓸모가 있게 된 거예요!"

제인은 루이스 리키와 그의 아내 메리(Mary), 그리고 또 다른 젊은 영국 여성 질리언(Gilian)과 함께 탄자니아 올두바이 협곡에서 초기 인류의 흔적을 찾는 연례 발굴 탐사에 초청되었다.

"거기서 보내는 석 달간의 일정이 끝나 갈 무렵 루이스가 탄자니아 탕가니카 호수 동부 연안 인근 숲에 사는 침팬지 무리에 대한 이야기를 시작했는데, 당시 탄자니아는 탕가니카로 불렸고 아직 영국의 식민 지배를 받고 있었어요. 루이스는 그 침팬지들의 거주지가 외딴곳이고 척박해서 주변에 위험한 동물들도 많을 것이라고, 그래서 그곳 침팬지들은 스스로 인간보다도 4배나 더 강해졌다고 설명해 주었죠. 아, 나도 루이스가 꿈꾸는 것과 같은 모험을 얼마나 갈망했는지 몰라요. 그는 열린 마음과 배움에 대한 열정, 동물에 대한 사랑, 무한한 끈기를 가진 누군가를 찾고 있다고 말했어요."

리키는 우리와 가장 가까운 동물이 야생에서 어떻게 행동하는지를 파악한다면 인간의 진화를 설명할 수 있으리라고 생각했다. 누군가 이 연구를 수행해 주기를 그가 바랐던 이유는 머리뼈의 모양으로 생명체의 생김새를 알 수 있고 이빨의 형태로는 식생활을 알 수 있지만, **행동**은 화석으로 남지 않기 때문이었다. 리키는 600만

나의 멘토 루이스 리키와 함께. (사진 제공: JANE GOODALL INSTITUTE/JOAN TRAVIS)

년 전쯤 원숭이 같기도 하고 인간 같기도 한, 유인원과 인간의 공통 조상이 되는 생명체가 존재한다고 믿었다. 현생 침팬지(와 우리는 DNA 구성이 거의 99퍼센트 일치한다.)의 행동이 현생 인류의 행동과 유사함(혹은 동일함)을 보여 준다면, 그것은 공통 조상 생명체에게도 존재했을 것이고, 여러 가지로 나뉜 진화 경로를 관통하는 공통 요소 중 하나일 것이라고 그는 추측했다. 그리고 이러한 연구는 인류의 석기 시대 조상들의 행동을 짐작하는 데 많은 도움을 주리라 여겼다.

"루이스가 나를 염두에 두고 있을 줄은 꿈에도 몰랐기 때문에, 그 임무를 맡을 준비가 되어 있는지 내게 물었을 때 거의 믿지 않았어요!"제인은 자신의 멘토를 회고하며 미소를 지었다. "루이스는

위스키와 스와힐리콩 소스

명석함이나 선견지명, 체구 면에서 진정한 거인이었어요. 유머 감각
도 뛰어났고요. 그가 연구비를 마련하는 데는 1년이 걸렸습니다. 영
국 정부는 처음에는 젊은 백인 여성이 밀림에 들어간다는 사실에
경악해 승인을 거부했지만, 루이스는 끈질기게 버텼고, 내가 혼자
가지 않고 누구든 '유럽 인' 동료를 동반한다는 조건으로 결국엔 허
가가 났어요. 루이스는 나와 경쟁 관계에 있는 사람이 아니라 뒤에
서 나를 지원할 누군가를 원했으므로, 우리 어머니가 완벽한 조건
을 갖췄다고 결론 내렸죠. 어머니는 열심히 설득할 필요도 없었을
거예요. 어머니는 도전을 사랑하셨으니까요. 어머니가 아니었다면
그 모든 탐험은 불가능했을 겁니다."

"당시 코리돈 박물관에서 일하던 식물학자 버나드 버드코트
(Vernard Verdcourt)는 차체가 짧은 랜드로버에 짐을 잔뜩 싣고서 곰베
에서 가장 가까운 마을인 키고마(Kigoma)까지, 대부분 비포장 도로
에 바퀴 자국이 깊이 파이고 곳곳에 웅덩이가 깔린 길로 우리를 태
워다 주었어요. 그가 나중에 고백하기를, 우리를 내려주고 나서 다
시는 우리 둘 다 살아 있는 모습을 보긴 글렀다고 생각했대요."

그러나 제인은 잠재적인 위험보다는 임무를 어떻게 완수할지가
더 걱정이었다. 제인이 말을 멈추었으므로 나는 이야기를 계속해
달라고 부추겼다. "곰베에 계실 때 이런 내용으로 가족에게 편지를
보내셨잖아요. '나의 미래는 너무도 어처구니가 없다. 난 그저 침팬
지처럼 바위에 쭈그려 앉아 가시와 지푸라기를 뽑아내고, 어디선가

어머니는 내가 찾아낸 머리뼈과 다른 뼈 수집분만 아니라 침팬지들이 먹는 나뭇잎들을 수집해 압착하는 과정을 도와주었다. 사진은 과거 군용으로 사용되었던 구제품 텐트 입구에서 찍은 것이다. (사진 제공: JANE GOODALL INSTITUTE/HUGO VAN LAWICK)

위스키와 스와힐리콩 소스

과학적인 연구를 하고 있을 것으로 알려진 미지의 미스 구달을 생각하며 웃음을 터뜨린다.' 당시 희망과 절망의 순간으로 저를 인도해 주시죠." 특히 이제껏 한 번도 해 보지 않은 일을 시도하며 제인이 맞닥뜨렸을 불안과 자신에 대한 회의를 이해해 보고 싶어져 내가 말했다.

"실망과 좌절의 순간은 너무도 많았어요." 제인이 설명했다. "매일 동이 트기 전에 깨어나 침팬지를 찾아 곰베의 가파른 산길을 오르면서 망원경으로 그들을 찾아내는 경우도 드문드문 있었어요. 밀림을 가로질러 살금살금 다가가거나 기어서 접근하다가 덤불에 팔다리와 얼굴이 긁히면서도 마침내 침팬지와 마주하는 거죠. 심장이 터질 것처럼 설렜지만 내가 뭐라도 관찰하기 전에 침팬지들은 나를 한번 쓱 보자마자 달아나 버렸어요. 연구비는 6개월 치밖에 없는 상황이었는데 침팬지들은 무조건 날 피해 달아났죠. 몇 주일은 곧 몇 달이 되었어요. 시간만 주어지면 침팬지들에게 믿음을 주리라는 건 알고 있었어요. 하지만 나에게 시간이 있을까? 이번 일을 성공시키지 못한다면 루이스를 실망시킬 게 뻔했어요. 그는 나를 엄청나게 신임하고 있었는데, 그 꿈도 끝이 나는 셈이잖아요."

제인은 설명을 이어 갔다. "하지만 무엇보다도 중요한 건 연구가 실패하면 이 매혹적인 생명체에 대한 지식이라든지, 침팬지가 인간의 진화에 대해서 알려줄 수 있는 것들을 절대 알지 못하게 될 거라는 사실이었어요. 루이스가 바라는 것이 바로 그 지식이었는데 말이죠."

제인은 명망 있는 과학자가 아니었다. 학사 학위조차 없었다. 루이스 리키는 학계의 편견이나 사전 지식에 이미 너무 많이 젖어 있지 않은 사람을 원했다. 특히 동물의 감정과 성격에 관한 제인의 획기적인 발견은, 만일 그가 당시 대학의 보편적인 믿음대로 동물이 그러한 감정과 성격을 지닐 수 있으리라는 사실을 부정하는 훈련을 받은 사람이었더라면 절대 불가능했을 것이다.

현장 연구가로는 여성이 더 나을 수도 있다는 믿음을 리키가 갖고 있었다는 사실도 제인에게는 행운이었다. 연구 대상인 동물에 대해 여성들이 더 큰 인내심을 갖고 더 큰 공감을 보여 줄 수 있을 것이라 여긴 것이다. 제인을 밀림에 보낸 뒤에도 리키는 또 다른 2명의 여성이 꿈을 좇을 수 있도록 도와, 다이앤 포시(Dian Fossey)가 산림에 사는 고릴라를 연구하고 비루테 갈디카스(Biruté Galdikas)가 오랑우탄을 연구할 기금을 마련해 주었다. 이 세 여성들은 훗날 삼인방(Trimates)으로 불리게 되었다.

"야생 공원의 척박하고 험준한 지형을 보고 있자면, 요리조리 도망 다니는 침팬지들을 도대체 내가 어떻게 찾을 수 있을지 의문이 들었고 정말로 그건 쉬운 일이 아니었어요. 어머니는 아주 중요한 역할을 해 주었습니다. 침팬지들이 또 나를 피해 다 달아나 버렸기 때문에 나는 우울감에 휩싸여 캠프로 돌아왔어요. 하지만 어머니는 내가 생각보다 더 많은 것을 배우고 있다고 지적해 주셨죠. 나는

위스키와 스와힐리콩 소스

나는 침팬지의 흔적을 찾기 위해 나무에 카메라를 고정해 놓고, 타이머 기능을 활용해
촬영했다. (사진 제공: JANE GOODALL INSTITUTE/JANE GOODALL)

꼭대기에 올라앉아 두 협곡을 내려다볼 수 있는 봉우리를 발견했
어요. 그곳에서 침팬지들이 숲에 보금자리를 꾸려 잠들고 각기 다
른 체구에 따라 무리를 지어 이동하는 모습을 망원경으로 지켜보
았죠. 나는 그들이 어떤 먹이를 먹는지, 그리고 각기 다른 그들의
울음소리를 알게 되었어요."

그러나 6개월의 보조금이 끝난 뒤 리키가 연구비를 더 받아내기
에는 정보가 충분하지 않다는 걸 제인은 알고 있었다.

"침팬지들이 달아나 버리면 나는 루이스에게 참 많은 편지를 보
냈어요." 제인이 회상했다. "'저를 전적으로 믿어 주셨는데 전 안 되

겠어요.' 그러면 그는 '난 자네가 할 수 있다는 걸 알아.'라고 답장을 보내 주셨죠."

"리키 박사의 격려가 선생님에겐 큰 의미가 있었겠네요."

"사실은 그런 말이 상황을 더 악화시켰어요." 제인이 설명했다. "그분이 '난 자네가 할 수 있다는 걸 알아.'라고 할 때마다 나는 생각했죠. '하지만 내가 해내지 못하면 그분은 실망할 거야.' 내가 정말로 걱정한 건 바로 그 점이었어요. 잘 알지도 못하는 이 젊은 여자를 위해서 그는 목을 내걸고 연구비를 따내고 있었으니까요. 그러니 내가 그를 실망시키면 그분은 어떤 심정일 것이며, 나는 또 어떤 심정이겠어요?" 절박한 마음으로 제인은 그에게 편지를 쓰고 또 썼다. "'안 될 것 같아요, 루이스.'라고 나는 편지를 보냈어요. 그러면 그는 또 '나는 자네가 할 수 있다는 걸 알아.'라고 답장을 보내 주셨죠. 다음번 편지엔 '알아.'라는 낱말을 훨씬 더 큰 글씨로 쓰시고 밑줄까지 그으셨죠. 그래서 나도 점점 더 필사적으로 되어 갔죠."

"선생님에 대한 그분의 믿음엔 뭔가 특별한 게 있었던 것 같습니다, 그 믿음이 그 오지까지 가도록 선생님을 격려했을 테고요." 내가 끼어들었다.

"더 열심히 일한다는 게 어떤 건지도 모르면서 아마도 그 말 덕분에 더 열심히 일했을 거예요. 매일 아침 5시 30분이면 밖으로 나가서 거의 어두워질 때까지 밀림을 기어 다니거나 봉우리에서 온종일 관찰을 했으니까요."

위스키와 스와힐리콩 소스

그 초창기 시절은 위험과 도전, 장애물로 가득했던 것 같다. 그러나 제인은 의연해 보였다. 한번은 땅바닥에 앉아 있는데 독사가 다리 위로 미끄러져 지나간 적도 있다고 했다. 그런데 '정말로 그곳에 있을 사람'이라면 동물들도 해치지 않으리라고 느꼈기 때문이란다. 제인은 자기가 동물들을 해칠 마음이 없다는 걸 동물들도 어떻게든 알고 있을 거라고 믿었다. 이러한 믿음을 부추긴 사람은 루이스 리키였는데, 그때까지 정말로 제인을 해친 야생 동물은 없었다.

그의 믿음만큼이나 중요했던 사실은 제인이 야생 동물 주변에서 어떻게 행동해야 하는지 잘 알고 있었다는 점이다. 특히 가장 위험한 일은 어미와 새끼 사이를 갈라놓거나, 부상을 입은 동물 혹은 인간을 증오하도록 학습된 동물과 마주하는 일임을 제인은 알고 있었다. "올두바이에 있을 때 내가 보인 반응에 대해서 루이스가 인정해 준 적이 있어요. 힘든 노동을 마치고 뜨거운 태양 아래 질리언과 내가 걸어서 캠프로 돌아가는 중이었는데 뭔가 뒤를 따라오고 있다는 느낌이 들더군요. 호기심 많고 어린 수사자 한 마리였어요."라고 제인이 말했다. 수사자의 몸집은 다 자랐지만 갈기는 이제 막 나기 시작한 모습이었다. 제인은 질리언에게 그냥 천천히 걸어서 계곡 옆 언덕을 올라 그 위쪽으로 탁 트인 벌판으로 가야 한다고 말했다.

"루이스는 우리가 달아나려 하지 않았던 게 행운이라고 알려주었어요, 그랬더라면 사자가 우리를 뒤쫓아 왔을 거라고요. 검은코뿔소 수컷을 만났을 때 내가 보였던 반응도 인정했죠. 코뿔소는 사

력이 좋지 않으니 그냥 꼼짝하지 않고 서 있어야 한다고 말했거든
요. 다행히도 바람이 우리를 향해 불고 있어서 우리 냄새가 녀석에
게로 날아가지 않을 거라는 걸 알고 있었어요. 코뿔소는 뭔가 이상
한 게 있다는 걸 알고 꼬리를 허공에 흔들며 앞뒤로 뛰어다녔지만
마침내 먼 곳으로 가 버렸어요. 내가 보인 이런 반응 때문에, 그리고
하루에 8시간씩 화석을 발굴하는 나의 끈기 때문에 아마도 루이
스가 침팬지를 연구하는 기회를 나에게 제안했던 것 같아요."

제인은 곰베에서 계속 버텼고 서서히 침팬지들의 신뢰를 얻어냈
다. 침팬지와 친해지면서, 제인은 과거 소유했거나 지켜보았던 모든
동물에게 이름을 붙여 주었듯이 그들에게도 이름을 지어 주었다.
나중에 제인은 동물을 번호로 구분하는 것이 더 '과학적'이라는 말
을 듣게 된다. 그러나 대학에 다닌 적 없는 제인은 이 사실을 알 리
없었고, 설사 그걸 알았더라도 어차피 침팬지들에게 이름을 지어
주었을 것이라고 확신한다.

"턱에 난 새하얀 털이 도드라졌던 아주 잘생긴 침팬지 데이비드
그레이비어드(David Greybeard)가 나를 믿어 준 첫 번째 침팬지였어
요." 제인이 말했다. "아주 차분한 녀석이었는데, 나를 받아들여 준
녀석의 태도 덕분에 다른 침팬지들도 내가 전혀 위험하지 않은 존
재라는 걸 차츰 납득했어요."

흰개미들의 땅속 소굴이 있는 둔덕에서 풀잎 자루를 도구로 활
용해 흰개미들을 잡는 모습을 처음 제인이 관찰에 성공한 대상도

43   위스키와 스와힐리콩 소스

바로 데이비드 그레이비어드였다. 그러고 나서 제인은 녀석이 낚싯 대처럼 활용하기에 적합하도록 잎이 많은 줄기에서 잎을 떼어내는 모습도 목격했다. 당시 서구 과학계는 오로지 인간만 도구를 사용할 수 있는 능력이 있으며, 그것이야말로 인간과 다른 모든 동물을 구분해 주는 주된 이유라고 믿었다. 우리는 '도구를 만드는 인간'으로 정의되었다.

제인의 관찰이 보고되자, 인간의 고유한 능력에 대한 이 도전은 전 세계적으로 센세이션을 일으켰다. 제인에게 보낸 리키의 유명한 전보 문구는 다음과 같았다. "아! 우리는 이제 인간과 도구에 대한 정의를 다시 내려야겠군, 안 그러면 침팬지를 인간으로 받아들여야 해!" 데이비드 그레이비어드는 결국《타임》이 선정한 역대 가장 영향력 있는 동물 15마리 가운데 하나로 선정되었다.

"데이비드 그레이비어드와 그의 도구 사용은 모든 것을 뒤바꿔 놓은 순간이었어요." 제인이 회상했다. "처음 받은 연구비가 바닥났을 때《내셔널 지오그래픽》에서 내 연구에 대한 추가 지원금을 승인했고, 연구 과정을 모두 촬영하려고 휴고를 파견했어요." 네덜란드 출신 영화 제작자로 제인의 발견을 기록했던 휴고 판 라빅(Hugo van Lawick)은 결국 제인의 첫 남편이 되었다.

"모든 건 그 일에 딱 맞는 인물이라며 루이스가 휴고를 추천했고《내셔널 지오그래픽》에서도 그 사람을 보내는 걸 승인한 덕분이었어요." 뒤이어 발전된 로맨스를 언급하며 제인이 말했다.

흰개미 사냥 장면이 처음 목격된 직후, 풀줄기 도구를 입에 물고 흰개미 둔덕에 앉아 있는 데이비드 그레이비어드. (사진 제공: JANE GOODALL INSTITUTE/JUDY GOODALL)

"그럼 리키 박사가 중매쟁이였던 거네요?"

"맞아요. 사실 내가 '짝'을 찾고 있던 건 아니었지만 휴고는 외딴 오지로 찾아왔고 결국 우리 둘이 있게 되었어요. 둘 다 상당히 매력 있는 사람이었죠. 둘 다 동물을 좋아했어요. 둘 다 자연을 사랑

위스키와 스와힐리콩 소스

휴고가 지고 다녔던 무거운 장비, 구형 볼렉스 16밀리미터 카메라가 보인다. 곰베 해변에서.

(ABC 뉴스 홍보 사진)

했고요. 그런 점이 서로 통했으리라는 건 꽤 확실해요."

결과적으로 1974년 이혼으로 끝이 난 첫 결혼 이후 거의 50년이 흐른 지금 제인은 그때를 차분하게 회고했다. 그는 탄자니아 국립공원 원장이었던 데릭 브라이스슨(Derek Bryceson)과 재혼했지만 채 5년도 되지 않아 암으로 남편을 잃고 마는데, 제인의 나이 불과 마흔여섯 살 때의 일이었다.

자신만의 희망과 꿈을 안고 밀림으로 들어갔을 때 제인은 궁극적으로 희망 자체가 자신이 하는 일의 중심 주제가 되리라고는 생각하지 못했다.

"초창기 시절에 희망은 어떤 역할을 했나요?"

"시간이 지나면 침팬지들의 신뢰를 얻을 수 있을 거라는 희망이 없었다면 다 포기했을 겁니다."

제인은 말을 멈추고 시선을 내리깔았다. "물론 끊임없이 걱정되긴 했어요. 나에게 과연 시간이 있을까? 그건 약간 기후 변화와 비슷한 것 같아요. 우리가 그걸 늦출 수 있다는 걸 알고 있잖아요. 단지 효과적으로 상황을 되돌릴 만큼 시간이 충분한지 아닌지 그게 염려될 뿐이죠."

제인이 제기한 문제의 무게를 느끼며 우리는 둘 다 정적 속에 앉아 있었다. 기후 위기가 널리 알려지기 이전에도 침팬지와 환경에 대한 염려는 제인이 곰베를 떠나게 된 이유였다.

"곰베에서 보낸 초창기 동안은 침팬지와 숲에 대해서 끊임없이

　　　　　　　위스키와 스와힐리콩 소스

새로운 것을 배우며 나만의 마법 세계에 살았어요. 하지만 1986년에 모든 것이 달라졌죠. 그때까지는 아프리카 전역에 각기 다른 연구 현장이 몇 군데 산재하고 있어서 그곳 과학자들이 함께 모이는 학회 구성을 돕고 있었어요."

바로 그 학회에서 제인은 아프리카 전역에 걸쳐 침팬지를 연구하는 모든 현장에서 개체수가 줄어들고 그들이 사는 숲이 파괴되고 있다는 사실을 알게 되었다. 침팬지들은 야생 동물 고기를 노리는 사냥꾼들의 사냥감이 되거나 덫에 걸렸고 인간의 질병에 노출되고 있었다. 새끼들을 데려가 애완 동물로 삼거나 동물원에 팔기 위해서, 혹은 서커스용으로 훈련시키거나 의학 연구에 쓰기 위해서 어미를 쏘아 죽이는 자들도 있었다.

제인은 아프리카의 침팬지 서식지가 걸쳐 있는 각기 다른 여섯 나라를 방문할 기금을 마련했던 방법을 들려주었다. "나는 침팬지들이 직면한 문제에 대해서 많은 걸 알게 되었고, 나아가 침팬지의 숲과 그 주변에서 사는 인간들이 직면한 문제에 대해서도 알게 되었습니다. 인구가 늘어나면서 극빈, 양질의 교육과 의료 시설 부족, 토양 오염이 만연했어요. 1960년에 내가 곰베에 갔을 때만 해도, 그곳은 적도를 따라 아프리카를 가로지르는 거대한 띠처럼 펼쳐진 열대 우림의 일부였습니다. 1990년이 되자 곰베는 완전히 헐벗은 구릉으로 둘러싸인 숲에 자리 잡은 작은 오아시스가 되고 말았죠. 너무 가난해서 다른 곳에선 먹을거리를 살 수도 없는데, 땅이 부양할 수 있는 능력보다 더 많은 사람이 생존을 위해 몸부림을 치며 살고 있었습니다. 작물을 재배하고 숯을 마련하느라 나무들이 베어졌어요. 사람들이 환경을 파괴하지 않고 삶을 영위하는 방법을 찾아내지 못한다면 침팬지를 구할 방법도 없다는 사실을 깨달았죠."

나는 제인이 지난 30년간 싸움을 지속해 왔다는 사실을 알고 있었다. 동물과 인간, 환경의 권리를 위한 싸움이었다. 제인이 다음과 같이 덧붙이자 나는 술이 확 깼다. "우리가 저질러 왔던 해악은 이제 부정할 수 없습니다."

이윽고 나는 용기를 내어 묻기 망설이던 좀 더 사적인 질문을 제

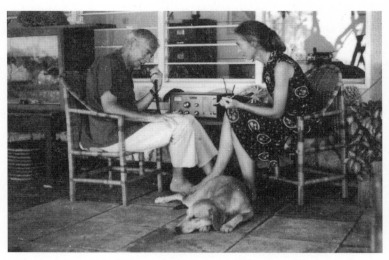

다르에스살람에서 지낼 때 데릭과 나는 테이블에 보이는 무전기로 매일 곰베와 연락을 취했다. 사진 속 유기견 출신 반려견의 이름은 와가(Wagga)다.
(사진 제공: JANE GOODALL INSTITUTE/JANE GOODALL FAMILY)

위스키와 스와힐리콩 소스

인에게 던졌다. "희망을 잃어 본 적은 있습니까?" 세계적인 희망의 아이콘이 과연 희망을 잃어 본 적이 있다고 인정할지 알 수 없었다.

제인은 말문을 닫고 묵묵히 그 질문을 곱씹었다. 그의 정력과 회복력을 감안하면 그럴 리 없을 것도 같았지만, 제인이 위기와 비탄역시 겪어 왔다는 사실은 나도 알고 있었다. 마침내 제인이 한숨을 내쉬었다. "어쩌면 한동안은 그랬겠죠. 데릭이 죽었을 때요. 슬픔은 사람에게 절망감을 안겨 줄 수 있거든요."

우리 둘 다 힘겨웠던 추억을 회상하며, 나는 제인이 계속 털어놓기를 기다렸다.

"그 사람이 마지막에 했던 말을 결코 잊을 수 없을 거예요. 그는 이렇게 말했어요. '이토록 심한 고통이 있을 줄은 몰랐어.' 그 사람이 했던 말을 잊으려고 계속 노력해 보지만 그럴 수가 없네요. 그가 고통에 시달리지 않은 순간도 있었고 건강했던 때도 있었지만, 고뇌에 찼던 마지막 말이 뇌리에서 떠나질 않아요. 끔찍하죠."

나는 그토록 괴로운 고통에 시달리던 남편의 말을 들었을 때 제인의 마음이 얼마나 아팠을지 상상해 보았다. "어떻게 견디셨어요?"

"그 사람이 세상을 떠난 뒤에 많은 이들이 나를 도와줬어요. 나는 영국에 있는 나의 고향 안식처인 자작나무집으로 돌아갔어요." 제인이 말했다. "여러 개 중에서 한 마리가 특히 큰 도움이 됐어요. 그 아이는 침대에서 나와 함께 자면서 다정한 반려견을 동반했을 때 항상 느낄 수 있는 일종의 안정감을 주었어요. 그러고 나서는 아프리카로 돌아가 곰베로 향했죠. 무엇보다도 도움이 되었던 건 숲이었어요."

"숲에서는 무엇을 얻으셨어요?"

"숲은 내게 평화로움과 무한의 감각을 선사하고 우리 모두가 거쳐 가야 할 삶과 죽음의 순환을 일깨웠어요……. 그리고 나를 계속 바쁘게 만들어 주었죠. 그런 게 도움이 돼요."

"얼마나 힘겨운 시기를 보내셨을지 저로선 상상만 할 뿐이네요." 아직 배우자라든가 부모님 같은 가까운 사람을 잃어 본 적이 없던 나는 수십 년이 지난 지금도 비통함이 아직 메아리로 울리고 있다는 제인의 고백에 마음이 사무쳤다.

낮잠을 끝낸 벅스는 다음번 끼니를 노리려는지, 다음 모험을 떠날 준비를 하는지, 하품을 하더니 제인의 무릎에서 뛰어내렸다.

"인류의 미래에 대해서는 희망을 잃어 본 적 있으세요?" 절망은 전적으로 사적인 문제일 수도 있지만, 특히 수많은 것들이 잘못된 방향으로 움직이고 있는 요즘 전 지구적인 문제가 될 수도 있음을 염두에 두고 물었다.

"때로는 이런 생각이 들어요. '음, 도대체 왜 희망을 가져야 하지?' 지구가 직면한 문제들이 엄청나기 때문이에요. 문제를 신중하게 분석한다면 때로는 해결하는 게 완전히 불가능하다고 여겨질 겁니다. 그런데도 내가 희망을 가지는 이유는 뭘까요? 부분적으로는 내가

위스키와 스와힐리콩 소스

고집이 세기 때문입니다. 난 그냥 항복하진 않을 거예요. 하지만 부분적으로는 앞으로 어떤 미래를 맞이하게 될지 우리가 정확히 예측할 수 없기 때문이기도 합니다. 우리는 도저히 그럴 수 없어요. 모든 일의 결과가 어떻게 될지 알 수 있는 사람은 아무도 없으니까요."

제인의 희망에 얼마나 큰 시련과 의문이 제기되었는지 들으니 어쩐지 더욱 감동적으로 생각될뿐더러 이상하게도 더 신뢰가 갔다.

하지만 왜 어떤 사람들은 슬픔이나 비탄에서 다른 이들보다 더 빨리 회복할 수 있는지 궁금해졌다. 어째서 어떤 사람들은 다른 사람들에 비해 더 큰 희망을 품는지, 과학적으로 설명할 수는 없을까? 그러면 혹시라도 어떻게든 우리에게 희망이 필요할 때 꺼낼 수 있지 않을까?

과학이 희망을 설명할 수 있을까?

제인과 내가 희망에 관한 책을 함께 작업하기로 했을 때, 나는 희망 연구라는 비교적 새로운 분야를 좀 찾아보았다. 희망은 소원을 빈다거나 환상을 품는 것과는 전혀 다르다는 사실이 꽤 놀라웠다. 소원을 담은 막연한 생각과는 달리 희망은 어느 정도 미래의 성공으로 이어진다. 둘 다 미래에 대한 풍부한 상상력과 관련이 있기는 하지만, 오로지 희망만이 바라는 목표를 향한 행동을 취하도록 우리를 설득하는데, 이는 계속되는 우리의 만남에서 제인이 거듭 강조한 부분이었다.

미래에 초점을 맞출 때 우리는 다음과 같은 세 가지 중 하나를 행동에 옮긴다. 우리는 주로 재미와 여흥을 위한 크나큰 꿈에 대한 **환상을 품거나**, 앞으로 일어날지도 모를 온갖 나쁜 일에 초점을 맞춰 **곱씹어 보거나**(나의 고향에선 이게 공식적인 소일거리였다.), 피할 수 없는 도전을 인정하고 미래를 그려 보면서 **희망을 품거나**. 흥미롭게도 좀 더 희망적인 사람들은 앞으로 나아가는 과정에서 따라오는 차질을 실제로 예상하고 그것을 제거하려 노력한다. 희망은 지나친 낙관주의자처럼 문제를 회피하는 것이 아니라 어느 면에서는 문제와 어우러지는 것임을 나도 배우는 중이었다. 그러나 나는 희망적이고 낙천적인 사람들은 단지 그렇게 태어나는 것이라고 항상 생각했으므로 제인도 그에 동의하는지 알고 싶었다.

"어떤 사람들은 그냥 다른 사람들에 비해 더 희망적이고 더 낙천적이지 않은가요?"

"어쩌면요." 제인이 말했다. "하지만 희망과 낙관주의는 같은 게 아니에요."

"차이점이 뭐죠?"

"그건 나도 통 모르겠네요." 제인이 웃음을 터뜨리며 말했다.

제인이 과학적인 탐구와 토론을 좋아한다는 걸 아는 나는 기다

위스키와 스와힐리콩 소스

렸다. 제인이 차이점을 고민하는 게 눈에 보였다.

"음, 사람은 낙관주의자거나 낙관주의자가 아니거나, 둘 중 하나인 것 같네요. 그건 인생에 대한 경향이나 철학이에요. 낙관주의자로서는 그냥 '다 잘 될 거야.'라는 느낌을 가질 수 있어요. '절대 안될 거야.'라고 말하는 비관주의자와는 정반대죠. 반면에 희망은 일이 잘 되게 만들 수 있다면 온갖 수고를 다 하려는 완강한 결단을 가능케 하는 힘입니다. 희망은 우리 일생의 행로를 바꿀 수 있어요. 물론 누군가 낙천적인 성격을 지닌 사람이라면 훨씬 더 희망적인 사람이 될 가능성이 있겠죠. 물이 절반 담긴 유리잔을 볼 때 그들은 절반이나 비었다고 여기기보다는 절반이나 차 있다고 생각하니까요!"

"우리를 낙관주의자나 비관주의자로 정하는 건 유전자인가요?" 내가 물었다.

"내가 읽은 모든 책이 낙관주의적인 성격이 어느 정도 유전적 결과일 수 있다는 증거를 제시하고 있지만, 그건 분명 환경적인 요인에 의해서도 뒤바뀔 수 있습니다. 유전적으로 낙관적인 성향 없이 태어난 사람들도 좀 더 낙관적이고 자주적인 견해를 계발할 수 있다는 뜻이죠. 확실히 그런 이론은 아동의 환경과 초기 교육의 중요성을 지적합니다. 든든한 가족의 뒷받침과 배경은 중대한 효과를 발휘할 수 있어요. 나의 가정 환경은 정말로 행운이었다는 걸 알아요, 특히 어머니 말이죠. 하지만 내가 가족의 뒷받침을 덜 받았다고 해서 덜 낙천적인 사람이 되었을까요? 그걸 어떻게 알죠? 어디선가 전혀 다른 환경에서 자랐지만 여전히 비슷한 성품을 보였다는 일란성 쌍둥이에 대한 이야기를 읽은 기억이 있어요. 하지만 말했다시피, 환경이 유전자의 발현에 영향력을 미칠 수 있다는 것도 사실입니다."

"낙관주의자와 비관주의자 사이의 차이점에 대한 농담을 들어보신 적 있나요?" 내가 물었다. "낙관주의자는 가능한 모든 세상의 최선이 지금이라고 생각하고, 비관주의자는 낙관주의자가 옳을까 봐 두려워한대요."

제인은 웃음을 터뜨렸다. "결과가 어떻게 될지는 정말로 아무도 모르잖아요, 안 그래요? 우리로선 아무것도 할 수 없으면서 모든 게 최선의 결과를 낳을 거라고 생각할 수도 없고요."

제인의 실용주의적인 견해를 들으니, 인종 차별 심한 정권으로부터 남아프리카 공화국을 해방시키느라 고군분투하며 온갖 비극과 너무도 많은 역경을 수없이 견뎌야 했던 데스먼드 투투 대주교와 나눴던 대담이 떠올랐다.

나는 제인에게 그때 이야기를 들려주었다. "상황이 달라지면 낙관주의는 재빨리 비관주의로 돌변하곤 한다는 말씀을 언젠가 투투 대주교님이 하신 적이 있어요. 그렇지만 희망은 훨씬 더 깊은 곳에 뿌리를 둔 근원적인 힘이라 현실이 아무리 안 좋다고 해도 흔들리지 않는다고 설명하셨죠. 어느 기자가 한번은 왜 그렇게 낙천적이냐는 질문을 한 적이 있는데, 주교님은 성경의 예언자 스가랴를 인용하며 낙천적인 것이 아니라 자기는 '희망의 포로'라고 말씀하셨어요. 희망은 사방이 어두운데도 빛이 있음을 볼 수 있는 상황이라면서요."

"맞아요." 제인이 말했다. "희망은 모든 어려움과 위험이 존재한다는 것을 부인하지 않지만, 그 때문에 멈추지도 않아요. 어둠이 아무리 깊어도 우리의 행동은 빛을 만들어 내죠."

"그래야 빛을 보도록 우리 견해가 달라질 수 있고 또 더 많은 빛을 만들어 낼 수 있겠군요."

제인은 고개를 끄덕였다. "행동을 취하고 우리가 차이를 만들어 낼 수 있다는 걸 깨닫는 것이 중요합니다. 그러면 이런 태도가 다른 사람들도 행동을 취하도록 격려하게 될 테고, 나아가 우리는 혼자가 아니며 축적된 우리의 행동이 진정 더 큰 변화까지도 가져올 수 있다는 걸 터득하게 되죠. 물론 그렇게 되면 우리 모두 더욱더 큰 희망을 품게 만들어 주고요."

"저는 희망처럼 손에 잡히지 않는 무언가를 명시하려는 시도에 항상 약간 회의적입니다만, 행복이 우리의 성공, 행복, 심지어 건강에도 심오한 영향력을 미친다는 흥미로운 연구가 더러 있는 듯하더군요. 100건이 넘는 희망 연구를 메타 분석한 결과, 희망은 학교 성적을 12퍼센트, 직장에서의 실적을 14퍼센트, 행복 지수를 14퍼센트 올린 것으로 확인되었어요. 이런 모든 결과에 대해서 어떻게 생각하세요?"

"희망은 우리 인생의 수많은 측면에서 중대한 변화를 만들어 낸다고 확신합니다. 우리의 행동과 우리의 성취에 영향을 미치죠." 제인이 말했다. "하지만 통계가 도움이 될 수는 있어도, 사람들은 통계 수치보다 이야기에 더 감동을 받아 행동에 옮긴다는 사실을 기억하는 것도 중요하다고 생각해요. 강의에서 내가 통계 수치를 들먹이지 않는 걸 얼마나 많은 사람이 감사히 여기는데요!"

"하지만 우리도 사람들에게 사실을 말해 주고 싶지 않을까요?" 내가 물었다.

"음, 자세한 사항을 전부 원하는 사람들을 위해서 책 뒤에 그런 정보를 싣기로 하죠."

"좋습니다, 우리 대화에서 논의된 연구에 대해서 더 알고 싶은 사람들을 위해 참고 문헌 목록을 추가하면 되겠네요." 내가 말했다. 이어서 나는 희망의 공동체적 성격에 대해서 제인에게 물었다. "사람들이 각자 자신의 삶에서 느끼는 희망적인 기대와 세상에 대한 희망적 기대 사이의 관계에 대해서는 어떻게 생각하세요?"

제인이 대답했다. "본인이 엄마라고 생각해 봅시다. 당신은 자녀가 교육을 잘 받고 좋은 일자리를 갖고 훌륭한 사람이 되기를 바라죠. 당신의 삶에서도 좋은 일자리를 찾아서 가족을 부양할 수 있게 되기를 바라고요. 그건 당신과 당신의 인생을 위한 희망이에요. 하지만 당신의 희망은 분명 당신이 속한 공동체와 나라를 위한 희망

위스키와 스와힐리콩 소스

으로 확장되게 마련이에요. 당신이 속한 공동체가 새로운 개발 사업을 시행하길 바란다면 공기가 오염되어 당신 아이들의 건강에 영향을 미칠 겁니다. 당신의 희망이 더 쉽게 이루어지도록 올바른 정치 지도자가 선출되기를 바라기도 하고요."

제인의 말대로 우리는 각자 자신의 삶을 위한 희망과 꿈을 품고 있으면서 세상을 위한 희망과 꿈도 가진 것이 분명했다. 희망의 과학은 우리 삶에서, 그리고 어쩌면 우리 세상에서 오래 지속되는 모든 희망의 감각에 네 가지 요소가 필수적임을 확인했다. 우리에겐 추구할 현실적인 **목표**와 더불어 그것을 성취하기 위한 현실적인 **방도**가 필요하다. 뿐만 아니라 우리에겐 그러한 목표를 성취할 수 있다는 **자신감**과, 그 길에 놓인 역경을 극복하도록 우리를 도와줄 **뒷받침**도 필요하다. 어떤 연구자들은 이 네 가지 요소를 '희망의 순환(hope cycle)'이라고 부르는데, 각각을 더 많이 가질수록 네 요소가 서로를 더 많이 북돋아 우리 인생에 희망을 가져다주기 때문이다.

희망의 과학은 흥미롭지만 나는 제인의 생각이 어떤지, 특히 고난의 시대에 우리가 어떻게 희망을 가질 수 있는지 알고 싶었다. 그러나 이 문제를 탐색해 보기도 전에 곰베에서 함께 일하는 제인의 동료인 앤서니 콜린스(Anthony Collins) 박사가 찾아와《내셔널 지오그래픽》촬영 팀에서 제인을 찾는다고 말했다. 우리는 그날 대담을 중단하고 다음 날 아침에 위기에 직면한 희망에 대한 토론을 이어 가기로 했다. 바로 다음 날 저녁 당장 내가 개인적인 위기를 직면하면서, 희망이 갑작스레 더욱 긴급하고 손에 잡히지 않게 되리라는 것은 꿈에도 모르고 있었다.

시련의 시기에도 희망을 품는 법

기도 시간을 알리는 무아딘(이슬람 사원의 시보원)의 알림 소리 때문에 탄자니아의 끈끈한 여름 열기 속에서 일찍 잠이 깼다. 분홍빛 여명 속에서 파란 물과 파란 하늘이 점점 제 색을 찾아가는 가운데, 나는 작은 어선이라고 해야 할지, 통나무 카누에 좀 더 가까운 배를 탄 어부가 물고기를 잡으려고 정교하게 짜인 새하얀 그물을 물에 던지는 모습을 내다보았다. 그물을 다시 던지고 또 던졌지만, 매번 그물을 끌어 올릴 때마다 그는 안에서 막대기와 나뭇잎을 뽑아냈고 가끔 비닐봉지와 병을 건지기는 했어도 물고기는 잡지 못했다. 매일 아침 가족들을 먹이려고 그를 일찍 일어나게 만드는 것은 분명 희망, 그리고 굶주림이었다.

그날 아침나절에 제인의 집을 찾았을 때 제인은 뒷마당에서 나를 맞이하며 바지 무릎에 묻은 검은 얼룩을 가리켰다.

"피예요." 제인이 말했다. 드넓은 야생 정원으로 함께 걸어 들어가며, 제인은 전날 밤에 넘어져서 무릎이 찢어지게 된 장소를 보여주었다.

위스키와 스와힐리콩 소스

그는 어떻게 된 일인지 설명했다. "촛불을 이렇게 쳐들고 있었어요." 제인은 양손을 높이 들며 말했다. "그래서 내가 향하고 있는 곳은 볼 수 있었는데 아래쪽 땅은 보지 못한 거죠. 누군가 '발 조심해.'라고 말했지만 그땐 이미 자빠지고 난 뒤였어요."

제인은 상처가 대수롭지 않은 듯했다.

"내 몸은 치유가 빨라요." 제인이 말했다.

"분명 더 심한 상처를 입은 적도 있으시겠죠." 늘 평정심을 유지하고 하던 일을 계속하는 제인의 태도를 떠올리며 내가 말했다.

"아 맞아요. 여기 좀 보세요." 제인은 골절 흉터가 틀림없는 뺨에 난 움푹 파인 자국을 거의 신나게 자랑하듯 가리키며 말했다.

"그게 뭔데요?"

"곰베에서 바위와 나눈 소통의 흔적이죠."

"어떻게 된 일인지 말씀해 주세요."

"음, 이왕 그 일을 이야기할 거라면 아주 자세하게 설명해 줄게요, 왜냐하면 워낙 극적인 일이라서요……."

그러나 제인이 설명을 제대로 시작하기도 전에 개들이 달려와 다정하게 우리에게 매달렸다. 한 마리는 말리(Marley)였는데, 코기와 웨스트 하이랜드 테리어의 혼혈인 듯 다리가 짧고 체구가 작은 하얀색 개로 털이 촘촘히 난 귀가 쫑긋 서 있었다. 다른 개는 래브라도 리트리버처럼 귀가 접힌 갈색과 검은색이 뒤섞인 대형 혼혈견 미카(Mica)였다.

"모두 구조된 얘들이에요." 제인이 말했다. "미카는 친구가 설립한 보호 센터에서 데려왔어요. 그리고 말리는 길에서 집 없이 떠도는 걸 멀린이 발견했고요. 녀석들의 과거사에 대해서는 우리도 모릅니다." 이야기를 시작하며 제인은 개들을 쓰다듬었다.

"12년 전, 일흔네 살 때 일어난 일이었어요. 정말이지 너무 가파른 산비탈을 올라가고 있었어요. 어리석은 짓이긴 했지만, 침팬지가 위쪽 어딘가로 가 버려서 꼭 찾고 싶었거든요. 바위는 미끄러웠고, 건기라서 잡으면 쑥 빠지는 마른 풀들뿐 뭔가 잡고 버틸 만한 게 주변에 하나도 없었어요. 그래도 어쨌든 거의 정상 가까이 올라갔고, 바로 위쪽으로 이만큼 큰 바위가 있었는데 생각 같아선 그 바위를 잡고 그냥 몸을 확 당겨 올리면 그 위쪽까지 다 시야가 확보될 테고, 그러면 꼭대기까지 문제없이 올라가겠더라고요. 그래서 위로 손을 뻗어 바위를 잡았는데, 무섭게도 그 바위가 땅에서 쑥 빠져 버린 거예요. 이 정도 되는 크기였어요."

제인은 양손을 60센티미터쯤 벌려 보였다. "그리고 아주, 아주 단단하고 무거웠죠. 그래서 그 바위가 내 가슴으로 떨어져 우리는 함께 아래로 굴러 내려갔어요. 결국엔 바위를 꼭 껴안은 채로 옆구리로 어딘가에 부딪혔던 것 같아요! 말했다시피 산비탈은 가파르고 바닥까지 거리가 30미터쯤 되었어요. 무언가 나를 한쪽 옆으로 밀어낸 바람에 거기 있는 줄조차 몰랐던 식물 위로 떨어지지 않았더라면 지금 나는 여기 없었을 거예요. 나는 무사했지만 바위는 바닥

위스키와 스와힐리콩 소스

까지 곧장 떨어져 내렸죠. 나중에 바위를 도로 가져올 땐 두 사람이 들것으로 옮겨야 했어요. 너무 무거워서 나는 들지도 못하겠더군요. 곰베에 있는 우리 집 밖에 놓아두었거든요." 제인은 자신의 전리품을 의기양양하게 설명하며 사연을 마무리했다. "우리는 사람들에게 바위 무게를 짐작해 보라고 했죠."

"무게가 얼마나 되었는데요?" 내가 물었다.

"59킬로그램이요."

"하지만 낙하 속도를 감안하면 경사로를 굴러떨어질 때 선생님 몸에 미친 타격은 훨씬 더 컸을 겁니다." 내가 말했다.

"그건 나도 알아요!" 제인이 말했다.

"무엇이 선생님을 옆으로 밀어냈을까요?"

"저기 높은 곳에서 나를 보살펴 주시는 누군가 혹은 어떤 미지의 힘이겠죠." 제인이 위를 올려다보며 말했다. "그런 종류의 일들은 전에도 있었어요."

"누군가……." 내가 말문을 열었지만 제인은 아직 이야기하는 중이었다. 제인을 보살펴 준 존재가 누구였는지 혹은 무엇이었는지 토론할 기회는 없었지만, 나는 나중에 다시 그 주제로 되돌아가게 될 것을 확신했다.

"그래서 이틀 뒤에 엑스선 촬영을 받아보니 어깨가 탈골되었다는 걸 알게 됐어요. 얼굴에 생긴 멍이 없어지고 한참 뒤에도 나는 뭔가 잘못되었다는 걸 확신했죠. 그래서 엑스선 촬영을 해 줄 수 있는지 내가 다니던 치과 의사에게 물어봤어요."

"치과 의사요?"

"그래요, 음, 어차피 나는 그 병원의 단골이었고, 다른 병원을 예약하느라 온갖 번잡한 일을 하고 싶진 않았거든요. 치과에선 엑스선 촬영을 제대로 할 수는 없었다고 말했지만, 광대뼈에 금이 간 것 같다고 하더군요. '금속판을 삽입할 수도 있을 겁니다.'라고 의사가 말했어요. 하지만 나는 뺨에 금속판을 박을 필요는 없다고 결론지었어요. 공항에서 보안 검사를 받을 때를 생각해 봐요! 게다가 어차피 나는 쑤시고 아픈 몸을 보살필 시간도 없었어요. 해야 할 일이 있는 사람이니까요. 쑤시고 아픈 몸을 챙길 시간은 아직도 없답니다. 여전히 내겐 해야 할 일이 있으니까요."

내가 알고 있는 수많은 노인이 늘 쑤시고 아픈 몸에 집중하느라 엄청난 시간을 들이지만, 가장 건강하고 행복해 보이는 노인들은 역시 본인의 문제를 넘어선 무언가에 초점을 맞추는 사람들이다. 제인은 학자들이 희망에 반드시 따라붙기 마련이라고 지적했던 바로 그 장애물 앞에서 드러나는 회복력과 집요함의 강력한 본보기를 보여 주고 있었다. 목표를 향해 달려가는 과정에서 그 무엇도 제인을 막을 수는 없었다.

"선생님은 항상 그렇게 강인하고 '터프'하셨나요?" 내가 물었다.

제인은 웃음을 터뜨렸다. "아뇨, 어렸을 땐 항상 골골했어요. 사실은 의사이셨던 에릭(Eric) 삼촌이 나를 '위어리 윌리(Weary Willie)'라

위스키와 스와힐리콩 소스

고 불렀을 정도였어요. (1930년대 대공황기 미국의 서커스 광대 캐릭터. 서커스 공연자 에멋 켈리(Emmett Kelly)가 지친 광대를 형상화했다. — 옮긴이) 게다가 솔직히 말하면 난 머릿속에서 뇌가 덜그럭거리며 돌아다닌다고 생각했어요. 왜 그랬는지는 모르겠고요. 암튼 난 정말로 끔찍한 편두통에 시달렸어요."

"저도 편두통에 시달리곤 해요. 정말 끔찍하죠." 내가 말했다.

나는 자신을 단련시켰을 제인의 불굴의 의지력에 감동을 받았다. 그러자 그런 정신력과 관련해 가장 감동적이었던 이야기 하나가 떠올랐다.

"혹시 심리학자 이디스 이거(Edith Eger)의 연구에 대해서 아세요?" 인간 본성의 일단을 드러낸 사건이었던 홀로코스트에 대한 제인의 관심을 익히 알고 있었으므로 내가 물었다.

"아뇨, 어떤 사람인지 이야기해 주세요."

"이거 박사는 가족과 함께 소달구지를 타고 아우슈비츠 수용소로 향했을 때 불과 열여섯 살이었다고 해요. 어머니가 딸에게 말했죠. '우리는 어디로 가는지 모른단다. 앞으로 무슨 일이 일어날지도 몰라. 하지만 네 머릿속에 있는 것은 누구도 빼앗을 수 없다는 것만 기억하렴.' 그는 부모님이 화장로로 끌려간 뒤에도 어머니의 말씀을 잊지 않았죠.

간수부터 다른 동료 포로들까지, 주변의 모든 사람이 이디스에게 절대 살아서는 그곳을 나갈 수 없을 것이라고 말했지만, 그는 결코 희망을 잃지 않았다고 해요. 이디스는 자신에게 이렇게 말했죠. '이 건 일시적인 거야. 오늘 살아남는다면 내일 나는 자유가 될 거야.' 죽음의 캠프에 있던 다른 소녀들 가운데 한 사람은 심하게 병이 들어 있었습니다. 매일 아침 이거 박사는 그 소녀가 침대에 죽어 있을 거라고 예상했죠. 하지만 그 소녀는 매일같이 나무 침상에서 스스로 몸을 일으켜 또 하루 일을 하러 갔어요. 줄지어 서서 선택을 받아야 하는 순간이 올 때마다 소녀는 가스실에 끌려가지 않을 만큼만 건강하게 보이도록 애를 썼죠. 매일 밤 소녀는 숨을 헐떡이며 침상에 쓰러져 누웠습니다.

이디스는 소녀에게 어떻게 계속 견디는 건지 물어보았다고 해요. 소녀는 이렇게 말했죠. '크리스마스 때쯤엔 우리도 자유의 몸이 될 거라고 들었어.' 소녀는 하루하루 매시간 손꼽아 기다렸지만 크리스마스가 되어도 그들은 풀려나지 못했죠. 소녀는 그다음 날 세상을 떠났습니다. 이디스는 희망이 그 소녀를 계속 살아 있게 해 주었는데, 희망을 잃자 살아갈 의지도 잃어버린 거라고 하더군요.

이디스는 죽음의 수용소 같은, 도저히 가망이 없을 것 같은 상황에서 어떻게 희망을 품을 수 있는지 의아해하는 사람들은 희망과 이상주의를 혼동하는 거라고 설명합니다. 이상주의는 모든 것이 공정하거나 쉽거나 선할 것이라고 기대하죠. 이상주의는 부정이나 망상과 다를 바 없는 방어 기제라고 이디스는 말합니다. 반면에 희망은 악을 부정하는 것이 아니라 악에 대한 반응이라고요." 나는 희

위스키와 스와힐리콩 소스

망이 그저 희망적 관측이 아니라는 사실을 납득하기 시작하는 중이었다. 희망은 사실과 장애물을 염두에 두지만, 그런 훼방에 압도당하거나 우리를 중단시키도록 내버려 두지 않는다. 겉보기에 절망적인 수많은 상황에서 그것은 틀림없는 진실이었다.

제인이 사려 깊게 말문을 열었다. "희망이 항상 논리를 바탕으로 하진 않는다는 걸 알아요. 사실 희망은 엄청나게 비논리적으로 보일 수 있어요."

오늘날 지구가 처해 있는 상황은 분명 절망적으로 보일 수 있지만, 그래도 제인은 '논리'의 측면에서는 전혀 그럴 이유가 없는 것 같은데도 희망을 가지고 있었다. 어쩌면 희망은 사실에 대한 표현이 전부가 아닐지도 모르겠다. 희망은 우리가 새로운 사실을 만들어 내는 방법이다.

암울한 지구의 현실에도 불구하고 제인이 품고 있는 희망은 희망의 네 가지 주요 근거에 초점을 맞추고 있다는 사실은 나도 알고 있었다. 인간의 놀라운 지능, 자연의 회복 탄력성, 젊음의 힘, 굴하지 않는 인간의 정신력이 그것이다. 제인이 이러한 지혜를 공유하고 다른 사람들에게 희망을 끌어내기 위해서 전 세계를 여행했다는 것 또한 알고 있었다. 나는 제인과 어서 그 문제를 탐구하고 토론하고 싶었다. 인간의 놀라운 지능이 저지르는 수많은 해악에도 불구하고 제인은 왜 그것이 희망의 원천이라고 생각할까? 우리 인간의 바로 그 영리함이 파괴의 벼랑으로 우리를 끌고 가지 않았던가? 자연의 회복 탄력성에서 제인이 희망을 찾은 이유는 상상할 수 있었지만, 그것으로 과연 고삐 풀린 파괴를 막아낼 수 있을까? 또한 기성 세대는 우리가 직면한 문제를 해결할 수 없었고 젊은이들은 아직 세상을 지배하고 있지도 않은데, 제인은 왜 젊은 사람들이 희망의 원천이라고 생각할까? 그리고 마지막으로, 굴하지 않는 인간의 정신력이라는 말은 무슨 의미이며, 그것이 어떻게 우리를 구할 수 있다는 걸까? 그러나 그날 우리가 함께할 시간은 끝이 났고, 우리는 다음 날 아침 일찍 다시 대담을 이어 가기로 합의했다.

그러나 우리 계획은 틀어지게 되었다.

그날 밤 늦게 휴대 전화가 울렸다. 아내 레이철(Rachel)이었다. 나의 아버지가 응급으로 병원에 입원했고 상황은 심각해 보였다. 뉴욕으로 향하는 바로 다음 비행기를 예약했고 제인에게 전화를 걸어 아버지 상태가 안정될 때까지 우리 대담은 연기해야겠다고 설명했다. 나에게 희망과 절망은 더 이상 지적인 판단의 영역에 있는 게 아니었다. 희망과 절망이 전부였다.

위스키와 스와힐리콩 소스

제인 구달. (사진 제공: CATALIN AND DANIELA MITRACHE)

2부

희망의
이유 네 가지

첫 번째 이유: 인간의 놀라운 지능

"아버님 소식은 정말 유감이에요." 넉 달 뒤 네덜란드에서 만났을 때 제인이 말했다.

원래 아버지는 다리에 점점 힘이 빠지는 것이 통상적인 노화 현상이라고 진단을 받았으나 알고 보니 중추 신경계에 생긴 악성 T 세포 림프종이 척추를 공격하다 뇌까지 침범한 상황이었다. 다르에스살람에서 뉴욕으로 돌아가 입원해 계신 아버지를 돌봤던 몇 달 간, 아버지는 암에 굴복하는 마지막 순간까지 영웅처럼 희망과 의식을 둘 다 놓지 않으려 애를 쓰셨다. 암이 치료 불가능한 수준이어

서 남은 시간이 고작 몇 주에서 몇 달밖에 되지 않을 거라는 소식을
접한 아버지가 보여 준 용기와 침착을 나는 절대 잊지 못할 것이다.
"불가항력임을 인정할 때가 된 것 같구나."라고 아버지는 말했다.

아버지가 극단적인 통증에 시달리며 죽음의 고비를 앞두고 있을
때 나는 얼마나 더 견디실 수 있을 것 같은지 물었다. "착륙 안내를
받을 때까지, 혹은 영원으로 건너뛸 때까지는 버텨야지." 아버지가
말했다. 희망에는 한계가 없다는 걸 깨달으면서도 여전히 나는 깊
은 슬픔에 빠져 있었다. 아버지의 병환과 죽음을 겪은 참혹한 몇 달
간 제인의 다정함과 이해심은 큰 힘이 되었다.

프로이트는 당시 우두머리 수컷이었다. 지적이고 뛰어난 지도자. 그들이 무엇을 생각하는지
과연 우리가 알 날이 있을까? (사진 제공: MICHAEL NEUGEBAUER/ WW.MINEPHOTO.COM)

이제 제인과 나는 네덜란드 위트레흐트 근처의 자연 보호 구역 숲 한가운데 삼림 감독관의 오두막을 개조한 건물에서 만남을 이어 가고 있었다. 아늑한 오두막은 한겨울 네덜란드 국토 대부분을 휩쓸고 있는 뼈를 깎는 추위와 강풍을 잘 막아 주었다. 비스듬히 내려앉은 햇빛이 창문으로 들고 장작이 탁탁 소리를 내며 타고 있는 가운데 우리는 마주 보고 앉아 있었다.

제인은 최근 베이징과 청두, 쿠알라룸푸르, 페낭, 싱가포르를 거친 긴 여정 끝에 영국 고향 집에서 나흘을 보내고 돌아온 참이었다. 거의 끊임없이 세계 구석구석을 돌아다니는데도 제인은 에너지가 넘쳤고 어서 대화를 시작하고 싶어 하는 듯한 표정이었다. 파란색 터틀넥에 초록색 재킷을 걸친 제인은 회색 양모 담요 위로 양손을 맞잡았다.

"위로해 주셔서 고맙습니다." 내가 말했다. 아버지가 마침내 돌아가셨을 때 제인은 위로의 글을 보냈다. "그렇게 갑자기 가 버려서 죄송해요."

"더그가 가야만 했던 이유가 안타까워요."

"힘겨운 몇 달이었어요." 내가 인정했다.

"그런 일은 정말로 극복하기 쉽지 않아요. 그만큼 엄청난 상실이니까요. 우리가 느끼는 슬픔의 깊이는 우리 사랑의 깊이를 알려주는 것 같아요."

나는 제인의 말에 감동을 받아 미소를 지었다. "아버지는 훌륭한

첫 번째 이유: 인간의 놀라운 지능

암 진단을 받기 몇 년 전, 더그의 아버지 리처드 에이브럼스(Richard Abrams).
(사진 제공: MICHAEL GARBER)

분이셨어요."

임종을 앞둔 아버지는 두뇌와 이성보다 가슴과 사랑을 더 중요
하게 여기는 것 같았다. 그래서 나는 제인이 손꼽는 희망의 이유 중

하나가 왜 인간의 지능일까 하는 의구심을 품었다. 아버지의 신경계가 혼선을 일으키다 결국 혼수 상태로 빠져드는 걸 지켜보며 나는 우리 인간의 의식이 얼마나 취약한지 충격을 받았다. 인간의 정신은 너무도 섬세하고 너무도 허술해 보였다.

내 아버지와 우리가 떠나보낸 모든 이를 추모하며 우리 두 사람은 잠시 가만히 앉아 있었다. 이윽고 우리는 대담을 시작했다.

"인간의 지능은 왜 제인이 생각하는 희망의 이유가 되나요?" 내가 물었다.

선사 시대의 유인원이 세상의 주인이 되기까지

"그건 침팬지나 다른 동물들과 우리를 구분하는 가장 두드러진 차이점이니까요, 지력, 즉 지능의 폭발적인 발달 말이에요." 제인이 대답했다.

"인간의 **지능**이란 정확하게 무슨 뜻이죠?"

"문제를 이성적으로 생각하고 해결하는 우리 뇌의 일부분이죠."

과거 한때 과학자들은 그러한 특징을 인간만이 가졌다고 주장했으나, 제인은 지능이 인간을 포함한 모든 동물에게 포괄적으로 존재한다는 사실을 실제로 보여 주는 데 가장 두드러진 역할을 한 사람들에 속한다. 나는 이 사실을 제인에게 언급했다.

첫 번째 이유: 인간의 놀라운 지능

"맞아요, 오늘날 우리는 동물들이 과거에 사람들이 생각했던 것보다 훨씬 더 지적이라는 사실을 알고 있습니다. 침팬지와 다른 유인원은 미국식 수어의 낱말 400개 이상을 배울 수 있고, 컴퓨터로 복잡한 문제 풀기를 수행하며, 돼지를 비롯한 다른 일부 동물들과 마찬가지로 색칠하기와 그림 그리기를 좋아합니다. 까마귀는 앵무새만큼이나 놀랍도록 지능이 높고요. 쥐도 엄청나게 똑똑하죠."

"문어도 대단히 영리한 동물이라 포유류의 뇌와는 구조가 완전히 다르지만 온갖 종류의 문제를 풀 수 있다고 탄자니아에서 선생님이 하셨던 말씀이 기억납니다."

제인은 웃음을 터뜨렸다. "문어는 실제로 8개의 다리 각각에 따로 뇌를 갖고 있다고 해요! 더그가 좋아할 만한 또 다른 이야기를 해 드리죠. 띠호박벌에게는 꿀을 보상으로 주면 구멍에 작은 공을 굴려 넣도록 가르칠 수도 있답니다. 더 놀라운 건, 훈련을 받지 않은 다른 벌들도 훈련받은 벌의 행동을 단순히 관찰한 뒤에 똑같은 임무를 수행할 수 있다는 거예요. 우린 항상 새로운 것들을 배우고 있어요, 동물의 지능을 공부하기엔 더없이 좋은 때라고 학생들에게도 늘 이야기한답니다."

"그렇다면 우리 인간의 지능이 다른 모든 동물과 차별화되는 부분은 정확히 무엇일까요?" 내가 물었다.

"현생 동물 가운데 우리와 가장 가까운 침팬지는 온갖 종류의 지능 테스트에서 엄청나게 탁월한 수행 능력을 보여 줄 수 있지만, 가

수많은 동물이 예술을 통해 지능을 표출한다. 햄과 베이컨이 될 운명이었던 돼지 피그카소(Pigcasso)는 조앤 레프슨(Joanne Lefson)에게 구조되어 그림을 배웠다. 이 암컷 돼지는 멋진 풍경화 그리기를 좋아하는데, 사진 배경에 남아프리카 공화국의 테이블 마운틴 산이 보인다. 피그카소의 그림은 수천 달러에 팔리고 있다. (사진 제공: WWW.PIGCASSO.ORG)

장 머리가 좋은 침팬지라고 하더라도 붉은 행성인 화성 표면을 탐사하며 연구용 사진을 찍어 과학자들에게 전송할 수 있도록 프로그램된 로봇을 탑재한 로켓을 설계하진 못합니다. 인간은 그토록 엄청난 일을 해내죠. 갈릴레오와 레오나르도 다 빈치, 린네, 다윈, 뉴턴과 사과를 떠올려 보세요. 피라미드와 또 다른 위대한 건축물, 예술 작품과 음악도요."

제인이 말을 멈추자, 나는 오늘날 우리가 지닌 복잡한 도구도 없이, 또한 과거부터 축적된 지식에 접근하지 않고서도 이론을 정립

첫 번째 이유: 인간의 놀라운 지능

하고 멋진 건물을 지어 올린 빼어난 인물들을 모두 떠올리기 시작했다. 제인이 내 생각을 뚫고 들어왔다.

"더그도 알 거예요, 하늘에 뜬 보름달을 올려다볼 때마다 나는 1969년 그 역사적인 날에 닐 암스트롱(Neil Armstrong)이 달에 첫발을 내딛던 인류가 되고 버즈 올드린(Buzz Aldrin)이 바로 그 뒤를 잇는 모습에서 느꼈던 것과 똑같은 경외감과 경이로움을 느낀답니다. 그러고는 속으로 생각하죠. '인류가 실제로 저 위에 올라가서 걸었다니. 우와!' 강연을 하게 되면 언제나 사람들에게 당부하죠. 다음번에 달을 보게 되면 그날의 경이로움을 고스란히 느껴 보라고, 그냥 당연하게 여기지 말라고요."

제인은 설명을 이어 갔다. "그래요, 솔직히 나는 폭발적으로 발전한 인간의 지능이야말로 다소 나약하고 평범한 선사 시대의 유인원을 변모시켜 스스로 세상의 주인이라고 칭하는 존재로 만들었다고 생각합니다."

"그런데 우리가 다른 동물들보다 엄청나게 더 지적이라면서 어째서 이렇게 어리석은 짓도 많이 벌이는 걸까요?" 내가 물었다.

"아! 내가 '지성적인(intelligent)'이라는 말이 아니라 '지능이 있는(intellectual)'이라는 표현을 사용하는 이유도 바로 그 때문이에요. 지성적인 동물이라면 하나밖에 없는 집을 파괴할 리가 없는데, 그게 바로 아주 오랜 세월 우리 인간이 해 온 짓이니까요. 물론 몇몇 사람들은 대단히 탁월한 지능을 갖췄지만, 너무도 많은 사람은 그렇지 못합니다. 우리는 스스로 '슬기로운 인간'이라며 호모 사피엔스(Homo Sapiens)라는 이름을 붙였지만, 불행히도 지금 세상엔 지혜가 충분하지 못해요."

"그래도 우리는 영리하고 창의적이잖아요?" 내가 말했다.

"예, 우리는 아주 영리하고 엄청 창의적이죠. 모든 영장류나 수많은 다른 동물들과 마찬가지로 우린 아주 호기심이 많은 생명체입니다. 그리고 인간의 호기심은 지력과 합쳐져 수많은 분야에서 수없이 위대한 발견으로 이어졌어요. 어떤 일이 어떻게, 왜 그런 방식으로 일어나지는지 이해의 한계를 넘어 깊이 알고 싶어 하기 때문이죠."

"무엇이 그 차이를 만들었다고 생각하세요?" 내가 물었다. "인간의 뇌는 왜 침팬지를 뛰어넘어 진화를……?"

"언어 덕분이죠." 제인이 내 질문을 예상한 듯 말했다. "진화의 어느 지점에서 우리는 말로 소통하는 능력을 발전시켰습니다. 언어에 숙달되면서 우리는 눈앞에 없는 것들에 대해서도 가르칠 수 있게 되었어요. 성공의 경험과 과거의 실수에서 얻은 지혜를 전달할 수 있었죠. 또한 먼 미래를 계획할 수도 있었어요. 무엇보다도 중요한 건, 다양한 지식을 갖춘 다양한 배경의 사람들이 한데 모여 문제를 의논할 수 있었다는 겁니다."

나는 언어가 인간 지능의 폭발을 낳았다는 제인의 주장에 매혹되었다. 흥미롭게도 희망 연구를 하면서 언어와 목표 설정, 그리고 희

첫 번째 이유: 인간의 놀라운 지능

망이 모두 뇌의 같은 영역, 즉 앞이마엽 겉질에서 형성되는 듯하다는 사실을 발견했기 때문이다. 앞이마엽 겉질은 이마 바로 안쪽에 자리 잡고 있으며 인간의 뇌에서 가장 최근에 진화된 부위이다. 다른 유인원에 비해 인간은 이 영역이 훨씬 크다.

한동안 우리는 인간이 이룩한 모든 놀라운 성취에 대해서, 이를테면 우리가 하늘을 날아다니고 바닷속을 여행할 수 있도록 해 준 정교한 기계와 지구 반대편에 있는 사람들과도 거의 즉각적으로 소통할 수 있도록 해 준 최첨단 기술 같은 것들에 대해서 이야기를 나누었다.

"그러고 보면 참 이상한 일입니다, 이 놀라운 인간의 지능이 결국엔 우리를 지금 이런 곤경에 빠뜨렸으니까요. 바로 그 지능이 세상의 불균형을 낳았고요. 누군가는 인간의 지능이야말로 진화의 가장 큰 실수라고 주장할 수도 있을 것 같습니다. 그 실수로 현재 모든 지구 생명이 위협을 당하고 있으니 말입니다." 내가 말했다.

"그래요, 확실히 우리가 세상을 엉망으로 만들었죠." 제인도 내 말에 동의했다. "하지만 엉망을 만든 건 우리가 지능을 사용한 방식이지 지능 그 자체는 아닙니다. 탐욕, 증오심, 공포, 권력욕이 뒤섞여 인간이 지능을 불운한 방식으로 사용하도록 이끌었어요. 그래도 희소식이 있다면, 핵무기와 인공 지능을 만들어 내기에 충분한 인간의 명석한 지능을 바탕으로 우리가 이 오래된 가엾은 행성에 끼친 해악을 치유할 방법 또한 생각해 낼 능력이 분명 있다는 겁니다. 그리고 실제로도 현재 우리는 그간 한 짓이 무엇인지 점점 더 자각하게 되었고, 우리가 낳은 해악을 치유하기 위해서 기발한 아이디어와 창의력을 발휘하기 시작했어요. 이미 재생 에너지, 재생 농법, 퍼머컬처(permaculture, 영속 가능한 자급형 농법. — 옮긴이), 자연 식물 식단(plant-based diet, 단순한 채식이 아니라 최대한 자연 상태로 강하지 않은 맛의 채소와 견과류, 과일 등을 섭취한다. — 옮긴이)을 향한 움직임을 비롯해서, 새로운 생활 방식을 만들어 내고자 하는 혁신적인 해결책이 존재합니다. 개인으로서도 우리는 생태 발자국을 더 가볍게 남겨야 한다는 사실을 인식하고 그 방법을 고민하고 있어요."

"그렇다면 인간의 지능 자체는 좋은 것도 나쁜 것도 아니네요. 다만 우리가 지능을 어떻게 사용할지, 세상을 더 나은 곳으로 만들지 파괴할지 선택에 달렸다는 건가요?"

"예, 바로 그 지점이 지능과 언어 사용으로 인간이 다른 동물들과 차별화되는 부분이죠. 우리에겐 선택할 능력이 있기 때문에 인간은 악하기도 하고 선하기도 합니다." 제인은 미소를 지었다. "우리는 절반은 죄인이고 절반은 성인이에요."

절반은 죄인, 절반은 성인

"마지막엔 어느 쪽이 이길까요? 악한 쪽, 아니면 선한 쪽? 혹시 51퍼

첫 번째 이유: 인간의 놀라운 지능

센트 선하거나 51퍼센트 악한가요?" 내가 물었다.

"음, 그런 논쟁과 관련해서는 양쪽에 대한 증거가 차고 넘칩니다. 하지만 난 우리 인간이 중간에서 절반씩 나뉘었다고 생각해요." 제인이 말했다. "인간은 적응력이 놀랍도록 뛰어나서 주어진 환경에서 생존하는 데 필요한 것은 무엇이든 해냅니다. 우리가 만들어 내는 환경이 무엇을 우선할지 결정하죠. 달리 말하면, 우리가 보살피고 장려하는 것이 승리를 거둡니다."

살아가던 세상이 뒤집힌 것 같은 기묘한 기분을 느낄 때가 있다. 나는 새로운 방식으로 세상을 바라보느라 바로 그렇게 혼란스러운 느낌을 경험하고 있었다.

내가 선과 악이라고 불렀던 것들은 인간이 각기 다른 환경과 다양한 여건에서 생존하기 위해 단순히 끌어냈던 호의와 무자비함, 관대함과 이기심, 다정함과 공격성의 자질이었다. 그리고 제인이 말한 것처럼 우리는 이 세상에서 생존을 위해서라면 무슨 일이든 할 것이다. 합리적인 삶의 기준과 일정한 수준의 사회 정의를 갖춘 사회에서 살아간다면, 인간 본성의 관대하고 평화로운 부분이 우세할 가능성이 크다. 반면에 인종 차별과 경제적인 불공평이 만연한 사회에선 폭력이 팽배할 것이다.

내가 이런 생각을 공유하자 제인은 이렇게 말했다. "폭넓게 보면 그게 사실이라고 생각합니다. 혈통은 다르지만 후투 족과 투치 족이 어울려 살아가던 모습이 똑같았던 르완다와 부룬디에서 벌어졌던 대략 학살을 생각해 보세요. 빌 클린턴 대통령의 방문 덕에 대량 학살 이후 르완다에는 국제 원조가 쏟아졌습니다. 그러나 부룬디는 다소 외면당했죠. 그 결과 르완다는 도로와 병원 같은 사회 기반 시설을 갖출 수 있었고 국제 무역 체제 안에 자리 잡게 되었죠. 그 결과 후투 족과 투치 족은 외견상 평화롭게 살고 있어요. 반면에 부룬디에는 그런 변화가 전혀 없었고 오늘날까지도 여전히 간헐적으로 폭력과 유혈극이 벌어지고 있죠.

하지만 사회는 사람들로 구성되어 있고 변화를 추구하는 사람들은 언제나 존재한다는 걸 기억해야 합니다. 참으로 많은 부룬디 국민이 좀 더 평화로운 사회를 만들기를 원하고 있어요. 독재 정부의 지배를 받을 때 사회가 안정적으로 **보일순 있죠**. 하지만 그건 허울일 뿐이죠. ㉠소련이 붕괴된 이후 나타난 민족 간 갈등을 생각해 보세요."

"인간에게 평화롭고 화합하는 사회를 가꿀 능력이 있다고 보시나요? 인간의 공격성은 어떻게 보세요?"

제인은 고개를 흔들었다. "공격적인 행동은 까마득한 인류의 조상으로부터 물려받은 인간의 유전적 기질에 속한다는 것이 거의 확실한 결론입니다. 애당초 루이스 리키가 나를 곰베로 보냈던 것도, 500만~700만 년 전에는 인간과 침팬지의 조상이 같았다고 믿었기 때문에 혹시 현생 침팬지와 현생 인류 사이에 유사하거나 같은 행동을 찾을 수 있을지 알아보기 위함이었거든요. 아마도 그런

첫 번째 이유: 인간의 놀라운 지능

행동은 유인원 같기도 하고 인간 같기도 한 조상에게 발현되어, 침팬지와 인간이 각자의 진화 경로를 따라가게 된 다음에도 인간에게 남았을 테니까요. 그러면 루이스가 아프리카의 다양한 지역에서 발견했던 화석의 주인인 초기 인류가 어떻게 행동했는지 좀 더 잘 알 수 있으리라 여겼어요. 입맞춤, 포옹, 가족 구성원 간의 유대 같은 것들이요. 그리고 이건 더그의 질문과 관련된 부분일 텐데, 이웃 집단 사이에 일종의 원시적인 전쟁 양상을 포함해서 매우 유사한 공격적인 패턴이 발견되었죠."

초창기에 침팬지의 공격적인 행동은 굳이 부각하지 말라는 조언을 들었다던 제인의 이야기가 떠올랐다. 왜냐하면 1970년대 당시 본성 대 양육의 논쟁 구도 속에서 여러 과학자가 공격적인 행동은 학습된 것이라 주장했기 때문이다.

제인이 설명을 이어 갔다. "다행히도 인간의 탁월한 지능과 언어 소통 능력 덕분에 우리는 다른 동물들처럼 순전히 감정에 휩싸인 공격적 반응을 넘어 전진할 수 있었습니다. 앞서 이야기했듯이 우리에게는 상황에 따라 다른 반응을 보일 수 있도록 의식적인 선택을 하는 능력이 있으니까요. 그리고 우리가 내리는 그 선택은 어린 시절 우리가 배웠던 것을 부분적으로 반영하며, 우리가 태어난 국가와 문화에 따라 달라질 겁니다.

어디나 어린이들은 화가 나면 화를 내게 한 대상을 때릴 가능성이 크다는 것도 사실이죠. 여동생 주디(Judy)와 나는 다른 아이들을 때리거나 발로 차거나 깨무는 건 잘못이라는 가르침을 받았어요. 이런 식으로 우리 자매는 사회의 도덕적인 가치에 대해서 이해하게 되었죠. 이건 좋고 이건 나쁘고, 이건 옳고 이건 잘못이다. 나쁜 짓과 잘못된 행동은 말로 혼이 났고, 좋은 일과 옳은 행동은 보상을 받았습니다."

"어린이들은 그렇게 사회의 도덕적인 가치를 배우는군요." 내가 말했다.

"맞아요, 그런데 도덕적으로 잘못된 일이란 걸, 적어도 우리 생각에는 도덕적으로 그릇된 일이라는 걸 온전히 알면서도 공격적으로 행동할 수도 있기 때문에 인간의 공격성은 다른 종보다 더 나쁩니다. 이런 이유로 나는 진정한 악행이 가능한 건 인간만이라 생각해요. 책상에 앉아 사람들을 고문하고 고통을 주는 방법을 생각해 내는 냉혈한 존재는 오로지 인간뿐이에요. 끔찍하고 잔혹한 짓을 신중하게 계획하죠."

나는 이것이 제인의 뇌리를 떠나지 않는 주제임을 알고 있었다. 제인은 독일이 점령한 유럽에서 홀로코스트가 자행되던 시절 영국에서 자랐기에, 참상을 알게 됐을 때 큰 충격을 받았다. 또한 제인은 르완다와 부룬디에서 대량 학살이 발생했을 때 곰베에서 지내고 있었다. 탄자니아와 부룬디 사이의 국경 근방에 살던 사람들 중에는 학살당한 부룬디 주민들의 피로 물든 호수를 보았다고 하는 사람도 있었고, 부룬디에서 벌어진 폭력을 피해 탈출한 수많은 난

첫 번째 이유: 인간의 놀라운 지능

민이 곰베 뒤쪽 구릉 지대에 정착했다. 제인은 그들이 피해 달아나야 했던 야만적인 잔혹성에 대한 끔찍한 이야기를 귀담아들었다.

게다가 콩고 민주 공화국 출신의 무장 괴한이 한밤중에 제인의 제자 4명을 납치했을 때도 곰베에 있었다. 훨씬 나중에 콩고의 수도인 킨샤샤에 갔을 때는, 제인이 체류하던 집 앞 거리에서 폭동이 벌어져 바로 그의 방 창문 아래에서 병사 하나가 살해되었다. 테러리스트들이 비행기를 타고 쌍둥이 빌딩으로 날아들었던 9·11 사태 때도 제인은 뉴욕에 있었다.

제인은 악의 얼굴을 깊숙이 응시한 사람이기에 우리 본성의 어두운 측면을 너무도 잘 이해할 따름이었다. 그러나 제인다운 제인은 언제나 재빨리 더 광범위한 시각으로 현상을 바라본다.

어두운 생각들을 털어놓으면서도 제인은 의연했다. "세상에는 참 많은 폭력과 악이 존재하지만, 그래도 역사적인 관점에서 볼 때 선을 향한 변화를 많이 찾아볼 수 있어요. 우리가 지금 네덜란드에 살고 있다고 한번 생각해 봐요. 100년도 채 안 된 과거였던 제2차 세계 대전 당시 영국과 독일이 전쟁을 벌이며 땅을 피로 물들였던 아픔을 갖고 있어요. 최근에 독일 친구들을 만난 자리에서 내가 이렇게 말한 적이 있습니다. '우리 선조들이 서로 죽이는 사이였는데도 지금 우리는 이렇게 절친한 친구가 됐어요. 이상하지 않아요?' 현재 우리에겐 유럽 연합(EU)이 있죠. 수백 년간 서로 전쟁을 벌여 왔던 모든 나라가 지금은 공익을 위해 연합했어요. 그것은 희망의 커다란 징후입니다. 맞아요, 영국에서 브렉시트가 있었고, 그건 일보 후퇴를 의미하지만 유럽 연합 안에서 조만간 전쟁이 일어날 가능성은 거의 없습니다."

인류 역사의 방향과 대규모 전쟁을 막기 위한 능력 향상에 관한 제인의 희망에 나는 감동을 받았다.

"하지만 지금 이 순간에도 전 세계에서 권위주의적인 독재자가 늘어나고 있다는 사실이 걱정스럽지 않으세요?" 내가 물었다. "수많은 내전과 민족주의의 대두도 그렇고요. 심지어는 파시즘도 세를 불리고 있습니다. 미국에선 네오나치가 점점 더 세를 얻는 중이고, 놀랍게도 그건 독일도 마찬가지예요. 그뿐만 아니라 전 세계에서 너무 많은 갈등과 폭력이 벌어지고 있죠. 학교에서 벌어지는 총격 사건, 조직 폭력 집단 간의 다툼, 가정 폭력, 인종주의, 성차별. 선생님은 어떻게 미래에 대한 희망을 품으실 수가 있죠?"

"글쎄요, 무엇보다도 우리는 수백만 년도 넘는 세월 동안 인간으로 살아 왔고, 배려심과 연민을 조금씩 키워 왔다고 생각합니다. 도처에 수많은 잔혹함과 불의가 존재하기는 하지만, 그런 행동이 잘못이라는 데는 보편적인 동의가 이루어져 있어요. 또한 언론 덕분에 더 많은 사람이 무슨 일이 벌어지고 있는지 이해하죠. 이 모든 상황을 감안하면, 솔직히 훨씬 더 높은 비율의 사람들이 근본적으로 선량하고 친절하다고 생각합니다.

그리고 또 다른 사실이 하나 있어요, 더그. 오로지 인간만이 진정한 악을 행하는 게 가능한 것과 마찬가지로, 인간만이 진정한 이타성을 구현할 수 있다고 나는 생각해요."

새로운 보편적 도덕률

"침팬지도 곤경에 처한 다른 동료를 도와주려고 하겠지만, 우리에게 해가 될지도 모른다는 걸 알면서도 이타적인 행동을 할 수 있는 건 인간뿐이라고 생각합니다. 스스로 위험에 빠질 수 있다는 걸 알면서도 굳이 누군가를 돕겠다는 결심은 우리만 할 수 있어요. 자신이 짊어지게 될 위험을 지성으로 판단했을 때에도 누군가를 돕는다면 그건 진짜 이타주의죠. 나치 독일을 피해 탈출한 유태인들을 자기 집에 숨겨주기도 했던 독일인들을 생각해 보세요. 잡히면 곧 죽음이라는 걸 그들 역시 알고 있었고 종종 그런 일이 벌어지기도 했어요."

"1970년대에 인기가 매우 많았던 과학자들 사이에서는 이타주의를 단순히 자신의 유전자 생존을 확보하기 위한 방편이라고 설명하던 사회 생물학 이론이 유행한 적이 있었습니다." 내가 말했다. "가족을 돕다가 죽는 경우, 유전자가 미래 세대로 전해져 살아남기 때문에 괜찮다는 식이죠. 하지만 선생님은 그 이론에 동의하지 않으셨던 걸로 기억하는데요?"

"어느 정도까지는 사실이라고 할 수 있지만, 그 연구는 군락 생활을 하는 곤충 사회의 협력 행동을 바탕으로 이루어졌어요." 제인이 말했다. "반면에 인간은 친척뿐만 아니라 혈연 관계가 아닌 집단 내 다른 사람들까지 돕잖아요. 또한 우리와 아무런 관계도 없을 가능성이 있는 개인을 돕기도 합니다.

다른 동물들도 친척이 아닌 동물을 돕는다는 것이 밝혀졌을 때, 그다음으로 대두된 것은 호혜적 이타성(reciprocal altruism)에 대한 이론이었어요. 언젠가 상대가 나를 도와줄 것을 기대하고 누군가를 돕는다는 것이죠. 하지만 이런 이론이 이타적 행동의 진화론적 기원을 설명해 줄 수 있을지는 몰라도, 인간의 지능과 상상력은 좀 더 포괄적인 방식으로 인간을 이타적 행동으로 이끄는 것처럼 보입니다. 인간은 본인의 삶에 뚜렷하게 긍정적인 영향이 없을 때도 남을 돕습니다. 기아에 허덕이는 아이들의 사진을 보면 우리는 그들이 어떤 느낌을 받고 있을지 상상할 수 있고 그들을 도와주고 싶어 합니다. 그런 사진은 우리의 동정심과 연민을 촉발하죠. 그러한 동정심을 일으키는 것이 본인과는 전혀 다른 문화에서 비롯되었다고 하더라도 대부분의 사람들은 그러한 느낌을 받습니다. 전쟁을 피해 떠나온 난민들이 겨울에 얇은 텐트에서 몸을 움츠리고 있다거나, 집도 없이 굶주림에 시달리는 지진 피해자들의 사진 혹은 혹은 그런 설명만으로도 일종의 본능적인 감정이 유발됩니다. 심리학적으로 그것은 곧 아픔이에요. 그들이 유럽 인이건, 아프리카 인이건,

아시아 인이건, 젊었든 늙었든 아무런 상관이 없어요. 『톰 아저씨네 오두막(Uncle Tom's Cabin; or, Life Among the Lowly)』을 처음 읽었을 때 흐느꼈던 기억이 나요. 잔인한 노예 소유주와 그런 종류의 고통과 불행을 안겨 준 다른 사람들을 내가 얼마나 미워했던지. 전쟁 때 나치 독일을 증오했던 것과 마찬가지였죠."

네덜란드 숲에 둘러싸인 오두막에 나란히 앉아, 잠시 침묵한 뒤 제인은 바로 지금 이 순간 비로소 문득 억압의 희생자들에 대한 연민의 감정이 압제자에 대한 증오심으로 이어질 수 있다는 사실을 이해했으며, 르완다와 부룬디처럼 보복을 부르는 폭력과 서로 죽고 죽이는 전쟁을 막는 비결이 있다고 말했다.

"압제자를 용서할 방법을 찾아야 한다는 말씀이세요?" 압제자에 대해 연민을 갖거나 용서를 할 수 있을까 하는 의구심을 품으며 내가 물었다.

"예, 그런 셈입니다. 우리는 그런 사람들이 성장한 방식, 어린 시절 그들이 가르침을 받았을 윤리 규범에 대해서 생각해 보아야 해요."

나는 남아프리카 공화국의 내전을 막기 위해 진실과 화해 위원회 의장직을 맡았던 투투 대주교를 예로 들었다. 그는 과거의 사슬을 스스로 끊어내는 방법이 용서라고 말해 왔다. 우리는 복수의 순환 대신에 용서의 순환을 선택한다.

그러자 갑자기 다시 생기를 되찾은 제인이 대화를 이어 갔다. "더그도 알다시피, 그런 선례가 바로 언어의 중요성을 보여 주는 거예요. 우리는 다른 시각에서 문제를 바라보는 것이 얼마나 중요한지 아이들에게 가르칠 수 있어요. 마음을 열도록. 복수 대신에 용서를 선택하도록."

해가 저물고 있었다. 제인의 얼굴에 드러난 표정을 읽어 보려고 했지만 워낙 빛이 희미해 그림자가 드리워져 있었다. 나는 그 어떤 손쉬운 해결책에 대해서도 회의적인 편이었지만, 현실적으로 더 나은 미래를 향한 길을 찾을 방법에 대해서 제인은 한 단계 한 단계 나를 더 심오한 이해의 세계로 이끌고 있다는 느낌이 들었다.

"그렇다면 어떤 일이 일어나야 할까요? 어떻게 해야 더 온정적이고 더 평화로운, 더 나은 생명체로 진화할 수 있죠?" 내가 물었다.

제인은 내 질문을 고민하며 위스키 한 모금을 따랐다.

"우리에겐 새로운 보편적인 도덕률이 필요합니다." 제인은 갑자기 웃음을 터뜨렸다. "주요 종교는 하나도 빠짐없이 황금률에 대해서 입에 발린 말을 한다는 생각이 문득 떠올랐어요. 남에게 대접을 받고자 하는 대로 남을 대접하라. 그만큼 아주 쉬운 일이고, 우리에겐 보편적인 도덕률이 있어요. 그걸 지키도록 사람들을 설득하는 방법을 찾기만 하면 되는 거죠!" 이렇게 말하고 제인은 한숨을 쉬었다. "인간의 모든 결점을 감안하면, 그건 불가능해 보일 거예요. 탐욕, 이기심, 권력과 부에 대한 갈망."

"맞아요." 내가 말했다. 그러고는 농담조로 덧붙였다. "결국 우리는 인간에 불과하니까요!"

제인은 위스키를 한 모금 마셨다.

소리 내어 웃다가 제인이 말했다. "하지만 솔직히 나는 우리가 올바른 방향으로 움직이고 있다고 생각해요."

"정말로 우리의 배려심이 조금씩 자라고 있다고 생각하세요?"

"사람들 대다수는 그렇다는 것이 솔직한 내 생각이에요, 더그. 불행히도 언론은 세상에서 벌어지는 온갖 나쁜 일과 혐오의 서사를 보도하는 데 너무 많은 공간을 할애하면서, 어디엔가 존재하는 선과 친절에 대해서는 충분히 보도하지 않고 있죠. 그걸 역사적인 관점에서 한 번 생각해 보세요. 영국에 사는 여성과 아동이 끔찍한 환경의 탄광에서 강제 노동을 했던 건 그다지 오래된 일이 아닙니다. 아동들은 맨발로 눈밭을 돌아다녔어요. 노예 제도는 미국의 수많은 지역에서 용인되고 정당화되었으며, 그건 영국도 마찬가지였어요.

아직도 가난하게 살아가는 수많은 아동이 존재하고, 여전히 세계 각지에 노예 제도가 남아 있으며, 인종 차별 및 성차별, 부당한 임금 체계 등 너무도 많은 사회 부조리가 남아 있다는 게 정설입니다. 하지만 그 모든 것들이 도덕적으로 용납될 수 없다고 믿는 사람들이 점점 더 많아지고 있고, 그러한 모든 문제를 해결하려고 열심히 일하는 수많은 집단이 존재하는 것도 사실이지요. 남아프리카 공화국에서는 극단적인 인종 차별 정책을 펼쳤던 아파르트헤이트 정권이 종식되었습니다. 대영제국이 몰락하면서 영국의 식민 지배도 끝이 났고요. 많은 국가에서 여성에 대한 태도도 차츰 변화되었어요. 얼마 전엔 전 세계에서 얼마나 많은 여성이 중요한 정부 요직을 차지하고 있는지 확인하며 깜짝 놀라기도 했어요. 엄청나게 많은 수의 변호사들이 인권을 옹호하며 불의에 맞서 싸우는 중이고, 점점 더 많은 나라에서 전문적인 시민 단체와 변호사 들이 동물의 권리를 위해서도 싸우고 있습니다."

나는 그 점에 대해서 생각해 보았다. 제인이 말한 모든 내용은 정말로 더 나은 세계 윤리를 향해 전진하는 발걸음을 의미했다. 그러나 최근 들어 우린 또 얼마나 많은 후퇴를 거듭했는지, 아직도 가야 할 길은 얼마나 까마득한지 생각하지 않을 수가 없었다. 멕시코와 미국의 국경선에서 얼마나 많은 이민자 아이들이 부모와 강제로 헤어져, 철제 우리에 갇힌 채 사막에 세워진 '학교'로 이송되었는지 그 끔찍한 방식을 언급하며, 나는 이런 생각을 제인과 공유했다. 굶주린 채 잠자리에 들어야 하는 사람들과 노숙자의 수는 얼마나 늘었는가. "게다가 민족주의의 불편한 대두에 대해서도 이미 언급했죠." 내가 덧붙였다.

"예, 알아요. 영국뿐만 아니라 다른 수많은 나라에서도 대부분 같은 상황이에요. 참으로 우울한 현실이죠." 제인이 말했다.

"버락 오바마 전 대통령이 역사는 직선으로 움직이는 것이 아니라 '지그재그로' 여러 굴곡을 거친다고 했던 유명한 말이 바로 그런 뜻이라고 생각합니다." 내가 말했다.

"자꾸만 후퇴하는 방향으로 끌려간다는 느낌을 받기 쉽죠." 제인이 말했다. "하지만 우리가 성공을 거두었던 저항 시위와 목표를 성취했던 캠페인을 떠올리는 것이 중요합니다. 인터넷 덕분에……."

내가 막 말허리를 자르려는데 제인이 소리 내어 웃기 시작했다. "예, 그런 최첨단 기술의 단점에 대해서라든지 특히 '가짜 뉴스'에 대해서는 나도 잘 알고 있어요! 하지만 인간의 지능과 마찬가지로 소셜미디어 자체는 선하거나 악하지 않습니다. 중요한 것은 우리가 그것을 사용하는 방식이겠죠."

남아프리카 공화국에서 정의를 향한 역사의 흐름에 질곡을 남겼던 아파르트헤이트 정권에 맞서 싸웠던 투투 대주교에게 나는 인류의 진보를 어떻게 생각하는지 물어본 적이 있다. 당시는 파리 폭탄 테러 사건 직후여서 많은 사람이 인간애에 대해 절망하고 있었다. 그는 역사가 두 걸음 진보하면 한 걸음 퇴보한다고 말했다. 그로부터 거의 딱 한 달 뒤 파리 기후 변화 협약 체결을 위해 전 세계 정상들이 모여들었다. 나는 투투 주교가 했던 또 다른 말을 절대 잊지 못할 것이다. "우리가 온전한 인간이 되기 위해서는 시간이 필요합니다." 아마도 그 말은 우리가 도덕적으로 진화하는 데 시간이 필요하다는 의미였을 것이다.

제인은 이 말을 두고 잠시 생각에 잠겼다. "머리와 마음이 함께 어우러지지 않는 한 인간의 잠재력을 완벽하게 끌어내는 것은 절대 불가능하다는 사실을 우리가 제대로 깨달으려면 인류의 진화에도 엄청난 시간이 필요할 수도 있겠네요. 천재적인 린네가 우리 종에게 붙인 이름은 호모 사피엔스, 즉 슬기로운 사람이지만……."

"확실히 인간은 우리 이름에 어울리게 살고 있지 못하죠." 내가 말을 끊었다. "선생님은 이미 우리가 지적으로는 영리하지만 지혜롭지는 않다고 말씀하셨는데요, '지혜(wisdom)'를 어떻게 이해하고 계십니까?"

'지혜로운' 유인원

제인은 답변을 정리하느라 잠시 생각에 잠겼다. "지혜는 우리 행동의 결과를 인지하고 전반적인 행복을 떠올리는 데 인간의 강력한 지능을 이용하는 것과 관련이 있다고 생각합니다. 불행히도 우리는 장기적인 전망을 잃어버렸기 때문에, 장기적인 이익을 대가로 지불한 채 단기적인 결과나 이윤에 초점을 맞추어서 지구의 유한한 천연 자원을 경제적으로 무한히 개발할 수 있다는 터무니없고도 대단히 지혜롭지 못한 믿음으로 고통을 겪고 있습니다. 우리가 계속 이런 식으로 살아간다면, 음, 어떤 일이 벌어질지 생각하고 싶지도 않군요. 그것은 단연코 '지혜로운 유인원'의 행동이 아니에요."

첫 번째 이유: 인간의 놀라운 지능

"결정을 내릴 때 사람들은 대부분 이렇게 묻습니다. '나와 내 가족에게, 혹은 다음번 주주 총회나 다음번 선거에 도움이 될 것인가?' 지혜의 특징이라면 이렇게 묻는 것이겠죠. '오늘 내가 내린 결정은 미래 세대에게 어떤 영향을 미칠 것인가? 지구의 건강 측면에서는?' 이것은 특정 사회의 측면을 억압하는 권력자들이 보여 주는 것과 똑같은 종류의 지혜 결핍 현상입니다. 미국과 영국에서 특정 영역에 교육과 원조를 없애는 방식은 참으로 부끄러운 지경이에요. 그러다가 때가 되면 권리를 박탈당했던 사람들의 불만과 분노가 마침내 폭발하게 되고, 그들은 변화를 촉구하죠. 사람들은 더 나은 임금이나 보건 의료 체계, 혹은 더 좋은 학교를 원합니다. 그러면 그것은 폭력과 유혈극으로 이어질 수도 있어요. 프랑스 혁명을 떠올려 보세요. 그것은 예속 상태를 끝장내기 위한 민중의 투쟁이었고 결과적으로 미국의 남북 전쟁으로 이어졌습니다. 역사를 통틀어 성난 사람들이 힘을 모아 폭압적인 정치나 사회 구조를 전복시킨 경우가 참 많잖아요."

나는 인간의 지혜 부족 탓에 저질러진 실수를 복원하고 치유를 얻으려는 시도 탓에 치러야 하는 대가에 대해서 생각했다. 나는 제인에게 물었다. "인간이 지능을 올바른 방식으로 사용할 날이 있다고 생각하십니까?"

"글쎄요, **모든 사람**이 지능을 올바른 방식으로 이용하는 날은 결코 오지 않으리라고 생각합니다. 우리 가운데는 언제나 죄를 짓는 사람들이 있기 마련이죠! 하지만 계속해서 말해 온 것처럼 정의를 위해 싸우는 사람들이 점점 더 늘어나고 있고, 전반적으로 인간성에는 적어도 정의가 무엇을 의미하는지에 대한 이해가 담겨 있다고 생각합니다."

이제 바깥은 완전히 깜깜해졌고 불씨도 잦아들고 있었으므로 우리는 실내에 조명을 더 켰다. 위스키는 동이 났지만 우리에겐 풀어야 할 수수께끼가 하나 더 남아 있었다. 이 놀라운 인간의 지능을 우리는 어떻게 현명하게 사용할 수 있을 것인가? 나는 이 질문을 제인에게 던졌다.

"정말로 우리가 그렇게 되려면, 이미 말했듯이 머리와 마음이 함께 협업해야 한다고 생각해요. 지금이야말로 우리가 그것을 해낼수 있음을 입증해야 할 때이고요. 지구가 뜨거워지는 것을 늦추고 동식물의 멸종을 막기 위해서 바로 **지금** 슬기롭게 행동하지 않는다면, 너무 늦어질지도 모릅니다. 우리는 힘을 모아 지구의 생명에 대한 본질적인 위협을 해소해야 합니다. 그러기 위해서는 가장 곤란한 네 가지 난제를 해결해야 하죠. 강연할 때마다 자주 언급해 왔기 때문에 그 네 가지는 달달 외우고 있을 지경이에요.

첫 번째로 우리는 빈곤을 물리쳐야 합니다. 심각한 빈곤 속에서 사는 사람이라면 먹을거리가 자라는 마지막 나무도 베어 버릴 겁니다. 또는 가족을 먹여 살려야 하는 필사적인 상황에 놓인 어부는 마지막 물고기도 잡아 버리겠죠. 도시에 사람도 어려운 상황이라면

　　　　　　　　　　　첫 번째 이유: 인간의 놀라운 지능

가장 싼 음식을 찾게 됩니다. 좀 더 윤리적으로 생산된 제품을 선택하는 사치를 부릴 수가 없으니까요.

두 번째로 지속 불가능한 생활 방식을 줄여야 합니다. 우리는 너무나도 부유하게 삽니다. 너무나도 많은 사람이 필요한 것보다, 혹은 원하는 것보다 훨씬 더 많은 물건을 지니고 있다는 사실을 직시해야 합니다.

세 번째로는 부패를 청산해야 합니다. 훌륭한 정부와 정직한 리더십 없이는 어마어마한 사회적, 환경적 문제를 함께 해결하기 위한 협력을 이끌어낼 수 없습니다.

마지막으로, 인구와 가축의 증가로 생겨난 문제들을 직시해야 합니다. 오늘날 세계 인구는 70억을 넘어섰고, 많은 곳에서 자연의 회복 속도보다 더 빠르게 유한한 천연 자원을 고갈시키고 있죠. 2050년이 되면 인구가 100억 명에 가까워진다고 합니다. 우리가 평소처럼 사업을 지속한다면, 우리가 잘 알다시피 지구의 생명체는 종말을 맞이하게 될 거예요."

"그것 참으로 감당하기 벅찬 과제네요." 내가 말했다.

"예, 맞아요, 하지만 인간의 지능과 오래되었지만 지금도 쓸 만한 상식을 결합해 문제를 해결하려고 한다면 극복하기 어려운 것만도 아닙니다. 앞서 이야기했듯이 우리는 진전을 이루기 시작했어요. 물론 어머니 대자연에 대한 우리의 착취는 대개 정말로 지능이 부족해서가 아니라 미래 세대와 지구의 건강에 대한 연민 부족 탓이에요. 개인과 기업, 정부의 부와 권력을 확대하려고 단기적인 이유만 노리는 이기적인 탐욕 때문이죠. 나머지는 경솔함과 교육 부족, 가난 때문입니다. 달리 말해서 우리의 영리한 뇌와 따뜻한 가슴 사이에 연결이 끊어진 듯합니다. 진정한 지혜에는 머리로 하는 생각과 가슴으로 하는 이해가 모두 필요해요."

"자연과 인간의 연계를 잃을 때 인간의 지혜도 일부 손실이 있겠죠?" 내가 물었다.

"그렇다고 생각해요. 토착 문화는 언제나 자연과 밀접한 관련을 맺습니다. 토착민들 중에는 지혜로운 주술사와 치료사가 엄청 많고, 자연과 조화롭게 살아가는 삶의 혜택에 대해서 대단히 많은 지식을 갖고 있어요."

"우리가 잊은 것, 혹은 무시하겠다고 선택한 것은 무엇일까요?"

"모든 생명에 지능이 있다는 사실이죠." 제인이 대답했다. "동물과 나무를 자신의 형제자매로 여기며 대하는 토착민들은 이 사실을 감지하고 있다고 생각합니다. 나는 인간의 지능이 우주의 창조를 이끈 신적 존재의 일부라고 생각하는 걸 좋아해요. 나무를 한번 생각해 보세요! 현재 우리는 나무들이 땅속 통신망인 뿌리와 몸에 기생하는 초미세 균류의 얇고 하얀 실을 통해서 서로 정보를 주고받을 수 있다는 걸 알고 있잖아요."

그러한 환상적인 발견에 성공한 생태학자 중 한 사람인 수잔 시마드(Suzanne Simard)의 업적에 대해서는 나도 익숙했다. 시마드는 이

우리는 나무가 어떻게 땅속과 소통하는지, 심지어 서로 어떻게 돕는지 놀라운 사실들을
배워 나가고 있다. (사진 제공: JANE GOODALL INSTITUTE/CHASE PICKERING)

러한 통신망을 우드 와이드 웹(Wood Wide Web)이라고 불렀는데, 숲을 이룬 나무들은 땅속으로 모두 연결되어 있기 때문이다. 그리고 이러한 통신망을 통해 나무들은 각자의 친족 관계, 건강 상태, 필요 사항에 대한 정보를 주고받을 수 있다.

제인과 나는 흥미진진한 이 연구에 대해서 한동안 논의를 이어 갔고, 제인은 나무에 대해서 거의 알려지지 않은 비밀에 대해서 세상을 깨우치고 있는 독일인 삼림학자 페터 볼레벤(Peter Wohlleben)에 대한 이야기를 들려주었다.

"페터와 수잔이 둘 다 가장 이윤을 내는 방식의 수확을 목표로 숲을 가꾸는 삼림학자로 일을 시작했다는 사실은 참 흥미롭습니다. 페터는 자신이 사랑하는 숲이 거의 아무런 관리 없이도 스스로 잘 해 나간다는 사실을 깨닫자 15년 만에 일을 관두었어요. 그러고는 그 숲을 보호하고 이해하는 데 헌신하기로 결심했죠.『감추어진 나무의 삶(Hidden Life of Trees)』이라는 책도 썼고요. 솔직히 나는 내가 쓴『인간의 그늘에서(In the Shadow of Man)』를 통해서 침팬지를 위해 했던 일을 이 책 역시 나무를 위해 그대로 수행했다고 생각해요."

"맞아요, 그리고 수잔이 최근 쓴 책『어머니 나무를 찾아서(Finding the Mother Tree)』도 비슷한 영향력을 미치고 있죠." 내가 말했다.

제인은 창문 바로 앞으로 줄기를 뻗어 오두막에서 새어 나간 불빛을 받아 희미하게 빛나고 있는 나뭇가지 사이로 밖을 내다보고 있었다. 제인이 무슨 생각을 하고 있는지 궁금해진 나는 솔직히 물어보았다.

"우리가 살아가고 있는 이 놀라운 세상에 대한 경이로움과 경외감을 느끼고 있었어요. 사실은 제대로 배우기도 전에 세상을 파괴하고 있지만 말이에요. 우리는 자연보다 인간이 더 똑똑하다고 생각하지만 그렇지 않아요. 인간의 지능은 놀라운 수준이지만 자연에는 더 위대한 지능이 존재한다는 사실을 깨닫고 겸손해져야 합니다."

"인간이 자연의 지혜로 되돌아갈 방법을 찾을 수 있을 거라는 희망을 갖고 계신가요?"

첫 번째 이유: 인간의 놀라운 지능

"예, 그래요. 하지만 다시 한번 반복하자면 영리함과 연민을 함께 품으며 머리와 마음이 협력하지 않는다면 미래는 무척 암담합니다. 하지만 희망은 필수죠. 희망이 없다면 우리는 무관심해져서 우리 아이들의 미래를 계속해서 파괴할 거예요."

"우리가 해악을 끼쳐 온 모든 것들을 정말로 치유할 수 있을까요?"

"꼭 해야죠!" 제인이 격정적으로 외쳤다. "우린 이미 행동을 시작했고, 자연은 저만치에서 우리가 다가가 자연이 스스로 치유하는 걸 돕도록 기다리고 있어요. 자연은 정말 믿어지지 않을 정도로 회복 탄력성이 좋습니다. 그리고 자연은 우리보다 훨씬 더 엄청 지적이라는 것도 잊지 마세요!"

그 말은 희망에 대한 제인의 두 번째 이유로 넘어가기에 완벽한 화두였다.

두 번째 이유: 자연의 회복 탄력성

"우리 산책 가요." 다음 날 아침 제인이 말했다. 우리는 외투를 걸치고 밖으로 나갔다. 공기는 쌀쌀했고, 자연 보호 구역의 나무 사이로 불어오는 북풍이 우리를 맞이했다. "돌아오면 뭔가 따뜻한 걸 만들어 먹어야겠네요." 문을 닫으며 제인이 제안했다. "적어도 하루에 한 번 산책을 하는 게 좋아요." 몇 걸음 뗀 후에 제인이 말했다. "반려견 없이 걷는 건 별로 좋아하지 않지만 말이에요."

"그건 또 왜인가요?"

"개는 산책에 목적을 선사하니까요."

"어떻게요?"

"음, 누군가 다른 존재를 행복하게 만들어 주는 일이잖아요." 탄자니아에 있는 제인의 집에서 살던 구조된 반려견을 떠올리며, 크고 작은 온갖 동물들에 둘러싸여 있을 때보다 제인이 더 행복해 보인 적은 없다는 생각이 들었다.

우리는 작은 호수 주변을 걷는 멋진 산책을 만끽했는데, 제인은 전날 본 풍경을 가리키며 현장 가이드 역할을 해 주었다. 나무는 대부분 잎을 떨구었고 겨울의 대지는 잠들어 있었다.

30분쯤 걷고 난 뒤 구름 사이로 해가 나와 멀리 서 있는 거목을 비추었다.

"햇빛을 받고 있는 저 나무까지 갔다가 돌아갑시다." 제인이 말했다.

따뜻한 곳을 향해 걸어가는 거라 나도 반색했다. 나무는 오랜 세월 강풍에 시달려 한쪽으로 기울어져 있었다.

그곳에 당도하자 제인은 이끼로 뒤덮인 장엄한 터너참나무(Turner's oak, 너도밤나무속 홀름참나무와 로부르참나무의 자연 발생 잡종으로, 터너라는 이름은 삽목에 성공한 영국 묘목업자 스펜서 터너(Spencer Turner)의 이름에서 따왔다. ― 옮긴이)의 둥치에 손을 올렸다.

"이건 내가 꼭 와서 인사를 건네고 싶었던 나무예요……. 나무야, 안녕." 햇빛이 우리 얼굴을 비추는 가운데 나무는 아늑하게 바람을 막아 주었다.

"아름답네요." 제인이 애정 어린 손길로 쓰다듬던 푹신한 이끼를 나도 만지며 말했다. 제인은 어린 시절 마당에서 자라던 너도밤나무와 깊은 유대감을 품고 있었다는 이야기를 들려주었다. 어린 제인은 나무에 올라가 닥터 두리틀 시리즈와 타잔 책을 읽기도 하고, 몇 시간씩 울창한 나뭇잎의 품에 안겨 숨어 지내면서 새들과 하늘에 더 가까이 다가갔다고 한다.

"그 나무에 이름을 붙여 주셨나요?"

"그냥 너도밤나무였어요." 제인이 말했다. "그 나무를 너무 심하게 좋아했던 나머지, 가족들이 모두 대니(Danny)라고 불렀던 외할머니께 내가 열네 살이 되면 생일 선물로 그 나무를 달라고 졸랐고, 마지막 유언장에도 꼭 너도밤나무를 내게 주겠다는 내용을 넣어 달라고 우겼어요. 나는 양동이에 책을 넣고 긴 끈을 매달아 나무 위로 끌어올렸고 가끔은 숙제도 나무 위에서 했어요. 그리고 야생에서 동물들과 함께 살 거라는 꿈을 꾸었죠."

"주로 동물을 공부하셨지만, 선생님은 지난번 책 『희망의 씨앗(Seeds of Hope)』을 쓰시면서 식물에 대해서도 많이 공부하셨던 것 같습니다."

"예, 정말이지 즐거운 경험이었습니다. 식물의 왕국 역시 얼마나 매혹적인 세계인지 몰라요. 식물이 없었다면 동물도 존재하지 않았겠죠! 인간도 없었겠죠. 잘 생각해 보면 모든 동물의 삶은 궁극적으로 식물에게 달려 있어요. 제자리를 지키는 각각의 작은 바늘땀이 주변과 이어져 만들어 내는 놀라운 생명의 태피스트리인 셈이죠. 우리는 아직 배워야 할 게 너무도 많습니다. 자연을 제대로 이해한다는 측면에서 따진다면 숲에 놓인 우리는 아기와 다름없어요. 우리가 밟고 있는 흙 속에 사는 무수히 많은 형태의 생명이 살고 있어요. 하지만 우리는 그들에 대한 배움을 아직 시작조차 하지 못하고 있답니다. 이 나무의 뿌리는 저 깊은 곳까지 뻗어 들어가 우리가 모르는 수많은 것을 알아내서는 그 비밀을 우리 머리 위로 뻗은 가지 꼭대기까지 올려 보내고 있다는 걸 생각해 보세요.”

제인이 땅에서 시선을 들어 나무 꼭대기를 바라보는 모습을 지켜보며, 나는 바람에 흔들리는 너도밤나무에 올라가 있는 어린 제인의 모습을 생생하게 상상할 수 있었다. 탄자니아에 사는 찌르레기 떼를 묘사하며 비상하는 날개처럼 손을 펄럭거리던 제인의 모습과 자연주의자라면 공감과 직관, 사랑이 필요하다고 역설했던 이야기도 떠올랐다. 자연의 심오한 미스터리 속에서 제인이 찾은 게 무엇인지, 나도 절망적으로 찾고 싶은 미래에 대한 희망과 마음의 평정을 자연에서 찾은 이유가 무엇인지 알고 싶었다.

“선생님은 자연의 회복 탄력성에서 희망을 얻는다고 하셨는데, 이유가 뭐죠?”

제인은 우리 앞에 서 있는 거목을 쳐다보며 미소를 지었다. 손으로는 이끼에 뒤덮이고 옹이가 많은 나무껍질을 짚고 있었다.

“그 질문에 대한 답은 이야기로 들려주는 게 최선일 것 같군요.”

나는 제인이 질문을 이야기로 화답하는 일이 잦다는 걸 눈치 채

엄청난 상처를 입은 상태로 그라운드 제로에서 구출된 생존자 나무.
안전모를 쓴 여성은 처음 나무가 아직 살아 있음을 확인한 리베카 클러프다.
리베카는 생존자 구출에 헌신했던 최초 주요 대원 중 한 사람이다.

(사진 제공: MICHAEL BROWNE)

두 번째 이유: 자연의 회복 탄력성

고 있었으므로, 그 점을 언급했다.

"맞아요, 나는 이야기가 그 어떤 사실이나 숫자보다 심금을 울린다는 걸 깨달았어요. 사람들은 세세한 부분까지는 전부 다 기억하지 못하더라도 잘 전달된 이야기에 담긴 메시지는 기억을 합니다. 아무튼 나는 더그의 질문에 대한 대답을 2001년 9월 11일 그 끔찍했던 날, 쌍둥이 빌딩의 붕괴로 시작된 이야기로 들려주고 싶어요. 우리 세계가 영원히 달라졌던 바로 그날 나는 마침 뉴욕에 있었어요. 인적이 사라진 도로에 경찰차와 구급차의 사이렌만 울려 퍼지고, 침묵에 휩싸인 도시를 뒤흔든 불신과 공포, 혼란이 아직도 생생합니다."

내 기억도 현대 세계를 상징하던 두 기둥이 무너져 내렸던 참혹한 날로 되돌아갔다. 그날의 참상은 뉴욕에서 자란 내게도 깊은 상처를 남겼다. 테러가 발생한 순간 그 건물이나 근처에 있던 친구나 가족이 하나라도 없는 뉴욕 주민은 아무도 없었다. 그라운드 제로(Ground Zero)에 남았던 거대한 구덩이와 파괴, 모든 공포가 떠올랐다.

제인은 이야기를 계속했다. "쌍둥이 빌딩이 무너지고 한 달 뒤, 시멘트 더미에 으깨진 채로 청소 노동자에게 발견된 콩배나무(Callery pear tree), 즉 그 생존자 나무(The Survivor Tree)를 내가 소개받은 건 그 끔찍한 날로부터 10년이나 흐른 뒤의 일이었답니다. 발견 당시 나무 둥치는 절반밖에 안 남았고 뿌리도 잘려 나가 검게 죽어 가고 있었다고 해요. 살아 있는 가지도 하나뿐이었죠.

현재 국립 9·11 추모 박물관에서 잘 자라고 있는 모습.
(사진 제공: 9/11 MEMORIAL & MUSEUM, AMY DREHER)

쓰레기장으로 실려 갈 뻔했지만, 나무를 발견한 젊은 여성 리베카 클러프(Rebecca Clough)는 나무가 살아날 가능성이 있다고 간절히 호소했어요. 그래서 나무는 브롱크스에 있는 묘목장으로 이송되어 보살핌을 받았죠. 심각한 손상을 입은 나무를 건강히 살려낸다는 건 쉬운 일이 아니라서, 한동안은 상태가 아슬아슬했다고 해요. 하지만 나무는 결국 살아남았어요. 일단 충분히 건강을 회복한 나무는 현재 우리가 9·11 추모 박물관(National September 11 Memorial & Museum)이라고 부르는 곳에 다시 심어졌어요. 봄이 되면 가지마다 새하얀 꽃을 피운답니다. 사람들은 이제 그 나무의 이야기를 알아

두 번째 이유: 자연의 회복 탄력성

요. 나무를 바라보며 눈물을 훔치던 사람들을 나도 본 적이 있어요. 그 나무는 진정으로 자연의 회복 탄력성을 상징하는 존재입니다. 20년 전 그 끔찍한 날에 잃어버린 모든 것들을 떠올리게 합니다."

제인과 나는 그 나무의 회복 탄력성을 생각하며 묵묵히 서 있었다. 그러다 이윽고 제인이 말문을 열었다.

"생존자 나무에 대해서라면 더욱 극적인 이야기가 하나 더 있어요. 제2차 세계 대전이 끝날 무렵에 두 번째 원자 폭탄이 투하되던 도시인 나가사키를 1990년에 방문한 적이 있어요. 나를 초대한 주최 측에선 공포스럽기 그지없는 도시의 참상을 담은 사진들을 보여 주었습니다. 핵폭발로 생기는 불덩이의 온도는 태양과 맞먹는 섭씨 수백만 도까지 올라갑니다. 그 모습은 태양 표면이나 내가 상상했던 단테의 연옥처럼 보이죠. 과학자들은 수십 년간 그곳에서 아무것도 자라지 못할 거라고 예측했죠. 그러나 놀랍게도 500년 된 녹나무 두 그루가 살아남았습니다. 나무 둥치는 아래쪽 절반만 남았고 가지는 대부분 잘려 나간 상태였어요. 잘려 나가고 남은 가지엔 잎사귀 하나 남아 있지 않았죠. 그러나 나무는 살아남았어요.

나는 그 생존자 나무 중 한 그루를 보러 갔습니다. 지금도 거목이지만 두꺼운 둥치는 수없이 갈라지고 틈이 벌어져, 속이 까맣게 변한 걸 눈으로 볼 수 있었어요. 하지만 해마다 봄이면 그 나무는 새 잎사귀를 틔워냅니다. 일본인들은 그 나무를 평화와 생존의 기념물로 생각하고 있었고, 일본어로 죽은 이들의 명복을 비는 기도문

일본 나가사키를 초토화했던 원자 폭탄에서 살아남은 나무. 나무 둥치의 거대한 검은 구멍은 나무가 얼마나 고통을 겪었는지 보여 준다. 나무는 아직도 살아 있으며 많은 일본인에게 신성한 존재로 여겨진다.

(사진 제공: MEGHAN DEUTSCHER)

두 번째 이유: 자연의 회복 탄력성

을 적은 팻말이 가지에 걸려 있었습니다. 인간이 저지른 엄청난 파괴와 믿어지지 않을 만큼 놀라운 자연의 회복 탄력성에 겸손해진 마음으로 나는 그 곁에 서 있었어요."

제인의 목소리는 경외감으로 가득 차 있었고, 당시의 해후(邂逅)를 떠올리느라 아주 멀리 가 있다는 걸 나는 느낄 수 있었다.

나는 두 가지 이야기에 감명을 받았다. 그러나 불굴의 나무 이야기가 어째서 우리가 살아가는 세상과 지구를 위한 희망의 주요 근거가 된다는 것인지 나로선 여전히 알 수가 없었다.

"그 나무들의 생존을 가지고 선생님은 자연의 회복 탄력성에 대해서 어떤 말씀을 하고 싶은 건가요? 좀 더 보편적인 어떤 게 있다고 여기시나요?"

"음, 곰베에서도 계곡 위쪽의 모든 개방 삼림 지대가 타 버린 정말 끔찍한 산불이 났던 게 기억납니다. 전부 다 검게 타 버렸어요. 그런데도 소나기가 잠깐 내린 뒤 며칠이 지나자 전 지역에서 검은 흙을 뚫고 연약한 초록색 풀이 솟아올라 카펫처럼 펼쳐졌어요. 그러고는 얼마 뒤 본격적인 우기가 시작되자, 틀림없이 완전히 죽었다고 생각했던 몇몇 나무가 새잎을 내밀기 시작했죠. 구릉 전체가 죽음에서 부활한 거예요. 물론 이런 회복 탄력성을 우리는 전 세계에서 목격할 수 있습니다. 하지만 식물들만 그런 것이 아니라 동물들도 회복 탄력성이 있어요. 도마뱀을 생각해 보세요."

"도마뱀이요?" 내가 물었다.

"포식자의 주의를 끌기 위해서 맹렬하게 몸부림치는 꼬리를 잘라 남겨두고 본체는 달아나는 종류의 도마뱀이 있잖아요. 그러고 나면 피를 흘리던 도마뱀의 몸통에선 즉각 새 꼬리가 자라나기 시작해요. 심지어 척수도 다시 자라난다고 하죠. 도롱뇽도 같은 방식으로 새 꼬리가 자라나고, 문어와 불가사리도 잘린 다리가 새로 자랍니다. 불가사리는 잘린 다리에 영양분을 저장할 수도 있어서, 새로운 몸통과 입이 자라는 동안 생존을 유지할 수도 있어요!"

"하지만 우리는 자연을 한계점까지 몰아붙이고 있지 않은가요? 훼손이 심각해서 도저히 회복할 수 없게 되는 지점이 있지 않습니까?" 내가 제인에게 물었다. 인간이 배출한 온실 기체가 태양열을 가두어 이미 지구 온도가 섭씨 1.5도나 상승했다는 사실이 떠올랐다. 서식지 파괴에 더해서 이 문제로 생명 다양성은 끔찍하게 손실되고 있다. 2019년 유엔에서 발행한 한 연구 보고서에 따르면 현재 자연이 보존된 경우보다 수십 배에서 수백 배 빨리 생물 종이 멸종되고 있으며, 인간의 행동이 낳은 결과로 수십 년 안에 100만 종의 동식물이 멸종되리라고 한다. 우리는 이미 모든 포유류와 조류, 어류, 파충류의 60퍼센트를 절멸시켰고, 과학자들은 이를 '여섯 번째 대멸종(Sixth Great Extinction)'이라고 부른다.

나는 이러한 공포를 제인에게 털어놓았다.

"그건 사실이에요." 제인도 인정했다. "인간의 파괴적인 행위로 자연이 한계점까지 내몰린 듯한 상황이 참으로 많습니다."

　　　　　　두 번째 이유: 자연의 회복 탄력성

"그렇죠, 그런데도 선생님은 여전히 자연의 회복 탄력성에 희망을 품고 있다고 말씀하시잖아요. 솔직히 지구의 미래에 대한 연구와 예측은 너무도 암담합니다. 이처럼 끔찍한 인간의 대량 살상과 파괴 속에서도 자연이 살아남을 가능성이 정말로 있을까요?"

"더그, 사실은 이 책을 쓰는 것이 그토록 중요한 이유도 바로 그점이에요. 자연 보호에 힘쓰던 사람을 비롯해서 모든 희망을 잃어버린 사람들을 나는 참 많이 만났어요. 사람들은 사랑하는 삶의 터전이 파괴되고 오랜 세월 힘써 왔던 계획과 노력이 실패로 돌아가는 걸 목격합니다. 정부와 사업가 들은 미래 세대를 위해 환경을 보호하기보다는 단기적인 이익과 즉각적인 이윤을 앞세우기 때문에 야생 지역을 보존하려 애써 온 모든 노고가 무산되고 말죠. 이 모든 상황 탓에 전 세대에 걸쳐 점점 더 많은 사람이 불안감에 떨고, 지금 벌어지고 있는 현실을 잘 알기에 때로는 깊은 우울감에 빠지기도 해요."

"그것을 가리키는 용어도 있지요." 내가 말했다. "생태적 비애(eco-grief)라고 하더군요."

생태적 비애

"기후 위기가 사람들에게 무기력감과 우울, 공포, 운명론, 체념을 포함한 온갖 감정을 안겨 줄 수 있으며 현재는 그런 감정을 생태적 비애 혹은 생태적 불안(eco-anxiety)이라고 부르고 있다는, 미국 심리학회에서 발행한 보고서를 본 적 있습니다." 내가 계속해서 설명했다.

"공포, 슬픔, 분노는 모두 현재 벌어지고 있는 현실에 대한 아주 자연스러운 반응이에요." 제인이 말했다. "우리가 자연에 입힌 끔찍한 해악을 인정하고, 현재 벌어지고 있는 엄청난 손실을 목격한 사람들이 느끼는 진정한 고통과 비애를 언급하지 않고서는 희망을 논의한다는 것이 불완전하겠죠."

"선생님도 생태적 비애를 느껴 본 적 있으세요?"

"상당히 자주 느끼죠. 때로는 아마도 다른 사람들보다 더 강렬하게 느낄 거예요. 10년 전 이누이트 족 노인들과 그린란드 동토 절벽에 서서 빙하가 갈라지고 물이 폭포처럼 쏟아져 내리는 광경을 지켜보던 어느 봄날이 생각납니다. 이누이트 족 노인들이 자기네가 젊었을 땐 여름에도 그곳에선 얼음이 녹은 적이 없다고 말하더군요. 하지만 당시는 늦겨울이었어요. 노인들은 눈물을 흘렸습니다. 기후 변화의 현실이 내장을 울리는 충격으로 다가온 건 바로 그 순간이었어요. 단단한 발판으로 버텨 주어야 할 빙판이 갈라져 얼음이 뗏목처럼 떠다니는 광경을 보면서 북극곰이 겪을 곤경이 짐작되어 마음이 아팠죠."

기억을 떠올리는 제인의 얼굴이 굳어졌다. "나는 그곳에서 파나마로 날아가, 녹은 빙하와 해수 온도 상승으로 해수면이 올라가 이미 삶의 터전이었던 섬을 떠나야 했던 원주민들을 만났습니다. 조수가 높아져 집이 위험에 처했기 때문에 강제로 떠나온 사람들이었어요. 서로 밀접하게 연관된 그 두 경험은 나에게 깊은 충격을 안겨 주었습니다."

"우리가 사랑하던 고장이 영원히 달라지거나 파괴된다면 내상이 크죠." 내가 말했다.

"오스트레일리아와 아마존, 미국 서부, 심지어는 북극권에서도 대형 산불을 겪었어요. 우리가 끼친 해악 때문에 고통 받는 인간과 동식물의 아픔을 슬퍼하지 않는 건 불가능해요." 제인이 말했다.

이런 대화를 나눈 이후 불과 9개월 만에 캘리포니아와 지구의 다른 지역에서는 현대 역사상 최악의 산불이 시작되었다. 1만 회 이상의 산불이 발생해 캘리포니아 주 전체 토지의 4퍼센트에 달하는 400만 에이커가 불타 버렸다. 내가 지금 사는 샌타크루즈에서 불과 16킬로미터 거리에서도 산불이 발생했다. 우리 지역만 따져도 1,000세대에 가까운 가구가 보금자리를 잃었다. 몇 주간 쉴 새 없이 공기의 질은 숨을 쉴 수 없을 정도였고, 특히 지구의 종말 같았던 어느 날엔 분진으로 오염된 대기를 햇빛이 뚫고 들어오지 못해 하늘이 계속 어두웠다. 산불 진화 이후 숲을 찾아보니 회색 재로 뒤덮인 달 표면을 걷는 것 같았다.

"슬픔을 직면하고 치유하는 방법에 대해서 놀라운 통찰력을 지닌 분과 이야기를 한 적이 있습니다." 내가 말했다.

나는 기후 변화로 타격을 입은 캐나다 래브라도 주 누나트시아부트(Nunatsiavut) 지역에서 이누이트 주민들과 함께 일을 하는 애실리 컨솔로(Ashlee Cunsolo)에 대해서 제인에게 이야기했다. 깨져 나가는 얼음, 올라가는 기온, 변화하는 동식물, 점점 사라져 가는 전반적인 삶의 방식들까지, 컨솔로는 지역 공동체에서 그 주민들이 잃어버리고 있는 모든 것들에 대해서 인터뷰를 하고 있었다.

"그렇게 들은 이야기를 논문으로 정리하려고 하자 방사성 신경통이 그녀를 괴롭히기 시작했죠. 통증이 너무 심해 타이핑이나 다른 일을 전혀 할 수가 없었다죠. 온갖 의학 전문가를 만나 보았지만 그들은 컨솔로의 신경에서 아무런 문제점도 찾아내지 못했다고 해요. 마침내 이누이트 족의 장로 한 사람을 찾아가자, 노인은 컨솔로에게 이렇게 말했답니다. '당신은 슬픔을 내려놓지 못하고 있어요. 슬픔을 느끼는 것이 아니라 지식으로 분석하고 있기 때문에 당신의 몸이 그것을 분류하지 못하고 가로막힌 것이죠. 몸에서 슬픔을 내보내지 않는 한 당신의 몸은 제 기능을 하지 못할 겁니다.' 노인은 컨솔로에게 슬픔이 자리할 공간을 만들고 슬픔을 이야기해야 한다고 했죠. 매일 경외감과 기쁨 또한 찾아야 한다고 말이죠."

"그래서 그분이 어떻게 했나요?" 제인이 물었다.

"컨솔로는 숲으로 들어갔습니다. 얼음처럼 차가운 강물에 손을 담그고 고통을 가져가 달라고 강물에 부탁했죠. 자신과 다른 사람들이 저지르고 있는 해악에 대해서 땅에게도 사과를 했습니다. 그

두 번째 이유: 자연의 회복 탄력성

건 심사숙고 끝에 내린 결론이었어요."

나는 설명을 이어 갔다. "컨솔로는 원래 숲에서 경외감과 기쁨을 찾을 수 있었더라고 나에게 말하더군요. 고통과 비애가 있을 때조차도 숲에는 언제나 아름다움이 있다고 말이에요. 어둠을 피해 숨거나 어둠 속에서 길을 잃지는 않아야겠다는 걸 배웠다고 합니다."

"그게 도움이 되었나요?" 제인이 물었다.

"2주간 울며 슬픔을 몸 밖으로 흘러가도록 내버려 두자, 신경통이 사라졌다고 해요."

"참으로 범상치 않고 감동적인 이야기네요. 나의 내면 깊은 곳에 있는 무언가를 건드리는 사연이에요." 제인이 말했다. "나 역시 원주민 치료사나 무속인, 주술사에게 치료를 받고 병이 나았다는 사람들을 많이 알고 있어요. 그들의 힘을 나 역시 느낀 적이 있고요."

"좀 더 이야기해 주세요." 내가 말했다.

"테런스 브라운(Terrance Brown)은 내가 처음으로 사귄 아메리카 원주민 친구인데, 우리는 서로를 영적인 오누이라고 부르는 사이고 난 그의 카루크(Karuk) 족 이름이 치트쿠스(Chitcus)라는 걸 알아요. 그는 어머니로부터 캘리포니아 카루크 족의 치료 주술사 역할을 물려받았습니다. 한번은 내가 이름 모를 질병에서 회복하던 중이라 일정을 소화하기가 벅차고 힘이 없을 때였는데 그 친구를 만나게 되었어요. 치트쿠스는 들고 다니던 담요 안에서 북과 조개껍데기 목걸이, 독수리 깃털 부채, 키슈우프(Kish'wuf)라고 부르는 신성한 식물 뿌리를 꺼냈어요. 뿌리에 불을 붙여 달콤한 연기가 피어오르게 한 뒤 전복 껍데기에 담고는 가볍게 북을 두들기며 치유의 기도 주문을 읊어 준 다음, 나더러 눈을 감고 서 있으라고 하더니 키슈프 뿌리를 들어 올리고 깃털 부채로 전신에 그 연기를 발라 주었죠.

그 후로 치트쿠스는 매일 새벽에 나를 위해 키슈프 연기를 피우고 기도를 올립니다. 연기가 직선으로 올라가면 내가 안 아픈 거라고 말하더군요. 다른 원주민 친구인 맥 홀(Mac Hall)과 포레스트 쿳치(Forrest Kutch)도 매일 아침 나를 위해 기도를 올려요. 여전히 내가 이렇게 건강한 이유가 다 있다니까요!"

"멋지네요." 내가 말했다. "그 이야기는 상호 연결된 인간의 소통이 지닌 힘을 말해 주는 거라고 생각합니다. 치유력이 우리가 서로 화합하고 지지하는 인간 관계의 질에 달려 있다는 뜻이니까요."

희망을 유지하는 데 사회적 지지가 필수적이라는 것은 연구 결과로도 확실히 입증된다. 제인의 설명은 컨솔로의 또 다른 이야기를 떠올리게 만들었다.

"자연의 힘으로 치유를 받은 직후 컨솔로는 이누이트 족 공동체 다섯 군데의 주민들이 겪은 슬픔과 상실에 관한 영화 작업에 돌입했습니다. 이로써 사람들이 사적인 고통을 밖으로 표출하고, 어떻게 치유하고 다음엔 무엇을 해야 할지 모여 이야기를 하기 시작했죠."

"사람들이 모여서 슬픔을 표현하면 감정을 행동으로 옮기는 데

아메리카 원주민이자 나의 '영혼의 형제' 치트쿠스가 가볍게 북을 치며 기도의 주문을 외운 뒤, 왼손에 든 키슈프 연기를 내 몸에 입히고 있다. (사진 제공: DR. ROGER MINKOW)

도움이 되죠." 제인이 말했다.

"맞아요. 컨솔로의 이야기는 우리가 슬픔을 마주하는 것이 절망과 무기력함에 맞서 싸우고 극복하는 데 필수적이라는 사실을 제가 깨닫는 데도 도움이 되었습니다. 이누이트 족 노인들은 컨솔로에게 슬픔은 회피하거나 두려워해야 할 대상이 아니란 걸 가르쳐 주었답니다. 우리가 힘을 모아 슬픔을 공유하면 치유될 수 있다는 것도요."

"전적으로 동의해요. 우리가 슬픔을 직면하고 무기력하고 절망적인 감정을 극복하는 것은 정말 중요한 일에요. 우리의 생존 자체가 거기에 달렸죠. 그리고 자연에서 우리가 치유력을 찾을 수 있다는 건 분명한 진실입니다, 어쨌든 내게는 그래요." 제인이 말했다.

"문제는 충분히 많은 사람이 행동을 취하지 않는 것이겠죠. 우리에게 닥친 문제들을 아는 사람들이 점점 더 많아지고 있는데, 왜 무언가 행동을 하려고 하는 사람들은 늘지 않을까요?" 내가 물었다.

"대개는 우리가 저지른 어리석음의 엄청난 규모에 압도된 나머지 사람들이 무기력하다고 느끼기 때문이에요." 제인이 대답했다. "무관심과 절망에 빠져들어 희망을 잃고 아무것도 하지 않는 거죠. 제아무리 작더라도 우리에겐 저마다 해야 할 역할이 있다는 걸 사람들이 이해하도록 도울 방법을 찾아야 합니다. 우리는 매일 지구에 어떻게든 영향을 미치고 있지요. 사소한 윤리적인 행동이라도 수백만 명이 모이면 진정한 변화를 만들어 낼 수 있어요. 그것이 바로 내가 전 세계를 돌며 전하려는 메시지입니다."

"하지만 때로는 문제가 너무 크게 느껴져 압도당한 나머지 꼼짝도 하지 못한다거나, 너무나도 거대한 장애물 앞에서 무슨 짓을 하든 쓸데없다고 느껴질 때가 있지 않으세요?"

"더그, 나도 지금 현실에서 일어나는 모든 일에 면역이 되어 있지 않고 때로는 그것에 타격을 받는답니다. 예를 들어 나무들이 자라고 새들이 지저귀는 평화로운 삼림 지대로 기억하고 있던 지역으로 불과 2년 만에 돌아갔는데, 그곳이 또 다른 쇼핑몰을 지으려고 완전히 파괴되었을 때 같은 경우죠. **당연히 나도 슬픔을 느껴요.** 하지만 분노 역시 느껴지기에, 마음을 다잡으려 노력하죠. 아직 야생으로 남아 있는 모든 지역을 떠올리면 그곳을 지키려는 투지가 강렬하게 불타오릅니다. 그러고는 공동체의 적극적인 행동으로 파괴를 **모면한 적이 있는 곳들을 떠올립니다.** 사람들에게 필요한 건 바로 그런 사연이에요. 포기하지 않았기 때문에 성공을 거둔 사람들과 성공적인 투쟁의 이야기 말입니다. 한 번의 싸움에서는 졌더라도 다음번 싸움을 위해 전열을 다지는 사람들 이야기요."

"하지만 그런 공동체의 적극적인 행동만으로 전체적인 싸움에서 승리할 수 있나요? 벌써 너무도 많은 종이 사라지고 있습니다. 복구가 불가능해 보일 정도로 너무 많은 서식지가 파괴되었어요. 우리가 자연계의 완전한 멸망을 막기엔 너무 늦지 않았나요?" 내가 물었다.

제인이 꿰뚫어 보는 듯한 차분한 시선으로 나를 가만히 응시했다.

"더그, 솔직히 나는 상황을 바꿀 수 있다고 믿어요. 하지만, 그래요, '하지만'이라는 단서가 달려야겠지만, 우리는 힘을 모아서 지금 행동에 돌입해야 합니다. 우리에겐 아주 작은 기회의 창이 남아 있고, 그 창문은 지금도 계속 닫히고 있죠. 그러므로 우리는 각자 우

리가 일으킨 해악에 대한 치유를 시작하고 손상된 생물학적 다양
성과 기후 변화를 조금이라도 늦출 방법을 찾아서 무엇이든 행동
에 옮겨야 합니다. 나는 성공을 거둔 수백 건의 캠페인을 목격하거
나 후일담을 들어보았고 놀라운 사람들도 많이 만났어요. 이런 이
야기를 공유하면 사람들에게 희망이 생깁니다, 우리도 더 잘할 수
있겠다는 희망이요."

제인과 나의 만남은 장차 코로나19의 첫 사례가 중국에서 보고
되는 순간을 불과 한 달 남짓 앞둔 시점이어서, 몇 달 뒤엔 팬데믹
으로 모든 공적 행사가 중단될 상황이었다. 그러나 당시 우리는 그
모든 상황을 상상도 할 수 없었기에, 네덜란드 숲 한가운데 오두막
에서 대화를 나누었다. 당시에도 제인은 여전히 쉴 새 없이 전 세계
를 누비며 희망의 이야기를 공유하는 중이었고, 종종 난민 캠프와
극빈의 땅을 찾아가 가장 절망의 순간을 보내고 있는 사람들에게
위안과 격려를 안겨 주려 노력했다. 제인이 감당하고 있는 노고가
얼마나 대단할지 나로선 상상만 할 뿐이었다.

"다른 모든 사람의 기분을 북돋아 주려고 애쓰시면서 본인의 마
음과 기력은 어떻게 유지하세요?" 제인의 미소를 보며 나는 그 눈
빛에 담긴 결단력을 감지할 수 있었다.

"전 세계를 돌아다니며 사람들과 대화를 나누면서 받는 되먹임
이 내게는 정말 큰 힘이 된답니다. 사람들은 정말로 자기들이 변화
를 만들어 낼 수 있다고 믿고 싶어 하지만, 때로는 누군가 변화를

직접 만들고 직접 목격한 사람들의 이야기를 들을 필요가 있어요. 사람들의 반응을 보는 것도 도움이 되지만, 무언가 다른 것도 있게 마련이죠." 제인은 눈을 감고 심호흡을 하며 말했다. "곰베의 숲속에서 혼자 시간을 보내고 있으면 자연의 일부가 되어 거대한 영적인 힘과 긴밀하게 연결되는 듯한 느낌이 들어요. 그리고 그 힘은 항상 나와 함께하면서 용기와 강인함이 필요할 때마다 내가 의지할 수 있는 힘이 되어 줍니다. 또한 그 힘을 다른 사람들과 공유하면 사람들에게 희망을 안겨 주는 데도 도움이 되죠."

태양이 구름 뒤로 모습을 감추었다. 이야기를 더 듣고 싶었지만 우리 둘 다 덜덜 떨고 있었다. "그만 돌아갈까요?" 내가 제안했다.

집으로 돌아온 뒤 재빨리 불을 피우고 난롯가에 앉아 간단한 점심을 먹으며, 나는 제인에게 자연의 특별한 회복 탄력성에 대한 이야기를 더 들려 달라고 청했다.

"음, 우선은 회복 탄력성에도 다른 종류가 있다는 걸 알아야 해요." 제인이 설명했다.

살려는 의지

"일종의 내재된 회복 탄력성이라는 게 있어요. 눈과 얼음으로 가득했던 혹독한 겨울이 지나고 봄이 되면 잎이 피어난다거나, 비가 아주 조금 내렸는데도 사막에서 꽃이 피어나는 경우처럼 말이에요. 오랜 세월 잠을 자다가 싹을 틔우는 씨앗도 있죠. 작은 생명의 불꽃을 간직하고 있으면서 그 힘을 드러내기까지 적당한 조건이 형성되기를 가만히 기다리고 있는 거예요. 내가 영웅으로 손꼽는 사람 중 한 분인 알베르트 슈바이처(Albert Schweitzer)는 그것을 살리려는 의지(will to live)라고 불렀어요."

"그러니까 생명 자체에는 생존하고 번성하려는 능력이 내재되어 있다는 건가요?"

"예, 그렇고 말고요. 내가 아주 좋아하는 이야기가 하나 있는데, 군락지 위치가 극비에 부쳐져 있는 어느 작은 숲에 관한 이야기랍니다. 오스트레일리아의 공원 관리인인 데이비드 노블(David Noble)은 사람의 발자취가 닿은 적이 없는 야생 협곡을 발견했어요. 폭포 옆으로 밧줄을 타고 바닥으로 내려가 숲을 따라 걷던 그는 본 적 없는 나무를 만납니다. 그는 잎을 몇 개 따서 나중에 식물학자에게 수종 분석을 의뢰했죠. 처음엔 나무의 종류를 알아내지 못하다가, 그 잎이 아주 오래된 바위에 남아 있던 화석 흔적과 동일하다는 사실을 알아냈을 때 사람들이 얼마나 흥분했을지 상상해 보세요. 이제껏 화석 기록으로만 알려졌던 식물의 종이 2억 년간 생존해 왔다는 사실이 밝혀진 거예요. 훗날 월레미소나무(Wollemi pines)로 알려지게 된 그 나무는 무려 17번의 빙하기를 겪으며 그 협곡에서 생명을 이어 오고 있었던 거죠!"

"그 수종의 장수는 자연의 회복 탄력성과 관련해서 어떤 이야기를 전하고 있을까요?"

"많은 사람이 하는 이야기 그대로죠. 우리에겐 자연이 필요하지만 자연에겐 우리가 필요 없다는 것 말이죠. 10년 안에 생태계를 복원한다면 우리는 엄청난 성공을 거두었다고 여길 겁니다. 하지만 50년이 걸린다면, 희망적이라고 느끼기 어려워요. 기간이 일단 너무 길어 보이면 조바심이 생기니까요. 하지만 아마도 그때 우리가 살아 있지 못하더라도, 인간이 원인을 제공한 파괴 상황을 결국 자연이 어떻게든 처리할 거라고 믿는다면 도움이 되겠죠."

"그러니까 자연은 장기전을 치르고 있다는 말씀이시죠?" 두 사람에게 커피를 따르며 내가 말했다.

"맞아요, 내가 정말로 짜릿하게 생각하는 것 한 가지는 씨앗에 담겨 있는 대단히 놀랍고도 집요한 생명력입니다. 곰베 주변의 모든 숲이 초토화된 이후 우리는 나무를 심기 시작했는데 경사가 급한 곳엔 식재하기 정말 어려웠어요. 그런데 그럴 필요가 없다는 걸 알게 되었어요. 땅이 헐벗은 채로 남아 있자 20년 이상 주변에서 변함없이 자라왔을 나무의 씨앗이 날아와 발아하기 시작했거든요."

제인은 이런 종류의 자연스러운 세대 교체의 여러 가지 예를 들려주었다.

"내가 가장 좋아하는 사례는 아주 특별한 두 그루의 대추야자나무, 므두셀라(Methuselah)와 한나(Hannah)의 이야기랍니다. 므두셀라는 요르단 대지구대(Great Rift Valley)의 사해 해변에 세워졌던 헤롯 왕의 사막 성채에서 발견된 여러 개의 씨앗 중에서 가장 먼저 싹을 틔운 나무죠. 탄소 연대 측정을 해 보니 무려 2,000년 전에 보관된 씨앗이었죠! 이스라엘 하다사 대학 병원의 보릭 자연 의학 연구센터(Borick Natural Medicine Research Center) 원장이었던 사라 살론(Sarah Sallon) 박사와 키부츠 케투라의 아라바 환경 연구소(Arava Institute for Environmental Studies) 산하 지속 가능한 농업 센터를 운영하는 엘라이네 솔로웨이(Elaine Solowey) 박사는 그 씨앗 몇 개를 발아시켜도 좋다는 허가를 얻어 냈어요. 씨앗 1개가 자라나자, 그 수나무에는 성경 속 인물인 므두셀라라는 이름을 붙여 주었다고 해요. 노아의 할아버지로 969세까지 살았다고 전해지는 인물이죠. 좀 더 이야기를 들어보려고 사라를 만났을 때, 사라는 수천 년간의 잠에서 깨어난 소중한 씨앗 몇 개를 더 살려내도 좋다는 허가를 받았다고 말했어요. 그중에 하나라도 암나무가 있기를 바라면서 말이죠. 그렇게 해서 또 한 그루의 오래된 대추야자나무 하나가 자라기 시작한 겁니다.

최근 사라의 이메일을 받았는데 므두셀라는 한나를 수정시키면서 훌륭한 파트너로 판명되었고, 한나는 대추야자 열매를 맺었다고 하더군요. 큼지막하고 달콤한 대추야자였대요. 사라가 나에게도 열매를 하나 보내주었는데, 작은 천 주머니에 담겨 당도했더군요. 한때는 요르단의 협곡을 뒤덮고 자라났을 12미터 높이의 야자수들이 사라진 지 오래지만, 그 후손이 남긴 유다 왕국 시대의 대

두 번째 이유: 자연의 회복 탄력성

2,000년 전 씨앗에서 자라난 므두셀라. (위쪽) 긴 잠에서 이 나무를 깨워낸 사라 살론은
마침내 암나무 씨앗인 한나의 싹을 틔워낼 수 있었다. 둘 사이에선 군침 도는 대추야자가
생산되었다. (사진 제공: DR. SARAH SALLON)

추야자나무 두 그루가 환생해서 탄생시킨 대추야자를 맛본 최초의 인물들 가운데 나도 포함된 셈이죠. 맛이 정말 환상적이었어요.”

제인은 눈을 감고서 부활한 대추야자의 달콤한 풍미를 회상하는 듯 입술을 마주쳤다.

“물론 수많은 동물 종도 놀랍도록 끈질긴 생명력을 갖고 있어서 살려는 의지를 정말로 강하게 보입니다. 사냥꾼들의 핍박을 받으면서도 코요테는 미국 전역에 계속해서 퍼지고 있어요. 쥐와 바퀴벌레도…….”

“인간이 사라지고 난 뒤에도 쥐와 바퀴벌레는 오래도록 살아남을 거라는 걸 안다고 해서 좀 더 희망적인 느낌이 들지는 않을 것 같은데요!” 내가 말했다.

“음, 바퀴벌레는 가장 생명력이 끈질기고 적응력이 뛰어난 종이에요.”

“대도시에서 자라서 그건 저도 잘 알아요. 바퀴벌레와 쥐가 우리에겐 야생 동물이었으니까요. 비둘기도요.”

“많은 사람이 그 종을 싫어한다는 건 알지만, 사실 그들도 자연 속에서 살아갈 때는 그저 각자 역할을 하며 살아가는 생명의 태피스트리의 일부일 뿐이죠. 하지만 우리와 마찬가지로 그들도 기회를 유리하게 이용할 수가 있어요. 그들은 우리가 맛보는 음식을 함께 먹으며 번성했고, 인간 주거 지역 주변에서 흔히 찾아볼 수 있는 쓰레기 틈에서 편하게 살 기회를 잡은 거죠.”

두 번째 이유: 자연의 회복 탄력성

나는 회복 탄력성에 관한 제인의 이야기에서 희망을 찾고 싶었지만 여전히 혼란스러웠다. "자연은 대단히 강인하고 활기차며 지구에서 일어나는 자연의 순환에 적응이 가능하지만, 우리가 저지른 모든 해악에서도 회복할 수가 있을까요?"

"예, 인간이 저지른 것이든 자연 재해든 상관없이 자연은 파괴된 후에도 스스로 회복할 수 있는 환상적인 능력을 갖고 있다고 나는 진심으로 믿습니다. 때로는 장기간에 걸쳐 서서히 회복하기는 하겠죠. 하지만 지금 매일매일 인간이 저지르고 있는 끔찍한 해악 때문에 종종 우리가 개입해서 그 회복을 도울 필요가 있습니다."

"그러니까 생명이란 근본적으로 회복력이 있고 엄청난 역경도 견뎌낼 수 있다는 말씀이잖아요. 자연의 회복 탄력성에서 우리가 배울 수 있는 특별한 자질이 또 있을까요?"

적응하거나 소멸하거나

제인은 잠시 생각에 잠겼다. "회복 탄력성에서 정말 가장 중요한 자질은 적응력(adaptability)이에요. 성공을 거둔 생명의 형태는 모두 환경에 적응했으니까요." 제인이 말했다. "환경에 적응하지 못한 종들은 진화의 도박에서 생존하는 데 실패한 것들이에요. 인간에게 허락된 다양한 환경에 적응해 전 세계로 퍼져나간다는 건 정말 특별한 성공이죠, 바퀴벌레와 쥐도 마찬가지고요! 그렇기 때문에 오늘날 수많은 생물 종이 직면하고 있는 어려움은 기후 변화와 인간의 서식지 침범에 적응할 수 있는지와 직결됩니다."

"흥미롭네요." 내가 말했다. "어떤 종은 적응하고 다른 종은 소멸하는지 그 이유에 대해서 좀 더 말씀해 주세요."

"일부 종은 생명 주기나 먹이 특성상 변화를 견뎌내고 살아남을 수 없도록 프로그램되어 있습니다. 좀 더 유연한 종도 있고요. 한두 개체가 가까스로 변화를 받아들여 소속 집단의 다른 개체에게 자신들의 행동을 전파함으로써 하나의 종이 살아남는 과정을 보면 정말 매혹적이에요. 일부 개체는 죽어 가지만 그 종 전체는 살아남을 테니까요. 기업식 농업 탓에 들판에 뿌려진 제초제에 저항이 생긴 식물들이나 항생제에 내성이 생긴 세균이 결국 슈퍼세균이 되는 경우를 생각해 봐요.

하지만 이 문제와 관련해서 제가 정말로 하고 싶은 이야기는, 관찰과 학습으로 얻은 정보를 후손에게 전달하는 능력이 고도로 발달한 지적인 동물들에 대한 것입니다. 가령 침팬지는 한 세대 안에서 환경이 바뀌면 바뀐 환경에 적응하는 법을 배울 수 있는 동물 종의 훌륭한 본보기입니다."

"어떤 면에서 그렇죠?" 제인의 침팬지 이야기를 늘 고대하는 내가 물었다.

"곰베에 사는 침팬지들은 보금자리를 만들어 밤에 잠자리에 드는데 그건 대부분의 침팬지들이 하는 행동입니다. 그런데 세네갈에 사는 침팬지들은 기온이 높고 점점 더 더워지는 환경에 적응했어요. 그들이 종종 달밤에 먹이 채집에 나서는 건 그때가 훨씬 더 서늘하기 때문이에요. 또한 동굴에서 시간을 보내기도 하는데, 그런 곳은 정말 침팬지답지 않은 서식지거든요.

우간다의 침팬지들은 또 다른 이유로 밤에 먹이 채집에 나서는 걸 배웠어요. 인간의 마을이 확장되고 사람들이 농사를 짓느라 더 많은 땅이 필요해지면서 그들이 사는 숲을 침범하는 일이 점점 더 늘어나고 있거든요. 그래서 예전부터 먹어 왔던 먹이가 드물어지자 침팬지들은 숲에 인접한 농장을 습격해서 농부들이 수확한 걸 훔쳐 가는 방식을 배우게 됐죠. 침팬지들은 서식지에 대해선 대단히 보수적인 태도를 보이는 전형적인 동물이고 곰베의 침팬지들은 새로운 먹이를 실험하는 일도 절대 없기 때문에, 그런 행동 자체가 놀라운 일입니다. 혹시라도 새끼 침팬지가 낯선 먹이를 먹으려고 하면 어미나 나이 많은 형제들이 탁 쳐서 멀리 던져 버리거든요! 하지만 우간다 침팬지들은 사탕수수, 바나나, 망고, 파파야 같은 먹을거리에 대한 입맛을 키웠을 뿐만 아니라, 인간과 조우할 가능성이 낮은 달밤에 농장을 습격하는 걸 배웠어요.

하지만 정말로 적응력이 뛰어난 영장류의 예를 들고 싶다면, 물론 우리 인간도 그렇지만, 개코원숭이를 꼽아야겠죠. 개코원숭이는 새로운 먹이가 뭐든 빠르게 적응하려 들기 때문에 결과적으로 아주 다양한 수많은 서식지를 점령한 성공적인 우세종이 되었어요. 아시아에 서식하는 다양한 종의 짧은꼬리원숭이들도 대단히 적응력이 뛰어납니다. 물론 그들은 인간의 음식을 수용한 탓에 유해 동물로 간주되어 인간에게 박해를 당하고 있죠."

"적응력은 회복 탄력성의 필수적인 부분처럼 들리네요. 그래서 다양한 새로운 상황에 가까스로 적응하는 일부 종과 그렇지 못한 다른 종이 있는 것이고요." 내가 말했다. 그렇다면 우리가 기후 변화에만 적응하는 것이 아니라 기후 변화를 늦출 수 있는 새로운 삶의 방식에도 적응할 수 있다는 의미가 아닌지 궁금해졌다.

"예, 진화는 수천 년간 그런 식으로 이어져 왔습니다. 적응하거나 소멸하거나. 문제는 우리가 너무 많은 것들을 망쳐 놓았기 때문에, 때로는 우리가 개입해서 서식지의 파괴나 동식물의 멸종을 막아야 한다는 것입니다. 인간의 지능이 중요한 역할을 하는 곳이 바로 이 지점이에요. 많은 사람이 자연에 내재된 생존 욕망을 지원하고 보살피느라 머리를 쓰고 있습니다. 자연이 스스로 재생할 수 있도록 돕는 특별한 사람들에 관한 멋진 이야기가 참 많아요."

대자연이 인도하리라

활기를 되찾은 제인이 의자에 앉은 채 앞으로 몸을 기울였다. 강조의 손짓을 사용하며 제인은 서식지가 극심하게 파괴되어 보이더라도 시간이 지나면 단계적으로 자연이 그곳을 본래대로 환원시킨다는 사실을 깨달을 필요가 있다고 지적했다. 생명의 첫 번째 징후는 정말로 강인한 선구적인 종이 나타나 다른 삶의 형태로 나아갈 수 있도록 환경을 만들어 내는 것일 거라고 말했다.

"자연의 방식을 연구해서 우리가 파괴한 풍경을 회복시키는 과정에 그대로 따라 하려는 사람들이 있습니다." 제인이 설명했다.

"아주 멋진 본보기는 버려진 채석장을 복원시킨 경우예요. 케냐 해안 근처에 거의 아무것도 자라지 못하는 암석 지대가 흉물처럼 장장 200헥타르나 드러나 있었어요. 뱀부리 시멘트 회사(Bamburi Cement Company)가 만들어 낸 참상이었죠. 하지만 흥미롭게도 이 거대한 회복 프로젝트는 환경 단체가 아니라 그 참상을 야기한 회사의 소유주인 펠릭스 만들(Felix Mandl)의 주도로 시작되었답니다.

그는 회사에서 고용한 원예학자 르네 할러(René Haller)에게 생태계 복원을 지시했어요. 처음엔 불가능해 보였습니다. 며칠간 탐사를 한 끝에 할러는 몇몇 바위 뒤에서 뭉개지지 않고 간신히 자리를 잡은 식물 한두 개를 발견했습니다. 그게 전부였어요.

처음부터 할러는 자연이 자신의 작업을 인도해 주기를 기대했어요. 우선 그는 건조하고 염분이 있는 토양에 가장 적합한 선구자 역할을 할 수종을 선택했습니다. 자연 회복 프로젝트에 널리 사용되는 목마황속의 관목 캐주어리나였습니다. 비료를 주자 묘목은 뿌리를 내리고 자라기 시작했고, 터를 잡은 나무의 뿌리에 사는 미세 균류도 도움을 주었어요. 문제는 바늘 같은 잎이 떨어져도 무자비하게 메마른 땅에서 분해되지 못해 다른 식물은 그 지역으로 침범할 수가 없었다는 겁니다. 그러나 늘 면밀한 관찰자였고 자연의 지혜를 배우려는 태도를 갖추고 있던 할러는 빛나는 검은색 몸통에 선명한 붉은색 다리를 지닌 노래기가 바늘 같은 잎을 맹렬히 갉아먹고 있는 걸 발견했습니다. 그리고 노래기 똥은 부엽토를 만들기에 적당한 재료였죠. 할러는 주변 시골에서 수백 마리의 노래기를 수집했습니다. 비옥한 부엽토 층이 생겨나자 다른 식물들도 자라날 수 있었고요.

10년이 지나면서 맨 처음 심었던 나무들은 30미터 높이까지 자랐고, 토양층은 현재 180종 이상의 토종 나무와 다른 식물을 지탱하기에 충분할 정도로 두꺼워졌어요. 다양한 새와 곤충, 다른 동물들도 그 땅을 찾기 시작해 마침내 기린, 얼룩말, 심지어 하마까지도 찾아들었습니다. 오늘날 할러 파크(Haller Park)로 알려져 전 세계에서 사람들이 찾아들고 있는 그곳은 다른 자연 회복 프로젝트의 모범으로 손꼽힙니다. 정말 멋진 이야기 아닌가요?"

제인이 이야기를 마무리했다. "단지 산업 개발이 낳은 해악을 치유한 사연이 아니라, 그저 옳은 일이기 때문에 자연을 회복시키는 행동에 나선 어느 CEO에 관한 이야기이기 때문에 의미가 있다고 생각해요. 오늘날 기업들의 녹화 사업을 훨씬 앞서간 것이기도 하죠. 우리가 어떤 장소를 완벽하게 파괴했더라도 시간을 두고 얼마간 도움을 주면 자연은 돌아온다는 것을 보여 주는 아주 멋진 선례입니다.”

인간이 자연의 신성함을 빼앗은 모든 지역에 그러한 치유의 작업을 시작한다면 세상은 어떻게 바뀔지 문득 궁금해졌다. 거의 모든 생태계는 10년에서 50년이면 회복된다는 연구 보고서를 읽은 적이 있다. 바다는 회복이 좀 더 빠르고 숲은 천천히 복원된다고 한다. “세상 일부를 다시 야생으로 되돌리려는 재야생화(rewild) 운동에 선생님도 흥미를 느끼시나요?”

“훌륭한 운동이고 정말 필수적인 움직임이라고 생각해요.” 제인이 말했다. “지구엔 너무 많은 사람이 살고 있잖아요, 동물 대다수는 인간과 반려 동물을 포함해서 우리가 키우는 가축이기 때문에, 우리는 일부 지역을 야생 동식물을 위해 남겨둬야 합니다. 그리고 재야생화 운동은 정말로 효과를 내기 시작하고 있어요!”

제인은 어떻게 유럽 전역에서 NGO 단체와 정부, 일반 대중이 숲과 삼림 지대, 미개척지 및 다른 서식지를 보호하고, 나무와 식물로 이루어진 통로를 거쳐 포유류들이 안전하게 다른 지역으로 넘나들 수 있도록 생태 통로를 연결하기로 동의했는지 설명해 주었다. 동물의 지역 이동은 너무 심한 근친 번식을 막는 데 필수적인 조치다. NGO 단체인 리와일딩 유럽(Rewilding Europe)은 유럽 전역에 걸쳐 각기 다른 열 군데의 지역을 포함하는 야심만만한 계획을 진행 중이며, 이미 서식지의 다양화, 생태 통로 만들기, 동물 종 다양성 보호 및 복원에 힘쓰고 있다.

이러한 노력을 입에 담으며 제인의 눈동자는 열의로 반짝였다.

손가락을 튕기기 시작하며 제인이 말했다. "뭐가 있더라. 음, 엘크도 있고, 활처럼 굽은 큰 뿔이 멋진 아이벡스 염소도 있고, 황금빛 자칼도 있는데 사실 작은 회색 늑대예요. 아, 물론 보통 늑대도 살고 있지만 그 녀석들은 항상 열광적인 환영을 받지는 못하죠. 유라시아비버, 스페인스라소니도 있는데 그건 세계적으로 여전히 가장 멸종 위기에 처한 매력적인 고양잇과 동물이랍니다. 어떤 나라에는 불곰도 살고 있어요. 조류는 아주 다양한 종이 번성하기 시작하는 중이라, 큰고니, 흰꼬리독수리, 그리폰, 이집트독수리도 볼 수 있지요. 이런 동물 중엔 수백 년간 야생에서 본 적이 없는 것들도 있어요."

"그렇게 다양한 동물의 종을 너무도 친숙하게 언급하시네요, 마치 친구들 이름을 부르는 것 같아요."

"음, 나에게 그만큼 중요하기 때문이겠죠. 모든 암울한 상황과 파멸에 대항할 때 내가 떠올리는 이야기거든요."

"인상적입니다. 그런데 그런 동물을 구하는 길을 이끄는 사람은 누구죠? 환경 보호 단체인가요? NGO? 평범한 사람들? 무엇이 차이를 만들어 내고 있나요?"

"평범한 사람들인 경우가 흔합니다." 제인이 대답했다. "일부 농

두 번째 이유: 자연의 회복 탄력성

부들은 재야생화 운동에 합류해 자신들의 땅을 자연으로 되돌리고 있어요. 특히 처음부터 농사에 별로 적합하지 않았던 환경이 있거든요. 일부 프로그램은 정말로 광범위해서 많은 지지를 얻고 있습니다."

나는 일리노이 주에 농장을 소유하고 있는 장인어른이 토종 식물을 심은 끝에 야생 칠면조와 다른 여러 동식물 종이 땅에 돌아와 기뻐했다는 사연을 들려주었다. 나는 트랙터를 타고 땅을 돌아보며 토종 식물을 가꾸던 장인어른의 모습을 결코 잊지 못할 것이다. 하지만 야생 칠면조는 몰라도, 일부 재야생화 운동은 늑대와 퓨마 같은 포식자들의 회복까지도 계획하고 있다.

"어떤 사람들은 재야생화 프로젝트를 못 마땅해하고 동물들을 위해서, 특히 육식 동물을 위해서 땅을 남겨두고 싶어 하지 않을 것 같습니다."

"그야 당연하죠. 그건 미국이나 아프리카나 마찬가지예요. 농부들은 최상위 포식자에게 가축을 잃을까 봐 두려워하고, 낚시꾼과 사냥꾼은 자신들의 '스포츠'에 지장이 있을까 봐 일부 동물에 미치는 영향을 염려합니다. 하지만 동물에게도 살아갈 권리가 있고, 동물 역시 각각의 개성과 마음과 감정이 있는 지각 있는 존재란 걸 깨닫는 사람들이 점점 많아지면서, 이런 회복 프로그램을 지지하는 대중도 많아지고 있습니다. 정말로 흥분되는 것은 유럽 평원에서 살아가는 이러한 종들의 일부는 정말로 멸종의 위기에 놓여 있었다는 사실이에요. 헌신적인 소수의 노력으로 극단적인 위험에 놓여 영영 사라져 버린 생명체들의 기다란 목록에 오를 뻔했던 온갖 종류의 종들이 목숨을 구했고 또 한 번의 기회를 갖게 된 겁니다."

"멸종의 위기에서 되살아난 종에 대해서 선생님이 가장 좋아하는 이야기는 무엇인가요?"

아슬아슬한 위기에서 구조된

"이제 하려는 이야기는 아주 특별한 세 주인공과 관련이 있어요." 제인이 말문을 열었다. "모험 정신 뛰어난 야생 생물학자 돈 머튼(Don Merton) 박사와 채텀아일랜드검정울새(Chatham Island robin) 암수 두 마리가 그 주인공이죠. 크리스마스카드에서 흔히 볼 수 있는 유럽울새는 내가 가장 어여삐 여기는 새 종류이기도 하고, 색깔 말고는 검정울새와 똑같이 생겼기 때문에 처음부터 나는 이 이야기가 마음에 들었답니다. 이 특별한 새 두 마리는 발에 매단 인식표 색깔 때문에 블루(Blue)와 옐로(Yellow)라는 이름이 붙었어요.

"뉴질랜드를 방문하는 동안 돈을 만날 기회가 있었기 때문에 난 그 이야기를 아주 확실한 소식통에게서 들은 셈이죠. 돈은 인간의 미래에 대한 희망이 있다는 걸 진심으로 일깨워 주는 사람 중 하나죠. 그는 멸종을 앞둔 이 작은 새의 마지막 개체들을 꼭 구해야겠다고 결심했어요.

문제는 뉴질랜드에 이 조류의 천적이 없었기 때문에 인간을 따라 고양이와 쥐, 족제비가 유입되자 새로운 천적에 대한 반응이 본능적으로 내재되어 있지 않던 이 새들은 쉽사리 먹이가 되고 말았어요. 검정울새는 그런 종류의 위협에 적응할 수가 없었던 거죠. 돈은 코앞으로 다가온 조류의 멸종을 막아 도움을 주고 싶었지만, 그러려면 남아 있는 검정울새를 잡아서 포식자들이 없는 외딴 섬에 풀어놓아야 한다는 것을 알았습니다.

당국의 허가를 받아냈을 무렵 마침 봄이라 날씨가 허락해 주어 개체수를 확인해 보니 7마리가 남아 있었다고 해요. 지구에 그 새

채텀아일랜드검정울새와 함께 있는 돈 머튼. 돈의 열정과 독창성은 멸종 위기에 놓였던 이 조류의 생존을 도왔다. (사진 제공: ROB CHAPPELL)

가 딱 7마리뿐인 거예요. 암컷은 2마리였는데, 첫 계절에 둘 다 알을 낳기는 했지만 하나도 부화되지 못했습니다. 일반적으로 이 새들은 평생 짝을 유지하는데, 둘 다 짝의 생식력이 없었던 거죠. 그러자 놀랍게도 무언가 기적적인 이유로 블루가 갑자기 짝을 버렸어요. 블루는 어린 수컷 3마리 가운데 하나와 짝을 지었고, 함께 둥지를 꾸미더니 평소처럼 알을 2개 낳았습니다.

돈은 끔찍한 고민에 빠졌었다고 말하더군요. 포획한 새를 성공적으로 번식시키는 프로그램에 참여한 적은 있지만, 그 과정은 아주 까다로운 실험을 거쳐야 했고, 부모 새의 경우, 특히 어미에겐 대단히 어려웠기 때문이죠. 블루가 낳은 그 소중한 알 2개를 훔쳐내 울새와 몸의 크기가 거의 같은 작은 새인 박새 둥지에 넣어두고, 블루와 옐로가 또 다른 둥지를 꾸민 뒤 다시 알을 2개 낳아 주기를 감히 기대해도 될까? 블루의 알을 빼내고 그들이 정성스레 만든 둥지를 파괴하며 돈은 끔찍한 기분을 느꼈다고 하더군요. 그 조류 전체의 운명이 과연 한 쌍의 검정울새가 다시 둥지를 꾸밀 것인지에 달려 있었어요. 그리고 만일 새들이 둥지를 만들지 않고 멸종된다면 그것은 돈의 책임이었죠.

두 새가 또 다른 둥지를 만들고 블루가 알을 2개 또 낳았을 때 안도감이 얼마나 컸을지 상상할 수 있겠죠. 돈은 또 한 번 똑같은 일을 결심합니다. 다른 박새 한 쌍에게 알 2개를 키우도록 넘기자, 블루와 옐로는 세 번째 둥지를 만들고 알 2개를 또 낳았어요."

두 번째 이유: 자연의 회복 탄력성

사람들이 블루와 옐로의 둥지에서 몰래 알을 훔쳐내 몰래몰래 다른 새의 둥지에 넣는 모습을 상상해 보았다. "어째서 박새에게 알의 부화를 맡겼을까요?" 내가 물었다.

"뻐꾸기는 온갖 종류의 새 둥지에 그런 짓을 하죠. 새들은 다른 새의 알을 품는 경우가 흔합니다. 진짜 어려움은 처음 낳은 알 2개가 성공적으로 부화한 다음에 일어났어요. 검은울새 새끼들을 계속해서 박새가 키우도록 내버려 둘 수가 없었던 거죠. 그렇게 되면 새끼들이 검은울새의 행동을 배우지 못하거든요. 돈이 블루와 옐로의 둥지에 다시 새끼들을 넣어둔 순간부터 옐로는 새끼들에게 먹이를 주기 시작했습니다. 세 번째로 낳은 알이 부화했을 때도 돈은 또다시 작은 새끼들을 블루와 옐로의 둥지로 옮겨 부모로서의 짐을 가중시켰어요. 평소처럼 2마리 대신에 이제 부모 새는 6마리 새끼를 키우게 된 거죠.

돈이 마지막으로 갓 부화한 새끼를 블루의 둥지에 집어넣자, 어미 새는 마치 '이건 또 뭐야?'라고 하는듯 그를 쳐다보았다고 해요. 그래서 돈은 블루에게 이렇게 말했죠. '괜찮아, 달링, 먹이 잡는 건 우리가 도와줄게.' 부모 새들이 불어난 가족을 먹여 살리는 걸 돕기 위해서 사람들은 곤충과 애벌레를 모아 주었어요.

돈의 연구진은 이후 몇 년간 그런 전체 과정을 반복했고, 새끼 대부분이 자라 둥지를 떠나 짝짓기를 하고 각자 또 새끼를 낳았습니다. 현재 약 250마리의 검정울새가 그곳에 살고 있어요.

한번 생각해 봐요. 돈과 블루, 옐로가 종 전체를 구했잖아요. 블루는 평균 수명보다 4년이나 더 살았습니다. 열세 살로 세상을 떠났을 때 그 암컷은 올드 블루라는 애정 어린 이름으로 유명해져 있었어요. 블루를 추모하는 동상도 세워졌죠."

제인은 확실히 동물을 구조한 이야기를 좋아해서 수많은 사람과 그걸 공유하는 것 같았다. 인간의 기발한 아이디어와 결단력으로 멸종의 위기를 모면한 수많은 종에 대한 이야기를 제인은 더 들려주었다. 대부분 포획해 번식시키는 방식이었다. 북아메리카 대평원에 살던 검은발족제비는 어느 농부의 개가 1마리를 물어 죽이면서 영원히 멸종된 것으로 여겨졌으나, 연구 결과 소수가 생존한다는 사실이 밝혀져 과학자들이 성공적인 포획 및 번식 프로그램을 시작할 수 있었다. 미국흰두루미, 송골매, 스페인스라소니, 캘리포니아콘도르는 모두가 야생에서 몇 마리 남지 않았을 정도로 개체수가 줄었을 때 구출을 위한 노력이 성공적으로 이루어졌다. 야생에서는 완전히 절멸되었지만 포획 번식 프로그램으로 종을 살려내현재는 고향으로 돌려 보낸 경우도 있다, 중국의 사불상과 아라비아의 아라비아오릭스가 그렇다. 힘겨운 연구와 애정 어린 사람들의헌신으로 멸종 위기에서 구출된 어류, 파충류, 양서류, 곤충, 식물들은 엄청나게 많다.

"마침 오늘 이메일을 받았는데, 언월도를 닮은 뿔이 아름다운 오릭스에 대한 멋진 소식이 담겨 있더군요." 제인이 말했다. "오릭스는 한때 북아프리카와 아라비아 전역의 사막 시대에서 찾아볼 수 있었지만 막무가내 사냥으로 야생에선 절멸된 상태였다가, 포획 번식 프로그램으로 겨우 살려낼 수 있었어요.

나는 이 매혹적인 동물에 대한 이야기를 계속 추적하고 있답니다. 2016년 처음 번식에 성공한 25마리가 차드의 드넓은 원래 서식지에 방사되었어요. 이후 매년 소규모 집단 방사가 이루어졌는데 현재 성체와 청소년기 260마리와 새끼 72마리가 모두 자유롭게 초원을 누비며 잘 적응하고 있는 것 같아요.

나에게 이런 소식을 알려준 사람은 아부다비 환경청 소속의 저스틴 추벤(Justin Chuven)이죠. 내가 그분에게 물었던 질문 한 가지는 정말로 오릭스가 물을 마시지 않고 6개월간 생존할 수 있는가 하는 것이었죠. 그분 말로는 오릭스가 1년에 6, 7개월은 물 없이 지내는 일이 흔하고 때로는 최대 9개월까지도 버틴다고 하더군요!"

"물 없이 그렇게 오래 버티다니 대단하네요. 어떻게 그럴 수가 있죠?"

"저스틴의 설명으로는 오릭스가 수분이 풍부한 다양한 식물을 먹고살기 때문이라는데, 먹이 중 하나가 아주 과즙이 많지만 끔찍하게 쓴맛이 나는 멜론이래요. 들판에서 그 열매를 먹는 오릭스를 지켜보는 건 정말 즐거운 일이라고 저스틴이 말했어요. 오릭스들이 매번 멜론을 한입 먹고는 괴로워서 머리를 흔들다가, 다음번 열매로 옮겨 가 이번엔 덜 쓰기를 바라며 또 한 입 깨물어 보지만 소용

아프리카 차드의 원래 야생 서식지에 재방사된 이후 언월도를 닮은 뿔이 아름다운 오릭스 암컷은 이 야심 찬 재생 프로젝트 역사상 첫 새끼를 낳았다. 이 사진을 받았을 때 내 눈엔 눈물이 차올랐다. (사진 제공: JUSTIN CHUVEN/ENVIRONMENT-AGENCY ABU DHABI)

없는 일이죠! 그럴 리가 없잖아요!"

영웅들의 대화를 전하는 이야기에 깊은 감명을 받았지만, 누구나 그러한 동식물 복원 프로그램에 노력과 비용을 들일 가치가 있다고 여기는 건 아님을 나도 잘 알고 있다. "위기종을 보호하는 그런 환경 캠페인이 돈 낭비라고 생각하는 사람들에게는 어떤 말씀을 해 주시나요? 지구 생물 역사 전체를 돌이켜보면 결국 모든 종의 99.9퍼센트가 멸종했는데, 지금 종을 구하자고 돈을 들이는 이유에 대해서 사람들이 의구심을 품을 수도 있지 않을까요?"

　　　　　　　　　　　두 번째 이유: 자연의 회복 탄력성

생명의 태피스트리

"앞서 지적했듯이, 인간의 무분별한 행동 탓에 오늘날 동식물 멸종은 과거보다 몇 배나 엄청 빠르게 진행되고 있어요." 엄숙해진 표정으로 제인이 말했다. "우리가 하려는 시도는 우리가 저지른 잘못을 바로잡는 것입니다.

그런데 그것이 동물만 이롭게 하는 것은 아니에요. 나는 음식, 공기, 물, 의복, 모든 측면에서 우리 인간 역시 자연에 얼마나 의존하고 있는지를 사람들에게 이해시키려고 노력합니다. 하지만 우리의 욕구를 충족시키기 위해서는 생태계가 반드시 건강해야 합니다. 많은 시간을 열대 우림에서 보내며 곰베에서 내가 배운 것이 있다면 모든 종은 저마다의 역할이 있고 모든 것이 서로 긴밀하게 연결되어 있다는 사실입니다. 종이 하나씩 멸종할 때마다 아름다운 생명의 태피스트리에는 구멍이 뚫리죠. 구멍이 더 많아질수록 생태계는 약해집니다. 점점 더 많은 곳에서 이 생명의 태피스트리가 누더기처럼 약해져 생태계가 무너질 지경이에요. 상황을 바로잡으려는 노력이 중요해지는 건 바로 그 순간입니다."

"장기적으로 그게 정말로 먹혀들까요?" 나란히 난롯가로 더 다가가며 내가 물었다. 담요를 건네자 제인은 숄처럼 어깨에 둘렀다. "그러한 노력이 가져올 수 있는 변화의 예를 들어주실 수 있을까요?"

"생태계 회복의 가장 좋은 사례는 미국 옐로스톤 국립 공원의 경우라고 생각해요."

이어서 제인은 북아메리카 대부분의 지역에서 100년 전에 씨가 말랐던 회색늑대의 사연을 들려주었다. 엘로스톤에서 늑대가 사라지자 공원에 엘크가 폭증했고 생태계가 무너졌다. 덤불이 사라져 생쥐와 들쥐가 몸을 숨길 곳이 없어지면서 개체수가 극감했다. 꽃을 수정시켜야 할 벌들도 더 적어졌다. 심지어 회색곰이 동면을 준비하며 먹어야 하는 베리류 열매도 충분하지 않았다. 늑대가 있을 때는 엘크들이 공격에 쉽게 노출되어 취약해지는 강둑을 멀리 했었다. 그러나 늑대가 없으니 강가에서 더 많은 시간을 보냈고 엘크들의 대형 발굽에 침식된 강둑은 강물을 진흙탕으로 만들었다. 물이 탁해지자 어류의 수도 줄어들었고, 폭증한 엘크들이 어린 나무까지도 죄다 먹어 버린 탓에 비버들은 댐을 건설하지 못했다.

공원에 늑대들이 다시 유입되자 엘크의 개체수는 1만 7000마리에서 좀 더 지속 가능한 숫자인 4,000마리 수준으로 떨어졌다. 코요테, 독수리, 까마귀처럼 동물의 사체를 먹고사는 종들도 번성하기 시작했고 회색곰도 많아졌다. 심지어는 엘크도 개체수가 안정되자 보다 건강하고 회복력이 좋은 신체를 유지하게 되었고, 더는 겨울에 굶어 죽는 일도 없었다. 인간에게도 이로워, 공원 주변 지역의 식수가 더 깨끗해졌고 늑대가 되돌아오면서 관광 산업도 극적으로 성장했다. 생명의 태피스트리와 모든 종 간의 상호 관계에 대한 제인의 설명이 무슨 의미인지 이해되기 시작했다.

"부디 언론이 우리가 도처에서 만나는 희망적이고 기분 좋은 소식에 더 많은 지면을 할애하면 좋겠어요." 제인이 말을 맺었다.

나는 혹시 동물 보호에 쓰는 비용을 차라리 절박한 처지에 놓인 사람들을 돕는 데 쓰는 것이 더 낫지 않느냐는 질문을 받은 적이 있는지 제인에게 물었다.

"당연하죠, 그런 질문 정말 많이 받아요." 제인이 말했다.

"어떻게 대답하세요?"

"음, 개인적으로 나는 동물들도 우리만큼이나 이 행성에서 살아갈 권리가 있다고 믿는다고 이야기합니다. 우리 역시 동물이기도 하니까요. 오늘날 다른 환경 보호 단체와 마찬가지로 제인 구달 연구소에서도 사람들에 대한 돌봄도 실천하고 있어요. 사실상 어떤 방식으로든 지역 공동체에 이득이 되고 함께 개입하지 않는 한, 환경 보호를 위한 노력은 성공할 수도 없고 지속 가능하지도 않다는 것이 점점 더 명확해지고 있습니다. 손에 손을 잡고 진행해야 해요."

"선생님은 그런 종류의 프로그램을 곰베 주변에서 시작하셨죠. 어떻게 시작되었는지 말씀해 주실 수 있으신가요?"

"1987년에 아프리카 6개국을 돌아다니면서, 왜 침팬지의 수가 감소하는지, 그 문제에 대해서 어떤 일을 할 수 있을지, 침팬지를 연구하고 있는 사람들을 만났습니다. 숲 서식지의 파괴와 야생 동물 거래 산업에 대해서 많은 것을 알게 되었죠. 고기를 얻고, 애완 동물이나 오락거리를 위해서 새끼를 판매하려고 어미를 죽이는 **상업적인 동물 사냥**이 시작되고 있었어요. 하지만 바로 그 여정에서 나는 침팬지 서식지 내부와 주변에서 살고 있는 수많은 아프리카 인들이 직면한 곤경에 대해서도 깨닫기 시작했습니다. 끔찍한 빈곤, 보건 및 교육 시설의 부재, 토질 악화.

침팬지 문제를 확인하려던 당시 여행을 이어 가면서 나는 그 문제가 인간의 문제와 복잡하게 연결되어 있음을 깨달았어요. 인간을 돕지 않고서는 침팬지를 도울 수가 없었죠. 그래서 곰베 주변 마을의 상황에 대해서 좀 더 배워 나가기 시작했습니다."

제인은 당시 존재했던 빈곤의 수준에 대해서 대부분의 사람이 믿기 어려워했다는 사실을 들려주었다. 적절한 건강 관리를 위한 인프라가 전무했고 수도나 전기 시설도 없었다. 여자아이들은 초등학교로 교육을 끝내고 집안일을 돕거나 농장에서 일을 하다가 열세 살밖에 안 되는 어린 나이에 결혼해 집을 떠나는 일이 당연하게 여겨졌다. 훨씬 더 나이가 많은 남자들은 아내를 넷씩 두고 다수의 자식을 낳았다.

"곰베 주변의 12개 마을에는 각각 초등학교가 하나씩 있었어요. 교사들은 아무렇지도 않게 회초리를 사용했고, 당시 많은 아이가 학교의 흙바닥을 쓸고 닦는 데 많은 시간을 보내더군요. 어떤 마을엔 병원이 있었지만 의약품 공급은 거의 없었어요.

그래서 1994년에 제인 구달 연구소에서 타카레 프로그램(Tacare

program)을 시작했습니다. 당시 환경 보호 운동으로서는 매우 새로 운 접근이었어요. 당시 프로그램의 총괄을 맡았던 조지 스트런든 (George Strunden)은 탄자니아 인으로 구성된 7개의 소규모 팀을 구성 해 12개의 마을을 돌며 제인 구달 연구소에서 어떤 도움을 주면 좋 을지 물었습니다. 사람들은 더 많은 식량을 재배하고 싶어 했고 더 좋은 병원과 학교를 원했어요. 그래서 우리는 탄자니아 정부 공무 원들과 함께 밀접하게 연계해서 그 부분부터 일을 시작했죠. 처음 몇 년간은 침팬지를 구하자는 이야기를 언급조차 하지 않았습니 다. 탄자니아 지역 주민들과 함께 일을 시작했기 때문에 마을 사람 들은 우리를 신뢰하게 되었고, 우리도 점차 나무 심기와 수자원 보 호 같은 프로그램을 계획했어요."

"소액 대출 은행도 세우셨다면서요?"

"예, 그건 우리가 한 일 중에서 정말로 성공적인 사업 중 하나였다 고 생각해요. 타카레 프로그램이 시작된 직후인 2006년 노벨 평화 상을 수상했고 내가 우러르는 영웅 가운데 한 분인 무하마드 유누 스(Muhammad Yunus) 박사가 나를 방글라데시로 초대해, 그분이 세운 그라민 은행(Grameen Bank)에서 처음으로 소액 신용 대출을 받은 여 성들을 소개해 주었던 건 일종의 기적이었어요. 유누스 박사가 소 액 대출 프로그램을 시작한 건 대형 은행에서 소액 대출을 거부했 기 때문입니다. 여성들은 실제로 자신들이 돈을 손에 쥔 것은 그게 처음이었다면서 그것이 변화를 만들었다고 털어놓았어요. 그 돈으로 이제는 자식들을 학교에 보낼 수 있게 되었다고요. 나는 그 이야기를 듣자마자 즉각 타카레에도 그 프로그램을 도입해야겠다고 결심했어요.

이후 곰베로 돌아간 나는 타카레에서 제공한 최초의 소액 대출을 받은 사람들을 초대해서 그들이 시작한 작은 부업에 대해서 이야기하도록 청했습니다. 그들은 거의 모두가 여성이었어요. 열일곱 살밖에 되지 않은 한 젊은 여성은 매우 수줍어하면서도 자신의 삶이 얼마나 달라졌는지 열심히 나에게 설명하더군요. 그녀는 소액 대출을 받아서 묘목장을 시작했고 마을 숲 다시 가꾸기 프로그램

타카레 소액 대출을 받아 묘목장을 시작한 여성.
(사진 제공: JANE GOODALL INSTITUTE/GEORGE STRUNDEN)

두 번째 이유: 자연의 회복 탄력성

에 묘목을 팔았어요. 정말 자랑스러워하더군요. 그녀는 처음 받은 대출을 갚았고 사업으로 돈을 벌고 있었어요. 자기를 도와줄 젊은 여성을 고용할 수도 있었고, 타카레 가족 계획 안내소 덕분에 언제 둘째 아이를 가질지 실제로 계획도 세울 수가 있게 되었죠. 그녀는 아이들을 제대로 교육시키고 싶기 때문에 자식을 셋보다 많이 낳고 싶지는 않다고 했어요."

"자발적인 인구 증가 억제와 교육 접근 기회 향상, 특히 소녀들을 대상으로 한 것이 우리가 겪고 있는 환경 문제를 해결할 열쇠라고 여기고 계신다는 걸 압니다." 내가 말했다.

"맞아요, 필수적이죠. 다른 마을을 방문했을 때, 초등학교에서 강연을 하면서 타카레 장학금을 받아 진학해서 중등 교육을 받을 수 있었던 여학생 중 한 사람을 만난 적이 있어요. 그 여학생은 무척 수줍어하면서도 기숙사 생활을 해야 하는 도시에서 중학교에 가게 된 것에 엄청 흥분해 있었어요."

웃음을 터뜨리면서 제인은 그 프로그램의 초기 단계에 소녀들이 빈곤을 겪는 도중이나 이후에도 계속해서 학교에 다닐 수 있는 특별한 방법을 설계하다가 중요한 문제점을 알게 되었다고 말했다. 학교 변소는 땅에 냄새 지독한 구멍을 파놓은 것에 불과해 프라이버시라고는 전혀 찾아볼 수 없었기 때문에, 여학생들은 생리 기간이면 학교에 등교하지 않고 있었다. 생리대 또한 있을 리 없었다.

"그래서 우리는 '환풍기가 달린 재래식 변소'를 도입하기로 계획했습니다. 미국이라면 VIP 화장실에 해당될 거예요. 영국에서는 VIP 루(loo, 화장실이라는 뜻. — 옮긴이)라고 불렀겠죠!" 제인은 또다시 웃음을 터뜨렸다. "그래서 그해 생일 선물 대신에 나는 그런 화장실을 지을 수 있게 돈으로 달라고 사람들에게 부탁했어요. 다섯 채나 지을 만큼 충분한 돈이 모였죠! 화장실이 지어졌을 때 나는 공식적인 개소식에 참여하느라 학교 한 곳을 찾았습니다. 정말 멋진 행사였어요. 가장 좋은 옷을 차려입은 학부모들과 정부 관계자들 몇 명, 흥분한 아이들이 와글와글 모여 있었죠.

변소 건물은 시멘트 바닥에 잠금쇠가 달린 문이 갖추어진 5개의 작은 칸과 다시 별도의 벽으로 나뉜 3개의 칸으로 이루어져 있었죠. 전자가 여학생용, 후자가 남학생용이었어요. 아직 한 번도 사용하지 않은 상태였죠. 엄청난 의식과 함께 리본을 자른 뒤 나는 교장 선생님과 사진사의 안내를 받아 여학생용 화장실로 들어갔습니다. 나는 변소 칸에 들어가 진짜로 볼일을 보는 것처럼 변기에 앉기도 했어요. 하지만 바지를 내리지는 않았답니다." 장난꾸러기 같은 미소로 제인이 이야기를 마무리했다.

"더그도 알다시피 그 여학생들은 이제 가난을 벗어나 더 나은 삶을 꾸려 가는 힘을 가지게 되었고, 생태계가 번성하지 않고는 자기 가족도 번성할 수 없다는 걸 새삼 이해하게 된 거예요. 예전에 그곳의 거의 모든 마을은 보호가 필요한 보존림을 갖고 있었는데, 1990년대만 해도 대부분 땔감과 숯, 경작지를 만들기 위해 수풀을 베어 버리는 바람에 숲의 황폐화가 심각한 수준이었습니다. 탄자니아에 남아 있는 침팬지 대부분은 이렇게 망가져만 가는 보존림에 살고 있었기 때문에 전망이 별로 좋지 못했어요. 하지만 지금은 모든 것이 달라졌습니다. 우리가 운영하는 타카레 프로그램은 현재 탄자니아 전역에서 104개의 마을에서 진행 중이고 야생 침팬지의 수는 2,000마리에 달해요.

작년에 그 마을 한 군데를 찾아가 숲을 감시하는 두 요원 중 한 사람인 핫산(Hassan)을 만나보았는데, 스마트폰 사용법을 배웠다고 하더군요. 핫산은 '자기' 숲으로 우리를 데려가서 불법적으로 벌채된 나무와 동물 사냥용 덫을 발견하면 휴대 전화로 어떻게 기록하는지 아주 열심히 보여 주었어요. 현재 새로운 나무가 자라고 있는 지점도 가르쳐 주었고요. 목격되는 동물도 점점 더 많아진다고 했어요. 사흘 전에는 저녁때 집에 가는 길에 천산갑을 보기도 했대요. 그리고 무엇보다도 흥분되는 건 그가 침팬지의 흔적을 보았다는 사실이었어요. 잠자리 세 군데와 배설물 여럿을 보았다는군요."

"곰베로 선생님을 만나러 가지 못해 정말 아쉽습니다." 병원에 입원했다가 나중엔 호스피스 병동에 계셨던 아버지와 함께 있느라 갑작스레 미국으로 돌아갔던 일을 떠올리며 내가 말했다.

"더그는 꼭 해야 할 일을 한 것뿐이에요. 기회는 다음번에도 있을 거예요. 그래도 둘이 함께 둘러보았더라면 정말 신나는 경험이었겠죠." 제인이 말을 이어 갔다. "사람들을 보살펴서 그들이 더 좋은 환경을 보살필 수 있도록 하는 프로그램은 잘 돌아가고 있답니다. 마을 주민들은 이제 혼농임업(agroforestry)과 지속 가능한 환경 농법에 대해서 배우는 데 아주 열심이고, 작물 사이에 나무를 심어서 그늘을 드리우게 하고 토양에 질소를 고정하고 있어요. 모든 마을에 식목 프로젝트가 운영되었기 때문에 곰베 주변의 구릉은 더 이상 민둥산이 아닙니다. 무엇보다도 기쁜 건 사람들이 숲을 보호하는 것이 단순히 야생 동식물을 위한 것만이 아니라 본인들의 미래를 위한 것임을 이해하고, 환경 보호 문제에 우리의 파트너가 되었다는

핫산은 타카레 워크숍에서 스마트폰을 활용해 덫을 기록하거나 이 사진의 경우처럼
불법적으로 잘려 나간 나무를 기록하는 훈련을 받은 산림 감시원이다.
침팬지와 천산갑, 다른 야생 동물의 목격담 또한 기록으로 남긴다.
(사진 제공: JANE GOODALL INSTITUTE/SHAWN SWEENEY)

두 번째 이유: 자연의 회복 탄력성

에마누엘 음티티(Emmanuel Mtiti)는 처음부터 우리 타카레 프로그램을 이끌고 있다.
지혜롭고 타고난 리더인 그는 마을 지도자들을 설득해 우리 노력에 합류시키는 역할에
완벽한 적임자였다. 현재 타카레가 사람들과 동물 환경을 돕는 작업을 진행 중인 광활한
지역을 바라보고 있다. (사진 제공: RICHARD KOBURG)

점입니다."

제인은 타카레 프로그램이 현재 제인 구달 연구소가 운영되고 있는 아프리카의 다른 6개국에서도 진행되고 있다고 말했다. 그 결과 침팬지와 그들이 살아갈 숲은 다른 야생 동식물과 함께 그곳에서 살아가는 사람들의 보호를 받고 있으며, 그들의 손에 미래가 달려 있다.

"자연의 회복 탄력성과 인간의 회복 탄력성 사이에 존재하는 고리에 대한 선생님의 말씀은 잘 알겠습니다. 빈곤과 성별 억압 같은

불의를 언급함으로써 인간과 환경에 대한 희망을 우리가 더 많이 만들어 낼 수 있겠네요. 멸종 위기종을 보호하려는 우리의 노력은 지구의 생물 다양성을 지켜 줄 테고, 모든 생명을 보호한다면 당연히 우리 자신도 보호하게 되겠죠." 내가 말했다.

제인은 생명과 생존의 비밀을 전달하는 노인처럼 미소를 지으며 고개를 끄덕였다.

나는 시간을 확인했다. 벌써 4시였다.

"이런, 벌써 어두워졌군요." 제인이 말했다. "겨울이니까요. 장작불을 좀 쑤셔 볼까요. 한 가지 주제만 더 얘기해 보고 오늘 좌담을 마치죠. 그리고 위스키 한 모금만 더하죠. 제 목을 위해 필요합니다." 사실, 제인의 목소리는 약간 갈라져 있었다.

제인은 조니 워커 한 병을 꺼냈다. 내가 탄자니아에서 선물한 것과 비슷한 병이었다. 잔에 술을 듬뿍 따랐다.

우리는 다시 바닥에 앉았고, 제인은 잔을 들었다. "희망을 위하여." 그녀는 말했다. 우리는 꿀꺽 소리를 내며 술을 마셨다.

우리에게 자연이 필요한 이유

"마지막으로 내가 하고 싶은 이야기는, 우리가 자연의 일부이고 자연에 의존하고 있는 존재일 뿐만 아니라 실제로 자연을 **필요로 하고**

있다는 것입니다." 위스키가 확실히 효력을 발휘한 듯 제인의 목소리는 이제 더 묵직해졌다. "자연 생태계를 보전하면서 세상의 더 많은 부분을 야생으로 되돌리는 것은 우리 스스로의 행복을 지키는 일이기도 합니다. 이 사실을 입증하는 연구는 많지만, 이건 정말로 나에게 중요한 문제예요. 미친 세상에서 마음의 평화를 얻으려면, 나는 나무 아래 그냥 앉아 있거나 숲을 거닐거나 새의 노랫소리를 듣기라도 하면서, 자연에서 보내는 시간이 꼭 필요한 사람이에요!

호텔에서 도심을 내다보면 나는 이렇게 생각하죠 '이 모든 콘크리트 밑에도 좋은 흙이 있어. 거기에서 무엇이든 키울 수 있을 거야. 나무와 새와 꽃을 살게 할 수 있을 거야.' 그러고는 도심에 나무를 심어서 기온을 몇 도나 낮추고 대기 오염을 줄이고 수질을 향상시킬 뿐만 아니라 행복에 대한 인간의 감각을 끌어올려 주는 녹색 도시 운동을 떠올리죠. 싱가포르 같은 대도시에서도 나무를 심어 작은 서식지를 만들고 동물들이 먹이와 짝을 찾아 이곳저곳 이동할 수 있는 생태 통로를 만들어 녹지를 서로 연결하는 프로젝트가 진행되고 있어요. 언제든 기회만 주면 자연은 되돌아옵니다. 나무를 심는 순간 변화가 시작되는 거죠."

다보스 세계 경제 포럼(Davos World Economic Forum)에서 1조 그루의 나무를 심기로 한 결정이 내려지는 과정에 제인도 참여했다는 사실을 나는 알고 있었다. 인류가 저지른 전 세계적인 삼림 남벌에 대응인 셈이다.

"나무가 우리를 구원할 수도 있겠군요." 내가 말했다.

"나무 심기는 매우 중요합니다." 제인이 말했다. "숲을 보호하는 것은 더 중요하고요. 묘목이 이산화탄소를 흡수할 만큼 충분히 자라려면 시간이 걸리니까요. 물론 숲은 계속 잘 보살펴야 합니다. 물론 바다도 깨끗하게 청소해야 하고, 온실 기체 배출도 반드시 줄여야 해요."

"곰베에 안 계실 때는 어디서 자연을 만나고 자신을 회복하시나요?"

"매년 야생 사진 작가이자 친구인 톰 맹글슨(Tom Mangelsen)의 오두막이 있는 네브라스카로 가려고 노력해요. 플랫 강가에 있는 오두막인데, 가능하면 캐나다두루미와 흰기러기, 수많은 물새가 이동하는 시기에 그곳을 찾는답니다."

"왜 그곳으로 가시는데요?" 끊임없는 여행으로 세계 어디든 오가는 분이란 걸 알면서도 내가 물었다.

"우리가 논의하고 있는 자연의 회복 탄력성을 극적으로 상기시켜주는 곳이기 때문이죠. 오염된 강물에도 불구하고, 대평원 전체가 유전자가 조작된 옥수수를 키우는 농장으로 돌변했다는 사실에도 불구하고, 관개 시설 때문에 위대한 오걸랄라 대수층(Ogallala Aquifer)이 고갈되고 있다는 사실에도 불구하고, 대부분의 습지가 말라 가고 있다는 사실에도 불구하고, 새들은 여전히 해마다 수백만 마리씩 날아와 수확하고 남은 알곡을 먹고 통통하게 살이 찝니다. 나는 그저 강둑에 가만히 앉아서 황홀한 석양을 배경으로 끊임없이 몰아치는 파도처럼 날아와 내려앉는 두루미를 지켜보며, 옛날과 변함없는 새들의 울음소리를 듣는 게 참 좋아요. 무언가 고요한 특별함이 느껴지거든요. 자연의 힘을 나에게 일깨워 주죠. 붉은 태양이 강 건너편 숲 너머로 사라지면, 새들이 밤을 보내려고 내려앉아 얕은 강 표면 전체가 잿빛 깃털로 짠 담요처럼 차츰 새들로 뒤덮이고, 오래전과 다름없는 새들의 울음도 정적에 빠져들어요. 그러면 우리는 어둠 속을 걸어 오두막으로 돌아오죠."

눈을 감은 채로 그 마법과도 같은 저녁의 순간을 새삼 생생하게 떠올리고 있는 제인의 얼굴은 빛을 뿜고 있었다.

위스키를 홀짝이며 나는 가슴으로 퍼져 가는 온기를 느꼈다. "저도 자연에서 희망을 가졌던 잊을 수 없는 경험에 대해서 털어놓아야 할 것 같네요."

"이야기해 보세요." 또 다른 이야기를 수집할 생각에 열의를 보이며 제인이 대꾸했다.

"태평양쇠고래는 남획으로 거의 멸종되었다가 과거 적대 관계였던 인간과 상호 교류하며 그 수가 다시 늘어나고 있습니다. 친근하게 그냥 회색고래라고 불리기도 하고요."

"예, 들어봤어요. 무척 놀라운 고래죠."

"멕시코 바하에 있는 새끼 고래 서식지에서 깊은 감동을 받은 경험이 있습니다. 고래 하나가 유독 몸통이 하얀색이었는데, 가이드 설명으로는 쇠고래가 나이를 먹으면 그런 일이 벌어진다는 거예요. 해마다 알래스카에서 바하까지 이동하는 사이 어린 고래들을 잡아먹으려는 범고래에게서 새끼들을 오랜 세월 보호하느라 대부분 몸통과 꼬리에 수많은 상처와 구멍이 뚫려 있었습니다. 그 고래가 더 가까이 다가오자 피부에 달라붙어 있는 수많은 따개비와 숨구멍 뒤쪽에 깊이 쑥 들어간 자국도 볼 수 있었는데, 그것 역시 늙은 고래의 표식이라고 하더군요. 분명 할머니 고래일 거라고 가이드가 말해 주었어요.

그 할머니 고래는 소용돌이치는 물보라를 옆으로 뿜으며 바로 우리 배 옆으로 머리를 들어 올렸어요. 우리 배의 난간 쪽으로 턱까지 쳐들고 있었기에 우리는 은빛 피부를 쓰다듬어 주기 시작했죠. 따개비가 붙어 있는 곳을 제외하면 피부가 매끄럽고 푹신푹신해서 우리는 피부 아래 부드러운 지방층까지 느낄 수가 있었습니다. 쓰다듬어 주는 우리 손길을 받으면서 고래는 옆으로 몸을 틀어 입을 벌리고 고래수염을 보여 주었는데, 그건 편안하다는 표시였어요. 그러고는 아름다운 한쪽 눈으로 우리를 바라보더군요. 배 위에서 내려다보며 미소를 짓고 웃고 있는 우리에게서 고래가 무엇을 보았을지, 저로선 알 수 없었지만, 아마도 자신의 동족을 거의 멸종까지 몰아붙인 인류와도 유대를 맺고 싶어 하는 건 분명했습니다. 너무 감동을 받은 나머지 뺨으로 눈물이 흘러내리더군요.

뒤쪽에서 가이드는 이렇게 말을 하고 있었어요. '이 고래는 우리를 용서했습니다. 과거의 우리를 용서하고 현재의 우리를 보고 있습니다.'"

"자연과 우리가 연결되어 있다는 느낌을 알아차리는 순간은 참특별하죠." 제인이 고개를 끄덕이며 말했다.

"선생님이 가장 강하게 그런 유대감을 느끼신 곳에 대한 이야기를 좀 더 들려주실 수 있을까요?" 내가 독려했다.

"음, 물론 나는 매년 곰베를 찾아갑니다. 젊은 시절에 올라갔던 봉우리 꼭대기에 앉아 저 멀리 콩고 산악 지대를 향해 이어진 탕가니카 호수를 내려다보지요. 세계에서 가장 길고 두 번째로 수심이 깊은 그 거대한 호수 끝에서 태양이 산 너머로 지면 하늘은 온통 연한 분홍색이 되었다가 이내 주황색으로 물들어요. 혹은 비를 실은 먹구름이 몰려오며 천둥이 으르렁거리고 번개가 번쩍이다가 밤이 찾아옵니다.

어디든 조용한 곳에 등을 대고 누워서 낮의 기운이 사라지는 끄트머리에서 차츰 별들이 모습을 드러내는 하늘을 멍하니 올려다보고 또 올려다보는 때도 있어요. 그러면 광막한 우주 속에서 나는 의식을 가진 아주 작은 점에 불과한 걸 깨닫게 되죠."

그 순간 나는 난로 앞에 앉아 영원히 제인의 이야기에 귀를 기울일 수도 있겠다는 기분이 들었지만 초저녁별이 반짝이는 창밖을 내다보며, 다음 날 다시 희망에 대한 제인의 나머지 이유 두 가지를 탐구하려면 그만 돌아가 휴식을 취해야 할 때라는 사실을 인지했

유엔 평화의 날에 뉴욕의 생존자 나무를 찾았다. 둥치에 남은 깊은 상처만이 이 나무가 겪은 고통의 이야기를 들려준다. 나무가 살아남을 수 있었던 기회를 제공한 두 사람이 나와 함께 있다. 나와 가까이 있는 사람이 원예 담당자 리치 카보고, 내 오른쪽 끝에 있는 사람이 추모 공원에 나무를 위한 터를 마련해 준 론 베가(Ron Vega)다. (사진 제공: MARK MAGLIO)

다. "밤이 늦었으니 그만할까요?" 내가 물었다.

"희망과 자연의 회복 탄력성에 대해서 마지막으로 하나만 더 이야기를 나누고 싶군요." 깊은 생각에서 빠져나오며 제인이 말했다.

"작년 유엔 국제 평화의 날에 뉴욕에서 아주 특별한 축하 행사에 참석했었어요. 제인 구달 연구소의 국제 청소년 프로그램과 뿌리와 새싹에 소속된 20명 남짓한 인원이 모였고, 그들 중 대다수는 미국 전역에서 온 아프리카계 미국인 고등학생이었습니다. 우리는 9·11 사태 때 부러져 상처를 입었다가 구조된 생존자 나무 주변에

두 번째 이유: 자연의 회복 탄력성

모여 있었어요. 그 나무의 치유를 헌신적으로 도왔던 원예 담당자 리치 카보(Richie Cabo)도 우리와 함께했습니다. 우리는 하늘을 향해 뻗어간 튼튼한 나뭇가지를 올려다보았어요.

불과 얼마 전까지도 아름다운 새하얀 꽃으로 뒤덮였던 그 나무는 이제 잎을 떨구기 시작한 참이었어요. 우리는 정적 속에서 지구의 평화를 위해서, 인종 차별과 혐오의 종식을 위해서, 동물과 자연에 대핸 새로운 존중을 위해서 기도를 올렸습니다. 나는 무수한 세대를 거치며 인간에게 상처 입은 지구를 물려받게 될 그 젊은이들의 얼굴을 둘러보았습니다. 그러다가 작은 새가 완벽하게 지어놓은 깔끔한 둥지 하나를 발견하게 되었어요. 부모 새들이 어린 새에게 먹이를 먹이고 깃털을 고르다가, 아직은 미지의 시계로 마지막 희망에 찬 날갯짓을 하는 모습을 상상해 보았습니다. 아이들도 둥지를 쳐다보고 있었어요. 어떤 아이들은 미소를 지었고, 눈물을 흘리는 아이들도 있었습니다. 그들 역시 세상에 나아갈 준비를 하고 있었던 거죠. 죽음에서 되살아난 생존자 나무는 새로운 잎사귀를 자기에게만 틔운 것이 아니라 다른 이들의 삶도 가꾸어 준 겁니다."

네덜란드 숲속의 작은 오두막에서 제인이 나를 돌아보았다.

"내가 감히 어떻게 희망을 품는지 이제 더그도 이해하겠죠?" 제인이 나직이 물었다.

세 번째 이유: 젊은이들의 힘

"나는 늘 어린이들과 일을 하고 싶었어요." 제인이 말했다. "우습게
도 어렸을 때 나는 언젠가 지금의 나처럼 늙으면, 나무 아래 놓인
통나무 벤치에 앉아서 어린이들을 모아놓고 이야기를 들려주고 있
는 모습을 상상했답니다."

제인이 아끼는 너도밤나무 아래에서 아이들에 둘러싸여 있는 광
경을 상상하기란 어렵지 않았다. 우리가 앉아 있는 곳 옆으로 난 창
문 2개로 밖에 서 있는 나무들이 보였지만, 우리는 아늑하고 따뜻
한 난롯가에 앉아 있다는 게 감사했다.

우리가 인터뷰로 또 하루를 시작하려 하자, 아침 햇살을 받은 제인의 뺨이 반짝거렸다. 연어 빛깔 터틀넥 스웨터에 푹신한 회색 파카를 입은 제인을 쳐다보며 나는 한 번도 그녀를 노인이라 생각해 본 적이 없다는 사실을 깨달았다. 제인에게는 무언가 대단히 생동감 있고 활력이 흘러넘쳐 도저히 말릴 수 없을 것 같은 분위기가 존재했다. 사람마다 얼마나 다르게 나이를 먹는지 알면 참 놀랍다. 어떤 사람들은 40대와 50대에 이미 삶에 패배한 것처럼 보이며 쇠락하기 시작한다. 어떤 사람들은 80대와 90대에도 끊임없이 호기심을 발휘하고 인생의 실험실에서 발견해야 하는 모든 일에 뛰어든다.

바로 그때 희망에 대한 제인의 세 번째 이유를 다루려고 하는 우리를 부추기듯이, 밖에서 아이들 웃음소리가 들려왔다.

"내가 강연을 다니며 가장 좋아하는 청중은 고등학생과 대학생입니다." 제인이 말했다. "정말 몰입해서 듣고 생기발랄하거든요. 하지만 사실 아주 어린 아이들도 사람들이 생각하는 것보다 훨씬 더 이야기를 잘 받아들이죠. 바닥에 앉아 꼼지락거리는 아이들에게 이야기를 들려주면서 사람들은 이렇게 생각하죠. '음, 애들이 제대로 귀담아듣지를 않는군.' 그러다 나중에 부모를 만나 보면 아이들이 내가 했던 이야기를 고스란히 제 부모에게 전했다는 걸 알게 돼요. 새끼 침팬지들과 똑같이 그 나이엔 꼼짝 않고 앉아 있는 게 이상한 일이죠. 아이들은 놀면서 배우는 게 당연하니까요. 학교가 너무 나쁜 곳일 수 있는 이유도 그 때문이에요. 학교에선 어린이들을

유엔 평화의 날, 유엔에 초청된 뿌리와 새싹 어린이들과 함께.
(사진 제공: JANE GOODALL INSTITUTE/MARY LEWIS)

계속 앉혀두니까요. 그건 끔찍한 일이에요, 아이들은 원래 그러면 안 되거든요. 아이들은 원래 경험에서 배워야 합니다. 다행히도 지금은 점점 더 많은 학교가 변화를 하고 있어서, 아이들을 자연으로 데리고 나가 아이들의 질문에 대답을 해 주고 스스로 이야기를 끌어내도록 격려하고 있지요."

"젊은이들과는 어떻게 일을 함께하시게 되었어요?" 내가 물었다.

"세계를 돌아다니며 환경 위기에 대한 인식을 일깨우기 시작하면서, 나는 모든 대륙에서 아무 일도 하지 않으면서 매사에 무관심하거나, 분노에 휩싸여 때때로 폭력적이 되거나, 깊은 우울감에 빠진

세 번째 이유: 젊은이들의 힘

젊은이들을 만났습니다. 그들과 대화를 시작해 보니 그들이 하는 말은 대개 비슷비슷했어요. '우리가 이런 기분이 된 건 우리 미래가 위태로운데 거기에 대해서 우리가 할 수 있는 일이 아무것도 없기 때문이다.' 우리가 그들의 미래를 위태롭게 만든 건 사실이죠."

제인이 말을 이어 갔다. "유명한 속담이 있죠. '지구는 우리가 조상에게 물려받은 것이 아니라 우리 아이들에게 빌린 것이다.' 그런데 심지어 우리는 아이들에게서 지구를 빌린 것도 아니에요! 훔친 거죠! 무언가를 빌렸을 땐 앞으로 갚을 거라는 기대가 있습니다. 우리는 무수한 세월 동안 아이들의 미래를 훔치고 있었고, 우리가 저지른 도둑질의 규모가 이젠 도저히 받아들일 수 없는 수준에 도달한 겁니다."

"우리가 도둑질을 하는 건 이번 세대의 미래만이 아니겠죠." 내가 덧붙였다. "우리는 모든 미래 세대의 것을 훔치고 있으니까요. 미래의 아이들, 미래의 사람들은 현재 우리가 들어가 있는 회의실에서 투표권이나 발언권도 없기 때문에, 누군가는 그것을 세대 간의 불평등이라고 부르더군요."

"맞아요, 그게 사실이죠." 제인이 대꾸했다. "하지만 나는 자기네가 할 수 있는 일이 아무것도 없다고 말한 젊은이들에게 동의하지 않습니다. 젊었거나 늙었거나 모든 나이대의 사람들이 함께 모인다면 시간의 창문은 열려 있고, 적어도 우리가 야기한 상처를 일부나마 치유하고 기후 변화를 늦출 수 있을 거라고 나는 그들에게 말해 주었어요.

우리가 하는 일의 결과에 대해서 모든 사람이 생각하기 시작한다면, 가령 무엇을 살 것인지 생각하고, 젊은이들이 자기 부모에게 아이들을 위한 소비라고 하더라도 줄여 달라고 부탁하고, 혹시라도 소비하려는 상품이 환경에 해가 되거나 동물을 해치거나 하는 건 아닌지, 혹시 값이 싼 이유가 아동 노동력을 노예처럼 부렸다거나 부당한 임금 탓은 아닌지 우리 모두가 의문을 품고, 그래서 그런 물건 사기를 거부한다면, 이런 종류의 윤리적인 선택이 수십억 번 겹쳐지면 우리에게 필요한 유형의 세상을 향해 나아가게 될 겁니다."

"모든 사람은 변화를 일으킬 수 있다."는 이 희망적인 철학은 제인이 1991년 젊은이들을 위한 프로그램인 뿌리와 새싹을 시작하도록 이끌었다.

"뿌리와 새싹이 어떻게 시작되었는지 말씀해 주실 수 있으세요?" 내가 제인에게 물었다.

"8개 학교에서 모인 탄자니아 고등학생 12명이 다르에스살람에 있는 우리 집을 찾아왔어요. 그중엔 불법적인 다이너마이트 사용으로 산호초가 파괴되는 문제라든지 국립 공원 불법 침입 같은 문제에 대해서 정부는 왜 개입하지 않는지 걱정하는 아이들이 있었죠. 어떤 아이들은 거리를 떠돌며 살아가는 아이들의 곤경을 염려했고 어떤 아이들은 유기견과 시장에서 매매되는 동물들의 가혹한 처우를 걱정하고 있더군요. 우리는 그 모든 문제를 논의했고, 무엇

　　　　　　　세 번째 이유: 젊은이들의 힘

이든 그 상황을 낫게 만들 만한 행동을 해 보라고 내가 조언을 했습니다.

그래서 학생들은 학교로 돌아가 같은 걱정을 지닌 다른 친구들을 모았고, 다시 만났을 때 뿌리와 새싹이 탄생했어요. 그 단체의 주요 메시지는, 모든 개개인은 중요하다, 모든 사람에겐 주어진 역할이 있다, 모든 사람은 지구에 변화를 일으킬 수 있다는 것이고, 중요한 건 매일 실천하는 겁니다. 어떤 종류의 변화를 만들 것인지에 대해서도 우리에겐 선택의 여지가 있고요."

"환경 문제에 관한 것만은 아니네요?"

"예. 모든 것이 서로 연결되어 있음을 이해한 우리는 그룹을 나누어서 세상을 더 이롭게 만드는 데 도움되는 세 가지 프로젝트를 선택하도록 했어요. 각자 속한 지역 공동체부터 시작해서 사람들을 위한 실천, 동물들을 위한 실천, 환경을 위한 실천으로 나눈 거예요. 무슨 일을 할 수 있을지, 앞으로 해야 할 일을 위해서 스스로 어떤 준비를 해야 하는지, 그런 다음 소매를 걷어붙이고 어떤 행동에 돌입할지 의논하는 방식이었어요."

"학생들이 그런 행동을 보이는 것에 대해서 사람들은 어떤 반응을 보였나요?"

"처음 결성된 뿌리와 새싹 모임은 돈을 받는 것도 아닌데 해변을 청소했다는 걸로 비웃음을 샀습니다. 대가 없이 일을 하는 건 부모님께 효도할 때만이라나요!" 제인이 껄껄 웃으며 말했다.

"하지만 탄자니아에선 곧 폭발적인 운동이 새로운 현상으로 대두되었어요. 바로 자원 봉사였죠. 평범한 아이들이 시작한 프로그램이었는데 점점 더 많은 학교에서 참여하게 되었어요. 그렇게 생긴 모임들에선 황량한 학교 부지에 나무를 심기로 결정했고, 열대 기후에선 나무가 빨리 자라기 때문에 몇 년이 지나자 그 모든 학교엔 학생들이 나무와 새에 둘러싸여 편하게 휴식을 취하거나 일을 할 수 있는 그늘이 생겨났죠."

그 후 뿌리와 새싹은 유치원부터 대학교 학생에 이르기까지 수천 명의 회원을 지닌 전 세계적인 운동이 되어 68개국에서 활동하며 점차 세를 늘려 가고 있다.

"내가 가는 곳마다 에너지 넘치는 젊은이들은 세상을 더 나은 곳으로 만들기 위해서 자신들이 어떤 일을 했으며 앞으로 어떤 일을 하려는지 보여 주고 싶어 했습니다. 그것이 내게는 희망입니다. 젊은이들은 일단 문제가 무엇인지 파악하고 우리가 그들에게 행동할 힘을 전해 주면, 거의 언제나 도움을 주고 싶어 해요. 그리고 그들의 에너지와 열의, 창의성은 끝이 없죠."

"대중은 많은 젊은이들, 특히 선진국에서 특혜를 누리고 사는 젊은이들이 물질 만능주의에 빠졌거나 자기 중심적이라고 여깁니다." 내가 지적했다.

일부의 경우 그것은 사실이라고 제인도 동의했지만, 항상 그런 것은 아니라고 말했다. "사립 학교에서 진행되는 뿌리와 새싹 프로그램도 많은데요, 특권층 출신의 아이들도 종종 깊은 관심을 보이고 진심으로 도움이 되고 싶어 합니다. 그들에겐 그저 심금을 울리는 진솔한 이야기와 무언가 도움이 되고 싶다는 생각을 막고 있는 감정을 일깨워 주는 계기가 필요할 뿐입니다."

"저희 애들의 경우는 그게 확실히 맞는 말씀 같습니다." 내가 말했다. "지난 몇 년간 세상의 문제에 대한 인식이 자라나면서 아이들이 깜짝 놀라 자기들에게 중요한 명분을 받아들이는 모습을 지켜보았거든요. 그런데 본인들도 고통에서 몸부림치고 있는 아이들의 경우엔 어떨지 궁금합니다. 선생님은 극단적인 빈곤이나 난민 캠프에서 살아가는 젊은이들과도 함께 일하고 계시잖아요."

"예, 좋은 혜택을 받지 못한 공동체에서 살아가는 아이들은 남을 도우려는 동기가 매우 강하다는 걸 깨닫게 되었어요. 너희도 변화를 일으킬 수 있다고 내가 말을 해 줄 때, 그 아이들의 눈빛에 떠오르는 흥분을 보며 나는 항상 깊은 감동을 받습니다. 세상이 너희를 필요로 한다고. 무엇보다도 너희가 중요하다고 말해 주고 있어요."

제인은 말을 멈추고 생각에 빠진 듯했다. 나는 그가 다시 말문을 열기를 기다렸다.

"청소년 프로그램이 제대로 돌아가겠다는 확신이 처음 들었던 때를 생각하고 있었어요." 제인이 말했다. "탄자니아와 미국의 국제 학교 및 사립 학교에선 아주 잘 운영되고 있다는 걸 알고 있었습니다. 하지만 저소득층이 사는 브롱크스의 공립 학교는 어떨지, 그곳에서도 젊은이들이 변화를 만들어 낼 힘을 갖도록 도와줄 수 있을지 의문이었죠."

제인은 강연을 의뢰받고 찾아간 학교에서 르네 건서(Renée Gunther)라는 교사를 소개받았는데, 그곳이 뉴욕 주에서 두 번째로 가난한 초등학교라는 말을 들었다. "거의 모든 아이의 손위 형제나 아버지가 조직 폭력배라 마약 중독과 알코올 의존증이 모두 심각했습니다." 제인이 말했다. "허름한 강당에서 나는 아이들에게 침팬지와 뿌리와 새싹에 대한 이야기를 들려주었어요. 기쁘게도 많은 아이들이 진짜 관심을 보여 주더니, 특히 서커스를 위해 옷을 갖춰 입은 침팬지 슬라이드를 보여 주자 질문이 쏟아졌어요. 서커스를 위해 침팬지를 훈련시키는 것이 얼마나 잔혹한 일인지, 어떤 과정으로 새끼 침팬지들이 어미와 강제로 헤어지는지 설명하자, 아이들이 침팬지와 공감하는 게 여실히 느껴졌습니다."

다음 해 르네는 제인에게 다시 방문해 줄 것을 요청했다. "르네와 교장 선생님을 만나 보니, 몇몇 아이들이 뿌리와 새싹 모임을 시작하는 데 지대한 관심을 갖기 시작했고 자기들의 결심을 나에게 들려주고 싶어 한다고 말하더군요. 나중에 교사는 내게 이렇게 말했어요. '선생님은 훨씬 더 세련된 발표를 많이 보셨을 거라고 생각해요, 하지만 이 아이들은 이제껏 프레젠테이션이라는 걸 해 본 적이 없었답니다.' 교사의 눈엔 실제로 눈물이 그렁그렁했습니다."

첫 번째 모둠 아이들은 학교 급식에서 스티로폼 사용을 금지하고

세 번째 이유: 젊은이들의 힘

싶어 했어요. 아이들은 작은 연극을 계획했더군요." 제인이 그때를 회상했다. "한 남학생은 회사 중역 역할을 맡았고 다른 학생은 뿌리와 새싹 회원으로 구성된 작은 모임의 대변인 역할을 맡았어요. 스티로폼에 대해서 놀랍도록 잘 알고 있었을 뿐만 아니라, 연기도 얼마나 잘하던지! 실제로 아이들은 나중에 브롱크스 자치구 구청장 앞에서도 프레젠테이션을 해 달라는 초청을 받았답니다. 그리고 결국 학교에서 스티로폼 사용을 금지하는 데 성공을 거두었죠!"

"그 일로 아이들이 정말 자부심을 느꼈겠네요. 진짜 변화를 만들어 내는 일이 가능하다는 걸 느끼게 해 주었을 테고요."

"맞아요, 그래서 더 짜릿한 일이죠." 제인이 맞장구를 쳤다. "그 뒤엔 열한 살짜리 아프리카계 미국인 남학생이었던 트래비스(Travis)가 프레젠테이션을 했는데, 나는 더 큰 감동을 받았답니다. 담임 선생님 말씀으론 트래비스가 뿌리와 새싹 모임에 가입하기 전에는 학교도 잘 안 나왔다는 거예요. 학교에 오더라도 교실 맨 뒷자리에 앉아서 후드를 뒤집어쓰고 얼굴을 감추고 있었다고 해요. 말도 절대 안 했고요.

암튼 트래비스는 앞으로 걸어 나와 내 앞에서 눈을 똑바로 쳐다보며 바른 자세로 섰어요. 그 모둠의 다른 아이는 트래비스 뒤에 묵묵히 서 있었죠. 트래비스는 시리얼 상자에서 옷을 차려입은 침팬지 사진을 보았다고 나에게 말했습니다. 미소를 지으며 행복해하는 모습이라고들 생각했겠죠. '하지만 그런 얼굴은 미소를 짓는 게 아니라 겁을 내기 때문이라고 선생님이 말씀해 주셨잖아요.'라고 아이가 말했어요. '그래서 선생님께 편지를 썼는데, 제 생각이 맞는다고 이야기해 주셨어요.' 곧게 선 자세를 더 똑바로 하면서 트래비스는 내 눈을 빤히 쳐다보았습니다. '제가 **행동**해야겠다고 결심한 건 그 순간이었어요.'라고 아이가 말하더군요. 트래비스와 친구들은 시리얼 회사 중역에게 편지를 보냈습니다. 아이들은 감사의 답장을 받았어요. 시리얼 상자에 인쇄된 침팬지를 반대하는 다른 사람들도 많았지만, 트래비스는 모르고 있었어요. 그 광고가 철회되었을 때 아이가 어떤 기분이었을지 상상해 보세요!"

"한 사람의 인생에서 희망을 결정하는 가장 중요한 요인은 **자신의 주체성**이죠. 자신의 능력으로 결과를 만들어 내는 효능감을 맛보는 것이에요." 내가 거들었다. "그 일은 그 남학생의 삶을 바꿔놓았을 겁니다. 간디나 만델라도 인생의 행로에서 어떤 작은 성공을 해서 그런 삶을 살게 되었을지 궁금해지네요."

"맞아요, 내가 모든 사회 계층의 젊은이들과 일하는 데 이토록 열정을 보이는 것도 그 때문입니다. 그들에겐 단지 한 번의 기회, 약간의 관심, 귀 기울여 주고 용기를 북돋아 주고 보살펴 주는 누군가가 필요한 경우가 아주 흔해요. 젊은이들이 그런 응원을 받으며 정말로 변화를 만들어 낼 수 있다는 사실을 알아차리기 시작하면, 그들이 만들어 내는 변화는 어마어마합니다."

세 번째 이유: 젊은이들의 힘

희망 없는 곳에서 피어난 사랑

제인은 뿌리와 새싹 모임에 대한 감동적인 수많은 이야기와 함께 그들이 지역 공동체를 어떻게 바꾸었는지 들려주었다. 아메리카 원주민 보호 구역에서 뿌리와 새싹 운동을 시작해야겠다는 욕심에 불을 지폈던 만남에 대한 이야기가 특히 감동적이었다.

"2005년 뉴욕에서 강연을 마친 뒤에 무대 출입문으로 쪽지가 전달되었어요." 제인이 말했다. "로버트 화이트 마운틴(Robert White Mountain)이라는 이름의 아메리카 원주민이 보낸 것이었는데, 무대 뒤로 와서 나와 대화를 나누고 싶다고 부탁하더군요. 최근 열여섯 살짜리 아들이 목을 매 자살했다는 말을 들었을 때 나는 깜짝 놀랐습니다."

로버트 화이트 마운틴은 그가 사는 곳이 노스다코타 주이고, 미국에서 자살률이 가장 높은 지역이라고 제인에게 설명했다. 일주일에 3명에서 6명이 자살로 생을 마감하거나 자살을 기도했다. 아들이 다니는 학교엔 아직 살아 있는 남학생이 15명뿐이었다. 아들을 매장하며 로버트는 이 문제와 관련해서 무언가 해 보겠다는 침묵의 약속을 아들에게 했다. 제인 구달이라는 여성과 뿌리와 새싹 프로그램에 대해서는 그도 들어본 적이 있었기에, 필사적인 마음으로 제인의 도움을 청한 터였다.

"그래서 어떤 도움을 주셨나요?" 내가 제인에게 물었다.

"글쎄요, 일단 어떻게든 그분의 공동체를 찾아가기는 했습니다. 로버트는 마약과 알코올, 가정 폭력에 시달리는 젊은이들을 위해서 자신이 만든 쉼터로 나를 데려갔어요. 창문도 없고 가구도 거의 없는 아주 작은 건물이었는데, 그곳에서 그는 원주민 보호 구역에서 사는 삶에 대해 들려주었습니다. 극단적인 빈곤과 실업률은 종종 사람들을 절망과 무기력, 알코올, 마약, 폭력으로 몰아넣는다고요. 이 지구에서 가장 부유한 나라 한복판에, 저개발 국가에서 사는 사람들보다 훨씬 더 열악한 조건에서 사는 사람들과 공동체가 존재할 수 있다는 사실을 나로선 상상도 할 수가 없었습니다."

제인의 설명을 들으며, 그날 나눈 대화의 기억이 여전히 제인을 괴롭히고 있다는 걸 확실히 알 수 있었다. 로버트는 주민들이 과거에는 보존 구역의 담당자에게 전화를 걸기도 했지만 세월이 흐르면서 연락이 끊기고 말았다고 했다.

"15년 전의 그 만남은 미국과 캐나다 전역에서 사는 멋진 원주민 원로들 및 족장들과의 모임과 우정으로 이어졌습니다. 나는 그분들 상당수와 심오한 영적인 수준으로 연결되어 있어요." 제인이 말했다.

"미국에 있는 원주민 보호 구역에서도 뿌리와 새싹 프로그램이 자리 잡을 수 있었나요?" 내가 제인에게 물었다.

"지금까지는 한 군데뿐이에요. 사우스다코타 주 파인 릿지(Pine Ridge) 원주민 보호 구역에 설립되었는데, 그곳 역시 알코올과 마약,

세 번째 이유: 젊은이들의 힘

자살이 만연한 공동체였습니다. 그곳에서는 뜻밖의 방식으로 사업이 시작되었어요. 그곳의 부족 원로들과 내가 만나는 자리를 준비하고 있었는데, 사우스다코타 주의 우리 직원 몇몇이 어떻게 하면 청년 프로그램을 시작할 수 있을지 의논했던 거죠. 나는 2, 3년 전에 방문했을 때 만난 적이 있는 제이슨 스코치(Jason Schoch)라는 청년을 모임에 초대했어요, 당시에 깊은 감명을 받았다고 했거든요. 그 친구가 자신의 개인적인 경험을 확장해서 청년들을 도와주고 싶어 한다는 걸 알고 있었어요. 결과적으로 모인 사람은 아주 소수였어요. 계절에 맞지 않게 갑자기 눈 폭풍이 불어닥친 까닭에 지역 원로 중엔 아무도 참석하지 못했거든요. 하지만 그곳에 온 사람 중에 젊은 여성이 하나 있었어요. 라코타(Lakota)의 엄마였던 패트리샤 하몬드(Patricia Hammond)라는 여성이었죠. 패트리샤와 가족들은 파인 릿지 원주민 보호 구역에서 살고 있었어요. 패트리샤는 제이슨과 만난 적이 없었는데도, 눈에 갇혀 꼼짝도 못 하는 시간 동안 내내 우리와 함께 원주민 보호 구역에서 어떻게 뿌리와 새싹 프로그램을 시작할 수 있을지 의견을 나누었습니다. 제이슨은 일터가 있는 캘리포니아로 돌아갔지만, 패트리샤와 밤마다 전화 통화를 하는 비용을 더는 감당하지 못하게 되자 패트리샤가 있는 사우스다코타로 이사를 했어요!"

제인은 패트리샤와 제이슨이 파인 릿지 젊은이들을 자연과 민속 문화와 다시 연결하는 방법을 찾아내는 것으로 사업을 시작했다고

패트리샤 하몬드가 사우스다코타 파인 릿지 원주민 보호 구역에서 노인들과 함께 뿌리와 새싹 회원 아이들에게 전통적인 식물 재배에 대해 가르치고 있다. (사진 제공: JASON SCHOCH)

설명했다. 그들은 쓰레기를 치우고 작은 유기농 텃밭을 가꾸는 모임을 만들었다. 그들은 젊은이들에게 전통 음식과 약초에 대한 것을 가르치고 싶었다. "그들은 옥수수와 콩, 호박을 함께 심어 '세 자매(three sisters)' 구성이라고 부르기도 하는 전통적인 히다차(Hidatsa) 농법을 되살렸어요."라고 제인은 설명했다. 이 농법은 환경에 주는 영향을 최소로 하면서 풍성한 수확을 보장한다. 옥수수는 콩 줄기가 타고 자랄 수 있는 버팀대를 제공하고, 콩은 토양을 비옥하게 하며, 큼지막한 호박잎은 살아 있는 뿌리 덮개 역할을 해 그늘을 드리

세 번째 이유: 젊은이들의 힘

워 수분을 보존하며 잡초가 자라는 걸 막는다.

"첫 계절부터 작은 텃밭에서 모든 농작물이 잘 자랐어요. 옥수수는 2미터 가까이 자랐지만 수확의 기쁨에 아이들이 흥분하고 있을 무렵, 뿌리와 새싹 회원 중 한 아이가 각별히 힘든 주말을 보냈던지 이성을 잃고 말았죠. 아이는 담장을 넘어 들어가서 옥수수를 모두 꺾고 짓밟아 버렸어요.

패트리샤는 포기하고 싶은 심정을 느꼈다고 말하더군요. 하지만 그러는 대신 패트리샤와 제이슨과 다른 뿌리와 새싹 아이들은 망가진 담장을 수리하고 다시 시작했어요. 패트리샤와 제이슨은 결국 지역 주민들을 위해 12개의 공동 텃밭을 만들었고, 세 군데에 직거래 장터를 열었어요. 패트리샤는 텃밭이 공동체 주민들을 다시 한번 토지와 연결시켜 희망과 기쁨을 느끼는 데 도움을 주었다고 말하더군요.

나는 뿌리와 새싹을 떠받치는 세 가지 기둥, 사람과 동물과 환경을 돕는다는 것이 과거 수많은 원주민이 갖고 있던, 우리는 하나라는 믿음과도 연결된다고 생각합니다."

젊은이들이 프로젝트를 계획하고 도움의 손길을 내밀면서, 프로그램에 합류한 이들은 그간 결핍되었던 목적 의식과 자존감을 가지게 되었다. "뿌리와 새싹은 정말로 변화를 만들어 내고 있어요." 제인이 덧붙였다. "많은 회원이 고등학교를 졸업하고 몇몇은 대학에도 진학했습니다. 제이슨과 패트리샤는 여전히 원주민 보호 구역

파인 릿지의 어린이가 자부심과 기쁨 가득한 표정으로 식물을 가꾸고 있다.
(사진 제공: JASON SCHOCH)

을 보살피며 일을 확대하는 중이고요."

"다른 여러 프로그램이 실패한 공동체에서도 선생님의 프로젝트
는 변화를 만들어 낼 수 있다는 것이 감동입니다." 내가 말했다.

제인은 미소를 지었다. "성공의 이유는 아주 다양한 것 같아요.
첫째로 젊은 사람들이 자신들의 행동에 발언권을 가지게 되기 때
문입니다. 우리 프로그램은 사소한 부분부터 시작하는 운동이에
요. 그래서 젊은이들이 한 가지 프로젝트를 선택하면, 엄청난 열의
와 열정으로 일에 뛰어들죠. 두 번째로 대부분의 모임은 학교에서
이루어지고 교사들도 우리의 신념에 감명을 받은 분들이기 때문에

세 번째 이유: 젊은이들의 힘

기꺼이 함께 참여해 주고 있어서, 집단의 각기 다른 모든 구성원의 염려와 관심을 아우르는 프로그램이 됩니다. 동물에 대해서 배우고 도우려는 학생들이 있는가 하면, 사회적인 문제에 관심을 가진 학생들도 있고, 환경 문제에 열정을 지닌 학생들도 늘 있게 마련이니까요. 더욱이 우리 프로그램은 다른 나라의 청년들과도 서로 연결해 주기 때문에 다른 문화에 대해서 배울 좋은 기회가 되죠" 제인은 그런 아이들에 대한 이야기를 할수록 더욱 생기가 솟았다.

"이 모든 청년들은 매일 세상을 더 나은 곳으로 변화시키고 있으며, 그들의 프로젝트가 성공을 거둘 때마다 자신들에게 힘이 있다는 느낌이 강해지면서 더욱 자신감을 얻게 됩니다. 또한 우리는 항상 다른 청년 기구와 나란히 동반자 역할을 추구하고 가치관을 공유하기 때문에 학생들은 점점 더 함께 성공을 거둘 수 있다는 희망을 품게 되지요. 그리고 학생들은 기대하던 결과를 거듭 되풀이해서 성취합니다."

제인의 이야기는 우리가 변화를 만들어 낼 수 있다고 느낄 때 그렇게 하려는 수단만 주어진다면, 긍정적인 결과가 발생하고 그 보답으로 희망이 널리 퍼져나간다는 사실을 확인해 주었다. 확고하고도 감동적인 목표, 그 목표를 실현하려는 현실적인 방안, 목표를 성취할 수 있다는 믿음, 그리고 장애물이 가로막더라도 계속할 수 있는 사회적인 뒷받침, 이 네 가지 조건은 희망에 관한 연구 결과로도 효과가 입증된 강력한 본보기였다.

중국의 뿌리와 새싹 소속 대학생들이 소아암 환자를 방문해 장난감을 선물하고
옛날이야기를 들려주고 있다. (사진 제공: JANE GOODALL INSTITUTE/CHASE PICKERING)

제인은 또 하나의 절박한 곳에서 피어난 희망의 사연을 들려주었
다. 탄자니아에서 유엔 난민 기구(UNHCR)가 운영하는 콩고 난민 캠
프에서 벌어진 일이다. 뿌리와 새싹 프로그램을 그곳의 거대한 난
민 캠프에 처음 소개한 사람은 유엔 난민 기구 소속의 이란 인 직원
이었으나 그는 단기 근무 이후 떠나 버렸고, 한 사람씩 늘어나 모두
3명이 되었던 탄자니아 청년 자원 봉사자들이 임무를 계속하게 되
었다고 제인은 설명했다. "끊임없이 발목을 잡는 관료제와 싸우는
그들에게 주어진 것은 사무실이랍시고 배정된 작고 황량한 공간과

세 번째 이유: 젊은이들의 힘

어딘가에 살 집뿐이었지만, 결국 그들은 몇 군데 학교에 뿌리와 새싹 모임을 만들었습니다." 또한 그들은 조직을 정비해서, 유기농으로 채소를 기르는 법과 머리 손질, 요리, 닭 키우기 같은 기술을 회원들에게 가르치기 위한 기금을 마련했고, 마침내 불법적인 야생동물 고기 거래를 성공적으로 근절시켰다고 한다.

"내가 그곳을 방문했을 때, 뿌리와 새싹 회원이 있는 모든 가족에게 암탉과 수탉 한 마리씩을 선물로 주었습니다." 제인이 설명했다. "닭에게 어떤 먹이를 주어야 하는지, 밤에는 어떻게 안전하게 지켜야 하는지 아이들이 모두 배운 상태였기 때문에 우리는 닭들이 보살핌을 잘 받을 것이란 걸 알고 있었어요. 닭들은 낮 동안 집 주변을 돌아다니며 모이를 쪼아 먹었습니다. 부모와 아이들 모두에게 이 선물은 소중하게 여겨졌어요. 난민들에겐 직업이랄 것이 거의 없었으니까요. 머지않아서 암탉들은 병아리를 낳을 테고, 키우는 닭의 수가 많아지면 달걀도 넉넉해져 배급받은 쌀과 카사바 이외에도 먹거리가 풍부해질 예정이었어요. 물론, 뿌리와 새싹 회원들은 텃밭에서 신선한 채소도 공급을 받고 있었죠."

"그 난민들에게는 무슨 일이 벌어졌습니까?" 내가 물었다.

"난민들은 그 후 곧 콩고 민주 공화국으로 강제 송환되었습니다. 많은 사람이 고향으로 돌아가는 것을 두려워하고 있었어요. 끔찍한 전투에서 모두 살해되어 고향에 남은 가족이 전혀 없었기 때문이죠. 뿌리와 새싹 회원들은 귀국하면서 닭과 텃밭에서 수확해 간직하고 있던 씨앗을 가져갔다는 소식을 들었습니다."

처음 몇 달간은 유엔 난민 기구에서 수용소를 열어 돌아온 난민들을 맞아 그들의 미래 설계를 도왔다고 한다.

제인이 이야기를 계속했다. "두 달쯤 뒤에 나는 그 난민 캠프를 방문했던 사람에게 편지를 받았어요. 땅은 헐벗었고, 무표정한 사람들과 천막 바깥에 힘없이 앉아 있는 아이들로 가득한 암울한 곳이라고 그는 말했어요. 그런데 캠프 내부를 계속해서 걷다 보니 돌연 어느 구역에선가 수용소 분위기가 달라졌다고 해요. 아이들이 웃으면서 주변을 뛰어다녔고, 풀이 무성하게 자라는 곳에서 암탉들이 모이를 찾아 돌아다니고 있었답니다. 10대 아이들 몇몇은 작은 텃밭에서 일을 하고 있었고요. 방문객은 자신을 초대한 관계자에게 왜 그곳만 다른지 이유를 물었습니다. '글쎄요, 실은 저도 잘 모릅니다. 그런데 거긴 뭔가 뿌리와 새싹이라는 게 있긴 합니다.'"

"나는 당신들의 희망을 바라지 않는다."

물론 뿌리와 새싹은 젊은이들에게 힘과 교육의 기회를 선사하고 행동하게 만드는 수많은 기구 가운데 하나에 불과하다. 전 세계에서 거리로 나와 변화를 촉구하는 젊은이들의 수는 점점 많아지고 있다. '미래를 위한 금요일(Fridays for Future)'이라는 단체는 열다섯 살

세 번째 이유: 젊은이들의 힘

때 **기후를 위한 등교 거부**(SCHOOL STRIKE FOR CLIMATE)라고 적힌 표지판을 들고 스웨덴 의회 건물 앞에서 시위를 시작한 환경 운동가 그레타 툰베리(Greta Thunberg)가 그 효시였다. 툰베리는 주요 회의에서 세계 정상들과 대담을 나누었고, 청소년들이 이끄는 기후 시위에 수백만 명의 사람들이 참여했다.

나는 툰베리를 만나 보았는지 제인에게 물었다.

"만났죠. 그레타는 단순히 젊은이들뿐만 아니라 세계 각지 사람들에게 기후 위기에 대한 자각을 촉구하는 놀라운 작업을 성공시켰습니다."

세계 경제 포럼에서 툰베리가 했던 도발적인 연설에 대해서 제인은 어떻게 생각하는지 궁금했다. 툰베리는 "어른들은 끊임없이 말합니다. '우리가 젊은이들에게 희망을 주어야 한다.'라고요. 하지만 저는 당신들의 희망을 바라지 않습니다. 당신들이 희망을 가지기를 바라지 않습니다. 저는 당신들이 두려움에 빠지기를 바랍니다. 제가 매일 느끼는 공포를 당신들도 느끼고, 그런 다음 행동하기를 바랍니다. 당신들이 위기에 빠졌을 때처럼 행동하기를 바랍니다. 우리가 사는 집이 불타고 있는 것처럼 행동하기를 바랍니다. 정말로 그렇기 때문입니다."라고 주장했다. 나는 희망에 대한 툰베리의 비판 정신과 두려움이 더 적절한 반응이라고 믿는 태도에 대해서 제인은 어떻게 생각하는지 물었다.

"현재 벌어지고 있는 일에 대해서 두려움과 분노로 반응을 보일 필요가 반드시 있습니다." 제인이 대답했다. "우리 집에 정말 불이 났으니까요. 하지만 우리가 그 불을 끌 수 있다는 희망이 없다면 포기하겠죠. 희망 아니면 두려움이라거나, 희망 아니면 분노라거나 선택하는 게 아니에요. 우리에겐 모두 필요합니다."

"우리에겐 너무 거대하고 많은 문제가 산적해 있습니다. 이런 문제를 아이들이 해결할 거라고 말하는 건 어른들의 책임 회피 아닌가요?"

제인은 내 질문에 자극을 받은 듯, 의자에 앉은 자세를 바로 했다. "그런 문제 해결이 젊은이들의 몫이 될 거라고 말하는 사람들을 보면 실제로 화가 치솟아요. 물론 우리는 젊은이들이 우리의 모든 문제를 해결할 것이라고 기대할 수도 없고 기대를 해서도 안 됩니다. 우리는 젊은이들을 뒷받침하고, 격려하고, 힘을 실어 주고, 그들의 말에 귀를 기울이고, 그들을 교육해야 합니다. 오늘날 젊은이들이 가장 훌륭한 방식으로 문제 해결에 나서고 있다고 나도 진심으로 믿고 있습니다. 일단 젊은이들에게 문제를 파악하고 행동에 돌입할 힘이 주어지면, 움직입니다. 음, 그들은 우리가 대화를 나누고 있는 지금도 세상을 바꾸고 있어요.

그들이 무슨 일을 하는가, 그것만 중요한 게 아닙니다. 아이들이 자기 부모와 조부모에게 어떤 영향을 미치는지 지켜보는 건 특히 짜릿하거든요. 자식들이 환경에 대해서 어떤 것들을 배우고 있는지 설명하기 전에는 소비에 대해서 생각해 본 적도 없다는 말을 많

세 번째 이유: 젊은이들의 힘

시골에서 도시로 이주한 중국 어린이들. 중국 대학생들이 그들은 중요한 존재이고
변화를 만들 수 있다는 사실을 이해하도록 돕고 있다.
(사진 제공: JANE GOODALL INSTITUTE ROOTS & SHOOTS, BEIJING, CHINA)

은 부모들이 내게 털어놓습니다."

"어떻게 그런 일이 가능해졌을까요?" 나의 아이들이 친환경 제품
을 사야 한다고 부르짖는 대변인이 되는 바람에 우리 가족의 쇼핑
과 소비 방식에도 수많은 변화가 찾아왔던, 부모로서의 경험을 떠
올리며 내가 물었다.

제인은 자세한 설명을 들려주었다. "내가 알고 있는 가장 좋은 사
례는 중국에서 있었던 일이에요. 2008년 조이라는 이름의 열 살짜
리 소녀가 내 강연에 참석했는데, 그 후 청두에서 최초로 뿌리와 새
싹 모임을 시작하게 도와 달라고 부모를 졸랐어요. 그들이 모토로

삼은 것은 내가 했던 말의 인용이었어요. '우리는 알아야만 관심을 기울일 수 있다. 관심을 기울여야만 도와줄 수 있다. 도움을 주어야만 모두가 구원을 받을 수 있다.' 처음에 아이들은 교사의 제안을 단순히 따르기만 했지만 오래지 않아 스스로 프로젝트를 기획하고 수행할 수 있게 되었어요. 그들은 가장 활동적인 단체 가운데 하나가 되었답니다. 몇 년 뒤 나는 조이의 어머니에게 편지를 한 통 받았는데, 어머니가 중국어로 쓴 것을 나와 소통하느라 영어를 배운 딸이 번역해 보낸 것이었어요! 더그에게도 읽어 줘야겠네요." 제인은 벌떡 일어나 노트북 컴퓨터를 가져왔다.

"편지 내용은 이렇답니다. '우리 아이들이 학교에서 뿌리와 새싹 모임을 만든 이후, 아이들은 우리의 사고 방식을 바꿔 놓았습니다. 아이들이 아니었다면 우리 대부분은 환경에 대해서 관심을 가질 생각도 못 했으리라고 말하는 건 과장이 아니에요. 우리는 여전히 지구에 대해서는 조금도 관심이 없고 본인들만 신경 쓰는 무감각한 삶의 방식을 갖고 있는지도 모르겠어요. 우리 아이가 뿌리와 새싹에서 알게 된 모든 정보를 집으로 가져온 다음부터 비로소 저는 수동적으로 받아들이던 것에서 적극적으로 참여하는 쪽으로 변하기 시작했습니다. 이기적인 소비자였던 저는 불필요한 소비를 줄이는 것을 배운 사람으로 변했어요.'"

"참 놀라운 편지네요." 제인이 읽기를 마치자 내가 말했다. 그 후에도 그 사연은 더 멋지게 진화했다는 이야기를 들었다.

제인은 몇 년간 계속 조이와 개인적인 편지를 주고받으며, 조이의 어머니가 엄청난 열성 지지자로 돌변해 강좌를 기획하고 환경 보호에 관한 연극을 쓰기 시작했다는 소식을 들었다.

그리고 이제 열여덟 살이 된 조이는 대학에 다니면서 지방 정부와 뿌리와 새싹 모임을 연계해 쓰레기 없는 도시 청두를 만들기 위한, 매우 성공적인 재활용 프로그램을 이끌었다.

조이와 조이 어머니에 대한 제인의 이야기를 들으며 파리 협약을 이끈 인물 가운데 하나인 크리스티아나 피게레스(Christiana Figueres, 당시 유엔 기후 변화 협약 사무 총장이었다. ─ 옮긴이)에게 들은 이야기가 떠올랐다. 세계 경제 포럼 회의에 참석한 로열 더치 셸(Royal Dutch Shell, 1907년 네덜란드와 영국에서 시작된 다국적 기업으로 유럽 최대 석유 회사와 가스 회사를 거느린 에너지 기업이다. ─ 옮긴이)의 CEO 벤 판 뷔르덴(Ben van Beurden)은 평소처럼 양측 수행원들 없이 크리스티아나에게 일대일 만남을 요청했다. 만남의 끄트머리에 그가 말했다. "크리스티아나, 아주 솔직해집시다. 우리는 둘 다 부모잖아요." 그는 열 살짜리 딸이 찾아와 아빠 회사가 지구를 파괴하고 있다는 게 사실인지 물었던 심오한 순간에 대해서 들려주었다. 그는 딸에게 딸과 미래 세대가 반드시 안전하고 지속 가능한 지구에서 자랄 수 있도록 무슨 일이든 하겠다는 맹세를 했다고 한다. 그래서 그는 파리 협약을 지지하기로 결정을 내렸다.

전 세계에 31개나 있는 제인 구달 연구소가 제인과 함께 65개국 이상의 나라에서 환경을 지키는 젊은 전사들에게 영감을 주고

젊은이들은 전 세계에서 쓰레기를 청소하고 있다. 거리에서, 해변에서 쓰레기를
치우고, 우간다 키발레처럼 학교 식당에 재활용 쓰레기통을 설치하기도 한다.
(사진 제공: JANE GOODALL INSTITUTE/MIE HORIUCHI)

세 번째 이유: 젊은이들의 힘

있는 것은 분명한 사실이지만, 특별한 리더십 없이 그것만으로 인간의 자원 착취 행태와 소비 문명의 가치를 바꾸기에 충분한지 여전히 의문스러웠다. 제인이 다음 세대에 그토록 큰 희망을 걸고 있는 정확한 이유와, 기성 세대들이 만들어 낸 문제를 젊은이들이 정말로 다룰 수 있다고 생각하는 것은 잘못된 인식이 아닌지 알고 싶었다.

수백만 개 물방울이 바다를 이루듯

"제가 만나 본 다른 원로 선각자들도 젊은이들이 희망을 안겨 준다고 하셨지만, 저는 여전히 그 젊은이들이 선생님께 희망을 준다는 게 정확히 어떤 의미인지 의아합니다. 이번 젊은 세대는 다른 세대와 다르다고 느끼시나요?" 내가 물었다.

"환경 정의와 사회 정의에 관한 한 이번 세대는 확실히 다릅니다." 제인이 말했다. "내가 자랄 때는 학교에서 이런 문제에 대해서 아무것도 배우질 않았어요. 하지만 점점 더 많은 활동가들이 환경 문제에 관한 책을 쓰기 시작했습니다. 1960년대에 사람들에게 가장 의미심장한 영향력을 발휘했던 책들 가운데 하나는 살충제 DDT의 사용으로 발생한 끔찍한 해악을 다룬 레이철 카슨(Rachel Carson)의 『침묵의 봄(Silent Spring)』이었습니다."

"그 책은 환경 운동이 시작되는 데 정말 도움이 되었죠. 적절한 시기에 발표된 적절한 책이나 적절한 영화는 정말로 문화를 바꿀 수 있으니까요. 앨 고어(Al Gore)의 『불편한 진실(An Inconvenient Truth)』도 또 다른 좋은 예이고요. 미셸 알렉산더(Mechelle Alexander)의 『새로운 짐 크로(The New Jim Crow)』나 브라이언 스티븐슨(Bryan Stevenson)의 『저스터 머시(Just Mercy)』 같은 책은 미국에서 사법 정의 개혁 운동을 일으키는 데 도움을 주었습니다."

"맞아요, 사실이에요. 지난 60년간 그런 문제들은 차츰 공공연하게 거론되었고, 학교에서도 환경과 사회 문제에 대한 인식을 커리큘럼에 포함하기 시작했어요. 그리고 오늘날에는 굳이 학교에서 배우지 않더라도 사방에서 뉴스와 텔레비전에 등장하고 있습니다. 아이들은 기후 위기와 환경 오염, 삼림 파괴, 생명 다양성의 상실에 대해서, 그리고 인종 차별, 불평등, 빈곤 같은 사회적 위기에 대해서도 귀를 막을 수가 없게 됐어요. 그래서 젊은이들은 현재 우리가 만들어 낸 문제를 이해하고 대처하는 데 우리 어른들보다 훨씬 더 잘 준비가 되어 있습니다. 그 모든 문제가 어떻게 서로 연결되어 있는지도 잘 알고요."

"환경적으로나 사회적으로 좀 더 잘 알도록 미래 세대를 교육하고 있다는 건 참으로 근사한 일이고 아이들이 부모들까지도 변화시키고 있지만, 우리는 바로 지금 엄청난 곤경에 빠져 있습니다. 지금 당장 변화를 이끄는 권력자가 필요해요. 그런 젊은이들이 자랄 때

세 번째 이유: 젊은이들의 힘

까지 기다릴 시간이 없……"

"많은 젊은이들이 이미 어른이 되었어요." 제인이 내 말을 끊었다. "뿌리와 새싹 프로그램이 졸업생을 배출한 지 이제 30년이나 되었고, 그들은 회원으로 활동하며 습득한 가치를 어른이 된 뒤에도 실천하고 있습니다."

여전히 나는 납득하지 못했다. "그건 알겠습니다. 하지만 많은 사람이 단지 젊은이들에게 해결책을 떠넘기고 있다는 생각이 들어요. 어차피 과거 뿌리와 새싹 회원들 대부분은 아직 힘을 지닌 고위직에 오르지 않았잖아요. 앞장서서 우리를 이끌 사람으로는 스무 살, 서른 살짜리가 아니라 미국 대통령 같은 사람이 필요합니다. 앞으로 10년 안에 모든 사람이 이 문제를 다루도록 만들어야 하니까요."

제인은 조금도 주저함이 없었다. "그건 사실입니다. 하지만 올바른 대통령에게 투표를 할 사람은 바로 그 스무 살, 서른 살짜리 청년들이겠죠."

제인은 또 한 번 선견지명을 보여 주었다. 11개월 뒤 젊은 투표권자들의 증가는 파리 협약에서 미국을 탈퇴하게 만든 장본인이었던 도널드 트럼프(Donald Trump)를 대통령 자리에서 물러나게 하는 데 도움을 주어 조 바이든(Joe Biden)을 당선시켰다. 그리고 대통령으로서 바이든이 시작한 첫 주요 업무 가운데 하나가 바로 파리 협약에 재가입해 더 건강한 경제와 지구를 만드는 데 다시 참여하는 것이었다. 18~29세의 미국 청년들은 총유권자의 약 5분의 1에 달했는데 61퍼센트가 바이든을 뽑았다. 바이든이 상대 후보보다 700만 표 많은 득표를 했음에도, 미국 대선의 괴상한 선거인단 집계 방식 탓에 선거는 결국 주요 격전지였던 주에서 불과 몇십만 표 차이로 결정되게 되어 있었다. 제인이 이끈 세대의 투표가 세계 최강대국의 권력을 올바른 방향으로 이끈 셈이었다. 그러나 우리가 숲속 오두막에서 대화를 나누고 있을 때는 그 모든 상황이 미래의 일이었기에, 당시 나로선 제인에게 이렇게 말할 수밖에 없었다. "선생님이 맞기를 희망해 봅시다."

제인이 앞으로 몸을 수그려 꺼져 가는 불길을 뒤적여 되살려냈으므로 우리는 다시 밝아진 불꽃을 지켜보았다.

"한 가지가 더 있어요." 제인이 의자에 다시 기대앉으며 말했다. "내가 말했던 뿌리와 새싹 졸업생 중엔 정치에 뛰어든 사람들이 많습니다. 다른 사람들도 사업가, 기자, 교사, 정원사, 도시 계획가, 부모가 되었고, 그밖에도 많아요. 학창 시절 뿌리와 새싹 회원이었다가 현재 콩고 민주 공화국 환경부 장관이 된 사람을 포함해서, 현재 많은 이들이 상당한 능력을 발휘하며 환경을 위해 힘쓰고 있습니다. 그 사람은 콩고에서 불법 야생 고기 거래와 동물 밀수를 근절시키려고 정말 열심히 노력하고 있답니다."

제인은 오늘날 젊은이들이 단순히 정보에만 더 노출된 것이 아니라 의사 결정과 정치적 과정에도 더 깊숙이 개입하고 있다고 설명했다. 예를 들어 뿌리와 새싹은 환경 보존 프로그램 그 이상이다.

탄자니아의 회원 세 사람. 이들이 입은 티셔츠에는 뿌리와 새싹의 가치관인 앎, 연민, 행동이 새겨져 있다. (사진 제공: JANE GOODALL INSTITUTE/CHASE PICKERING)

실제로 사람들에게 참여와 민주주의의 가치를 가르치고 있다. 함께 의논하고 함께 결정을 내리고 함께 일하는 것이다.

"개발 도상국에서 젊은이들에게 힘을 실어 주는 프로그램의 본격적인 효과는 눈에 두드러지지 않았어요." 제인이 말했다. "아직은 말이죠."

'아직은'이라는 제인의 말은 가장 가망이 희박한 상황에서도 언젠가는 시간이 지나면 변화가 가능하다는 사실을 강력하게 떠올리게 하는 낱말이었다.

그 말을 들으니 스탠퍼드 대학교 교수 캐럴 드웩(Carol Dweck)이 성장의 마음가짐, 혹은 우리가 변화하고 성장할 수 있다는 믿음을 가리키는 말로 자주 쓰던 "아직 아닐 뿐(not yet)"이라는 말이 떠올랐다. 어른들도 마찬가지지만 아이들은 자신과 세상에 대해서 고정된 마음가짐을 가진 사람들보다 성장의 마음가짐을 가진 사람들이 훨씬 더 성공적이다. 그러나 작은 교육 프로그램이 전체주의 정권과 이윤만 추구하는 기업의 힘에 정말로 맞설 수 있을까?

"감방에 갇히거나 죽임을 당할 수 있다는 두려움 때문에 정부와 싸우고 불의를 부르짖는 것이 불가능한 나라들도 많습니다. 그런 나라의 젊은이들에게는 뭐라고 말씀하시나요?" 내가 물었다.

"기존 체제에 순응해 살아가야 하더라도 여전히 가치관을 지킬 수는 있다고, 매일 작은 변화를 이루고 더 나은 미래에 대한 희망을 계속 품을 수는 있다고 이야기해 줍니다."

우리가 미처 깨닫지 못하고 있더라도, 어쩌면 깨달음을 얻게 될 적절한 때가 오기를 기다린다면, 우리가 마음을 모아 함께 품는 희망과 꿈에는 희망이 있다는 것을 제인은 이야기하고 있는 것 같았다. 그렇다고 하더라도 뉴욕 출신 특유의 회의주의가 발동했다. "멋진 말씀이지만 전 세계에서 사람들이 직면하고 있는 압도적인 독재와 폭정을 생각하면 바다에 물 한 방울 떨어뜨리는 것처럼 느껴지지 않을까요?"

"하지만 수백만 개의 물방울이 실제로 바다를 이루잖아요."

나는 미소를 지었다. 희망의 완승이었다.

세 번째 이유: 젊은이들의 힘

너무도 긴 세월 우리가 부정하고 무시했던 온갖 문제들을 계속해서 생각해 보는 사이, 저녁이 다가와 해가 빠르게 지고 있었다. 기후 변화를 부인했던 사람들은 대부분 남자아이들이 여자아이들보다 뛰어나다고 가르쳤던 문화에 익숙했고, 그 사회의 비뚤어진 어른들이 일부 인종이나 집단은 다른 인종보다 우월하다는 가르침을 아이들에게 전달했다. 공포, 편견, 혐오는 용기, 평등, 사랑만큼이나 쉽게 배울 수 있다. "그렇게 완고한 편견을 충분히 빠르게 변화시키려면 어떻게 해야 할까요?" 내가 물었다.

"오, 더그, 솔직히 그건 나도 몰라요. 점점 더 많은 사람이 관심을 기울이고 있고, 그런 문제를 다루는 프로그램들이 점점 더 많아지고 있다는 게 내가 품는 희망이죠. 빈곤을 줄이고, 사회 정의를 향상시키고, 인간과 동물의 권리를 위한 싸움에 노력을 기울이고 있으니까요. 그리고 점점 더 많은 아이들이 아주 어릴 때부터 이런 문제에 참여하고 있답니다."

잠시 말을 멈추고 회상에 잠겼던 제인은 또 다른 희망적인 이야기가 떠올랐는지 곧 눈을 빛냈다.

"여섯 살 때 가장 좋아하는 음식이 치킨 너겟이라던 미국인 소녀 제네시스(Genesis)를 생각하고 있었어요." 제인이 말했다. "어느 날 제네시스는 치킨 너겟이 어디에서 생겨났는지 물었더래요. 아이 어머니는 가게에서 사 왔다고 얼렁뚱땅 넘어가려고 했죠. '그럼 가게에서 선 치킨 너겟을 어디에서 가져왔는데요?' 결국 아이 어머니가 하는 수 없이 딸에게 진실을 말해 주었는데, 제네시스는 가장 좋아하던 그 음식을 끊었을 뿐만 아니라 자기가 알아낼 수 있는 최대한의 정보를 찾아낸 뒤 현재 열세 살의 나이로 동물과 환경과 인간의 건강을 위해서 채식주의자가 되는 것의 중요성을 강조하는 강연을 하러 다니고 있어요. 아주 어린 학생들이 활동가가 되는 경우가 정말 많습니다. 대부분 적극 지지해 주는 부모님이 계시기 때문에 가장 헌신적으로 활동할 수 있게 되죠."

다시 한번 나는 우리 집 아이들을 떠올리며 부모로서 나의 행동이 세상에 대한 아이들의 시각을 어떻게 변모시켰을지 궁금했다. "우리 아이들이 장차 맞이하게 될 미래에 대해서 희망을 품고 더 잘 준비되게 하려면 부모로서 아이를 어떻게 키워야 할까요?"

"내가 침팬지에게서 얻은 배움에 따르면 우선은 생후 처음 2, 3년이 정말 중요해요." 제인이 대답했다. "60년간의 연구 결과, 든든하게 뒷받침해 주는 어미를 둔 어린 침팬지가 가장 성공적으로 자라는 경향을 보인다는 것은 명확한 사실입니다. 수컷의 경우 서열에서 더 높은 곳을 차지하며 더 자신만만한 태도로 자손도 더 많이 낳는 경향을 보였고, 암컷의 경우도 더 훌륭한 어미가 되었어요."

"그렇다면 그걸 인간 부모의 역할엔 어떻게 적용해야 할까요?" 내가 제인에게 물었다.

세 번째 이유: 젊은이들의 힘

"글쎄요, 별로 다르지 않습니다. 박사 학위 논문을 쓰면서 인간의 육아에 대해서도 어느 정도 연구를 했거든요. 생후 처음 2, 3년간 적어도 한 사람이 늘 곁에 있어 주면서 애정과 사랑을 받는 것이 우리 아이들에게도 중요하다는 사실은 아주 확실해요. 아기들은 믿을 만하고 애정 어린 보살핌이 필요합니다. 그 대상이 꼭 생물학적 어머니나 아버지일 필요도 없고 아예 가족이 아니어도 상관없어요."

"든든한 뒷받침을 해 주는 부모 역할이라고 하면, 많은 부모가 무엇이든 들어 주는 관대한 부모 역할을 의미한다고 생각합니다. 훈육은 어느 부분에서 개입되어야 하나요?"

"훈육은 중요하지만, 무언가 잘못된 행동에 대해서 사전에 다정하게 가르침을 받지 않은 경우라면 어린 아이에게 벌을 주어선 안 된다는 것이 핵심이라고 생각해요. 우유를 먹기 싫었던 두 살짜리 아들이 우유를 조금 쏟아서 손가락으로 쟁반에 그림을 그리고 놀았던 일로 어머니가 아이를 때리는 걸 목격한 적이 있어요. 아이의 그런 행동은 단순히 자신을 둘러싼 세상과 자신에 대해서 배워 나가는 과정에 불과합니다. 가혹한 체벌을 받을 만한 짓은 아니었어요. 신체적인 체벌은 잘못입니다. 침팬지 어미들은 새끼가 바람직하지 못한 행동을 하는 경우 간지럼이나 털고르기로 주의를 딴 데로 돌려요."

어미 침팬지가 새끼들에게 간지럼을 태우고 털고르기를 하는 모습을 상상하며 흐뭇했던 나는 집에서 어린 세 자녀가 난동을 부릴 때마다 분위기를 바꾸고 아이들 주의를 딴 데로 돌리려고 종종 애를 써야 했다는 사실이 떠올랐다.

"든든한 뒷받침이 없는 아이들, 가령 학대 가정에서 자라는 젊은 이들에 대해서는 우리가 무슨 일을 해 줄 수 있을까요?"

평소처럼 제인은 이야기로 대답을 대신했다.

"언젠가 소년원에서 지내고 있는 열네 살 여자아이에게 편지를 받은 적이 있습니다. '제 인생은 엉망이고 마약도 했었고 그러다 여기 들어왔는데 정말 싫어요. 그러다가 도서관에서 선생님이 쓰신 『제인 구달: 침팬지와 함께 한 나의 인생(My Life with the Chimpanzees)』이라는 책을 만났어요. 저는 한 번도 든든한 어머니가 있었던 적이 없지만, 그 책을 읽고 제인이 제 어머니가 될 수 있겠다는 생각을 했어요.'라는 내용의 편지였어요.

아이 어머니는 그 아이에게 성공할 수 있을 거라는 말을 한 번도 해 준 적이 없었어요. 그런데 우리 어머니가 어떻게 나를 뒷바라지해 주었는지 책을 읽으며 그 차이를 알게 되었고, 자기도 꿈을 좇을 수 있을 거라는 사실을 깨닫기 시작했다더군요. 나더러 자기 어머니가 되어 달라는 말은 나를 자신의 역할 모델로 삼겠다는 의미였어요. 소녀는 올바르게 행동하기 시작했고 열심히 공부해서 인생을 완전히 뒤바꿨습니다."

나는 그 어린 소녀와, 한 아이의 인생을 바꿀 만큼 강력한 힘을 지닌 책과 이야기, 역할 모델에 대해서 생각해 보았다. 인간에게 환

세 번째 이유: 젊은이들의 힘

경이 얼마나 중요한지, 그리고 인간의 본성은 우리가 반드시 생존해야 하는 세상에 맞게 변화할 만큼 충분한 적응력을 갖추고 있다고 역설했던 제인의 말에 대해서도 생각했다. 우리가 아이들을 양육하는 방식은 우리가 살아가는 더 큰 공동체에 크게 의존할 수밖에 없다. 로버트 화이트 마운틴의 아들이 열여섯 살에 자살로 생을 마감하게 된 데는 그들을 둘러쌌던 빈곤과 중독이 야기한 절망감이 크게 영향을 미쳤으리라는 것에는 의심의 여지가 없다.

오클라호마 주의 시골에서 가난하게 자라나 희망을 연구했던 챈 헬먼(Chan Hellman)이라는 사람에 대해서 나는 제인에게 이야기해 주었다. 그의 아버지는 마약상이었는데, 폭력에 노출된 가능성을 줄이겠다고 마약 거래를 할 때 챈을 데리고 다녔다. 챈이 중학교 1학년이 되었을 무렵 아이 아버지는 집을 나갔고 우울증으로 몇 번이나 병원 입퇴원을 반복했던 어머니는 집에 돌아오지 않았다. 챈은 학교에서 제공하는 급식으로 하루에 겨우 한 끼만 먹고 다녔으며, 전기가 끊긴 집에서 혼자 살고 있었다.

"어느 날 밤, 챈은 어두운 집에서 너무 깊은 좌절감과 절망에 빠져들어 부모님의 권총을 꺼내 턱밑에 총구를 댔습니다. 그 순간 과학 교사이자 농구 코치이기도 한 선생님이 그에게 해 준 말씀이 퍼뜩 떠올랐다고 해요. '넌 괜찮을 거야, 챈.' 챈은 그 말을 떠올리며 선생님이 얼마나 진심으로 자신을 아끼고 믿어 주었는지 생각했습니다. 그제야 챈은 자기 미래도 더 나아질 수 있을지 모른다는 결론을 내렸고 총을 치웠어요."

"그래서 챈이라는 사람은 어떻게 되었나요?" 제인이 물었다.

"지금은 사랑하는 아내와 가족을 둔 50대 남자가 되어 학대받거나 방치된 아동들에게 중점적으로 살피는 행복 연구가로 성공적인 경력을 쌓아 가고 있답니다. 몇 년 전에는 옛날 학창 시절 선생님을 만나 뵙기도 했어요. 선생님을 찾아가 어떻게 당신이 챈의 인생을 구원했는지 말씀드렸다고 해요. 그런데 그 선생님은 자기가 학생의 인생을 구원할 만한 말을 했던 기억이 전혀 없으시더랍니다. 챈은 그것이 미처 알지 못하고 있을 때도 우리가 하는 말이 얼마나 중요한지, 진짜 핵심은 희망이 사회적인 선물이라는 사실임을 보여 주는 증거라고 말하더군요."

제인과 대화를 나누고 개인적인 연구를 지속하며, 나는 희망이 모든 아이의 머리와 마음에 존재하는 본능적인 생존 기술이라는 사실을 깨닫기 시작했다. 그러나 그렇다고 하더라도 그런 기질은 격려와 보살핌이 필요하다. 그렇다면 제인이 직접 목격했던 것과 같은 가장 척박한 상황에서도 희망은 뿌리를 내릴 수 있을 것이다.

"부룬디에서 시작된 뿌리와 새싹 모임에 대해서 이야기를 들려주고 싶네요." 제인이 말했다. "부룬디는 르완다 바로 남쪽에 있는 나라로 그곳에서도 후투 족에 대한 대량 학살이 벌어졌습니다. 앞서 언급했던 것처럼 대량 학살극을 극복한 르완다의 경우는 위대한 희망의 원천이기는 하지만, 그것이 가능했던 건 빌 클린턴 대통령

세 번째 이유: 젊은이들의 힘

이 그곳을 방문한 이후 쏟아진 국제적인 원조 덕분이었어요."

"르완다에서 벌어진 대량 학살의 공포와, 그것을 용서하고 치유하려는 그들의 특별한 노력은 저도 기억납니다." 내가 말했다.

"하지만 부룬디는 아무것도, 전혀 한 톨의 도움도 받지 못했던 것 또한 기억합니다. 그들은 국제 사회의 외면 속에서 스스로 일을 해결하는 수밖에 없었어요. 당연히 르완다와 똑같은 방식으로 회복은 불가능했고 그러는 사이 불안과 폭력이 사회에 만연한 것도 놀라운 일은 아니죠. 그곳에서 처음 시작된 뿌리와 새싹 모임은 온 가족이 몰살당한 뒤 혼자 호수를 건너 탄자니아 키고마로 도망쳤던 콩고 젊은이 덕분이었습니다. 탄자니아에서 학교에 들어가니까 뿌리와 새싹 모임이 있었던 거죠. 몇 년 뒤 부룬디를 방문했을 때, 그는 거기서도 뿌리와 새싹 프로그램을 시작해야겠다고 결심했어요. 소년병 출신의 청년 넷과 강간 피해를 당한 여성 넷으로 결성되었습니다. 그들과 함께 테이블에 둘러앉아 그들이 겪은 일에 대한 이야기를 듣던 때가 기억납니다.

다들 좀 위축된 듯, 자세한 사연을 털어놓는 사람들은 아무도 없었지만 나는 그들의 눈에 서린 고통을 볼 수 있었습니다. 종종 내가 하는 일이기도 하지만, 그 젊은 여성들이 어떤 취급을 당했을지, 생각할 수도 없는 학대를 경험한 수많은 다른 여성들의 삶을 상상해 보았어요. 물론 어떤 이들은 결코 회복하지 못합니다. 그러나 끔찍한 고통을 겪었음에도 그곳의 젊은 부룬디 여성들은 저마다 트라우마를 극복하도록 다른 사람들을 돕고 앞으로 나아갈 길이 있다는 걸 보여 주고 싶어 했어요. 세계 어디를 가든 젊은이들에게선 인간이 지닌 불굴의 정신력을 볼 수 있죠. 이러한 사례를 쉽사리 만날 수 있다는 게 참 놀라웠습니다."

제인은 뿌리와 새싹 프로그램이 부룬디 전역으로 퍼져나갔다고 설명해 주었고, 벽난로 앞에서 우리가 함께했던 그날 저녁 이후 얼마 지나지 않아서 부룬디의 뿌리와 새싹 회원들에게서 최근에 받은 편지 뭉치를 나에게 보내 주었다. 쥐슬랭(Juslaine)이라는 한 아이의 편지에는 이런 내용이 적혀 있었다. "옛날에는 부룬디 사람들이 함께 일하는 것의 중요성을 몰랐지만, 뿌리와 새싹 부룬디 지부의 지도자들이 열어 주신 세미나 덕분에 우리도 한 가족처럼 함께 일하고 있어요." 또 다른 남학생 오스카(Oscar)의 편지는 다음과 같았다. "해마다 우리도 국제 평화의 날을 기념하고 있기 때문에 더는 곤경 속에서 살지 않아요. 이제는 우리도 이웃들과 함께 평화롭게 살고 있어요."

제인은 소년병 출신이었던 다비드 닌테레스테(David Nintereste)라는 청년의 이야기를 들려주었는데, 그는 그 지역 출신의 수많은 자원봉사자들이 타카레 같은 유형의 소규모 개인 사업을 시작할 수 있도록 격려하는 감동적인 역할을 담당했다고 한다. 그는 학교에서 뿌리와 새싹 모임을 시작할 자원자도 모집했고, 그 학생 중 대다수는 전쟁으로 황폐화된 삼림 지대에 나무를 심기로 결정했다. 에두

유엔 국제 평화의 날에 공고 민주 공화국 어린이들이 평화를 상징하는 거대한 비둘기 날리기(전 세계 뿌리와 새싹 모임에서는 낡은 침대 시트를 활용해 이런 활동을 한다.)를 하며, 나무 심기 프로젝트를 진행하고 있다. (사진 제공: JANE GOODALL INSTITUTE/FERNANDO TURMO)

아르(Eduard)라는 소년은 이렇게 말했다. "예전 우리 마을은 사막 같았는데 지금은 어디를 가든 나무가 자라고, 비도 주기적으로 내리고 있어요." 다른 아이들은 더는 산불도 나지 않고, 공기도 깨끗하며, 밀렵이 중단되면서 동물들도 숲으로 돌아왔다는 이야기를 언급했다.

"보시다시피 아이들은 모든 것이 서로 연결되어 있으며, 그들이 사는 공동체는 주변에서 살아가는 사람들뿐만 아니라 동물들과 식물, 그곳의 땅 자체란 걸 배웁니다." 제인이 말했다.

한때는 자신들도 땅을 보살피는 사람들이었으나 세월이 흐르면서 그 끈끈한 관계를 잃어버렸다고 토로했던 로버트 화이트 마운틴의 고백이 떠올랐다. 제인은 그가 대형 공동 텃밭을 시작함으로써 다시 그 연결 고리를 살리려고 노력하는 중이라고 말해 주었다. 소년원에서 제인의 책을 읽은 뒤 자신의 인생을 통째로 뒤바꾼 소녀와, 충격적인 방치에서 살아남았던 헬먼에 대한 생각이 꼬리를 물었다. 젊은이들이 미래의 문제를 당당히 맞서게 하기 위해서는 그들에게 희망을 안겨 주고 힘을 실어 주는 양육 방식이 얼마나 중요한지 새삼 생각하게 되었다. 분명 그들은 많은 것들을 물려받고 있다. 젊은이들이야말로 희망의 중요한 이유임을 납득하며, 그들에게 가장 건강하고 지속 가능한 세계를 남겨주는 것이 어른들의 책임임을 명확하게 이해할 수 있었다.

어느덧 늦은 저녁이 되었으나, 우리에겐 아직도 희망의 한 가지 이유가 더 남아 있었다. 제인은 이쯤에서 대화를 중단하고 아침에 다시 논의하자고 제안했다. 내심 나는 거기서 멈추기가 쉽지 않았다. 희망의 다음번 이유에 대한 논의를 학수고대하고 있었기 때문이다. 아무것도 남지 않았다고 생각될 때도 여전히 이유를 찾을 수가 있다니. 나는 다음 날 아침에 다시 오기로 하고, 제인의 오두막 근처에 자리 잡은 나의 숙소를 향해 어두운 밤길을 걸어갔다.

세 번째 이유: 젊은이들의 힘

네 번째 이유: 굴하지 않는 인간의 정신력

다음 날 아침 제인을 만나러 갔을 때, 제인은 오두막에서 제인 구달 연구소 총괄 의장인 파트리크 판 페인(Patrick van Veen)과 그의 아내 다니에일레(Daniëlle), 그들이 데려온 개 두 마리와 함께 밤을 지낸 다음이었다. 제인과 내가 오붓한 시간을 보낼 수 있도록 낮 동안 개를 데리고 외출을 하기로 한 파트리크와 다니에일레에게 나도 잘 다녀오라는 작별 인사를 했다. 우리는 다시 대화에 집중하고 싶은 마음에 커피가 담긴 머그잔을 들고 또 난롯가 앞에 자리를 잡고 앉았다.

내가 말문을 열었다. "어젯밤에 생각해 봤는데요, 선생님이 주장하시는 희망의 이유 중 마지막, 굴하지 않는 인간의 정신력이라 할 것에 대한 논의를 시작하기 전에 우선 '정신력(spirit)'에 대한 선생님의 정의가 무엇인지 알고 싶습니다."

제인은 잠시 생각에 잠겼다가 대답했다. "나에게 그런 질문을 한 사람은 아무도 없었어요. 각자 자라온 배경과 교육, 종교에 따라서 사람마다 아주 다른 정의를 내릴 수 있을 것 같네요. 나로선 내가 생각하는 의미만을 이야기할 수밖에 없어요. 내 경우 정신력이란 기력이랄까, 특히 자연 속에 있을 때 너무나도 강렬하게 느껴지는 위대한 영적인 힘과 연결된 것 같은 느낌에서 우러나는 내면의 힘입니다."

나는 '위대한 영적인 힘'의 느낌이 특히 곰베에 있을 때 우러나오는지 물어보았다.

제인은 고개를 끄덕였다. "예, 그렇다마다요. 언젠가 숲속에 혼자 있는데, 모든 생명체엔 영적인 힘이 내뿜는 불똥이 존재한다는 생각이 갑자기 들더군요. 무엇이든 정의를 내리는 데 열정적인 우리 인간은 자신에게서 튕기는 그 불똥에 영혼이나 정신, 또는 마음이라고 이름을 붙였겠죠. 하지만 숲의 온갖 경이로움에 안긴 채 그곳에 앉아 있으려니, 팔랑거리는 나비부터 넝쿨을 화환처럼 얹고 있는 거대한 나무들에 이르기까지 그런 불똥이 솟아나 생동감을 안겨 주는 것 같았어요.

지난번에 인간의 지능과 지성에 대한 논의를 하면서, 수많은 아메리카 원주민들을 포함해서 토착민들은 자연 속에서 창조주를 어떤 식으로든 느끼고, 동물과 꽃, 나무, 심지어 바위까지도 자기네 형제자매라고 여긴다는 이야기를 했잖아요. 나는 생명을 그런 식을 바라보는 것이 참 좋습니다."

제인의 설명에 매혹된 나는 인류가 다른 모든 존재를, 바위마저도 자신의 형제자매를 대하듯 존경과 애정을 쏟을 만한 대상으로 여긴다면 세상이 얼마나 달라질지 궁금하다고 토로했다.

"더 나은 세상이 되겠죠. 하지만 물론 얼마나 달라질지는 우리도 실제로 모르죠. 적어도 아직까진 모릅니다." 제인이 대답했다.

제인이 문장 끄트머리에 굳건하게 희망적인 '아직'을 붙이는 태도에 미소를 짓지 않을 수가 없었고, 전날 못 다한 이야기도 떠올랐다. "굴하지 않는 인간의 정신력은 무슨 뜻으로 하신 말씀이죠? 선생님에겐 그게 왜 희망을 줄까요?" 내가 물었다.

제인은 대답하기 전 몇 초간 불길을 응시했다. "우리가 불가능해 보이는 일에 달려들고 절대 포기하지 않게 만들어 주는 것이 바로 우리 안에 존재하는 그 자질이니까요. 승산이 없더라도, 다른 사람들이 비웃고 조롱하더라도, 실패의 가능성이 있더라도 불구하고 말이에요. 개인적인 문제와 신체적인 장애, 학대, 차별을 극복하려는 배짱과 결단력. 정의와 자유를 위한 싸움에서 자신이 어떤 대가를 치르더라도 목표를 추구하는 내면의 힘과 분노. 심지어는 목숨을 포기하는 극단적인 대가를 치러야 할 때도 있어요."

네 번째 이유: 굴하지 않는 인간의 정신력

"그런 정신을 구체적으로 실천한 분 중에서 선생님이 특히 좋아하시는 사례가 있을까요?"

"바로 떠오르는 분들이 몇 분 계시네요. 차별과 임금 불평등을 종식시키려고 투쟁했고, 끔찍한 역경에도 불구하고 비폭력을 설파한 마틴 루서 킹(Martin Luther King) 목사. 남아프리카 공화국의 아파르트헤이트를 끝장내려는 투쟁을 위해서 27년간 수감 생활을 했던 넬슨 만델라(Nelson Mandela). 로열 더치 셸 기업의 토양 오염에 반대하는 비폭력 시위를 벌이다 조국 정권에 처형당한 나이지리아 인 켄 사로위와(Ken Saro-Wiwa)." 로열 더치 셸의 CEO가 마음을 바꿔먹었던 사연과 함께 지구를 위험에 빠뜨렸던 너무도 많은 정유 회사와 가스 회사의 어두운 역사를 떠올리지 않을 수가 없었다.

제인의 대답이 이어졌다. "유럽의 거의 모든 국가가 패배했는데도 영국 국민을 독려해 나치 독일과 싸우도록 이끌었던 윈스턴 처칠(Winston Churchill)도 당연히 생각나고요. 비폭력 저항 운동을 이끌어 결국 영국의 식민 지배를 종식한 인도 변호사 마하트마 간디(Mahatma Gandhi), 기독교인들이라면 마음속에서 단연 떠오를 인물로는 물론 예수가 있겠네요. 저마다 삶에서 불굴의 정신력을 몸소 실천하신 이런 분들에게서 나는 정말 깊은 감명을 받았어요. 역사의 과정에 그들이 남긴 영향력은, 글쎄요, 감히 평가할 수도 없겠네요. 그런데 그분들은 그저 몇 건의 본보기에 불과하죠."

"그러니까 가망이 없어 보일 때에도 굴하지 않는 인간의 정신력이 계속 나아가도록 우리를 돕는다는 거죠? 다른 사람들에게도 감명을 주고요?"

"예, 정확해요. 그런데 수백만 명의 사람들에게 감명을 준 시대의 우상 같은 분들 말고도, 우리 같은 보통 사람들 가운데도 각자 삶에서 정말 힘겨운 사회적, 신체적 문제를 마주하는 사람들이 많습니다. 폭력을 피하느라 엄청난 위험과 고난을 견뎌낸 난민들의 경우 아무도 아는 사람이 없는 곳에서 스스로 삶을 꾸려나갑니다. 슬프게도 그들이 마침내 목적지에 당도했을 때 차별에 직면하는 경우도 정말 흔하지만, 그래도 아랑곳하지 않아요. 장애를 가졌지만 신체적 장애가 자신의 꿈에 걸림돌이 되는 걸 거부하는 사람들도 있어요. 그분들 역시 역경을 극복하는 용기와 결단력으로 주변 사람들 모두에게 크나큰 감명을 안겨 주죠."

에베레스트 산에 올라가겠다고 결심한다면

"굴하지 않는 인간의 정신력 덕분에 우리가 생존하고 번성할 수 있었다고 생각하세요? 결국 우리 인류는 유인원 중에서 신체적으로 가장 약하잖아요." 내가 물었다.

"아뇨, 우리가 성공할 수 있었던 것은 두뇌, 협업하는 능력, 적응력 덕분입니다." 제인이 말했다. "굴하지 않는 정신력은 우리를 좀 더 멀리 나아가게 해 주긴 했을 겁니다. 도저히 불가능한 일이라는 말을 듣더라도 그것을 꼭 해결하겠다는 의식적인 결정이 어떤 결과를 낳을지, 정확하게 이해할 수 있는 아주 독특한 위치에 우리가 있기 때문이에요."

"침팬지도 굴하지 않는 정신력을 갖고 있다고 믿으세요?"

제인이 쿡쿡 웃었다. "위대한 인도주의 의사 슈바이처 박사가 묘사했듯이 침팬지도 분명 살려는 의지는 갖고 있습니다. 질병과 부상, 다른 동물들도 똑같이 맞닥뜨리는 다른 여러 문제에서 회복하려고 몸부림치게 만드는 삶의 의지는 정신적으로 건강한 침팬지라면 잘 유지해 가죠. 그러나 동물들도 우리처럼 무기력함과 절망을 느껴요. 그래서 질병이나 부상, 혹은 포획된다든지 하는 충격적인 사건을 겪으면, 절망한 나머지 삶을 포기할 수도 있어요. 어떤 새끼 침팬지들은 아무리 끔찍한 상황에서도 살아남지만, 어떤 침팬지는 훨씬 덜 괴로운 상황에서도 삶을 포기하고 죽기도 합니다."

"하지만 침팬지들의 그 살려는 의지는 선생님이 인간에 국한해 표현하신 굴하지 않는 정신력과는 다른 거죠?" 내가 물었다.

"음, 인간의 경우는 목숨을 위협받는 상황을 직면했을 때 살려는 의지 이상의 것이 발휘된다고 생각해요. 물론 삶에 대한 의지는 다른 동물들과 같을 거예요. 인간의 정신력은 불가능하게 보이는 임무를 의도적으로 해결하려는 능력입니다. 성공하지 못할 가능성이 있더라도 포기하지 않는 것이고요. 심지어 그러다가 죽을 수도 있

1936년 12월 7일, 더그의 할아버지인 히폴리트 마커스 베르트하임
(Hyppolyte Marcus Wertheim)이 불가능하다고 알려진 샴쌍둥이 분리 수술을 성공적으로
마친 뒤 요크 종합 병원을 나서고 있다. 그는 의족 때문에 다리를 약간 절었다.

네 번째 이유: 굴하지 않는 인간의 정신력

다는 걸 알면서도 달려들죠."

"그러니까 굴하지 않는 그 정신력은 놀라운 인간의 지능과 상상력을 요구하겠네요, 물론 희망도요?"

"맞아요, 그리고 결단력과 회복 탄력성과 용기도 필요해요."

내 인생에도 그런 불굴의 정신력을 몸소 보여 준 아주 중요한 역할 모델이 있었다는 걸 제인에게 털어놓았다. 나의 할아버지 이야기였다. "할아버지는 어렸을 때 한쪽 다리를 잃으셨어요. 그런데도 의족을 단 채 사교춤을 추셨고, 테니스 선수로 대회에도 출전하셨어요! 신경외과 의사가 되어 불가능하다고 알려진 샴쌍둥이를 분리하는 선구적인 수술을 성공시키기도 하셨고요. 제2차 세계 대전 때에는 팔다리가 절단된 병사들에게 의족이나 의수를 달고 살아가는 방법을 보여 주며 얼마든지 온전한 삶을 살 수 있다는 걸 강조하셨답니다. 할아버지에겐 인생 모토가 있었어요. '어려운 건 힘든 일이고, 불가능한 건 좀 더 힘든 일일 뿐이다.'"

"굴하지 않는 인간의 정신력에 딱 맞는 멋진 전범이시네요. 아주 딱이에요." 제인이 말했다.

"데릭도 마찬가지죠." 고인이 된 제인의 남편을 언급하며 내가 말했다.

"맞아요, 데릭도 회복 탄력성, 배짱, 불굴의 정신력을 보여 준 또 한 사람의 놀라운 전범이에요. 데릭은 제2차 세계 대전 당시 연합군이 사막의 여우 롬멜 장군과 싸우고 있을 때 영국 공군에서 허리

데릭은 제2차 세계 대전 중 조종하던 비행기가 격추되면서 중상을 입었다. 그는 다시는 걷지 못할 것이라는 진단을 받았다. 그는 의사들이 틀렸음을 입증하겠다고 결심했고 성공을 거두었다! (사진 제공: JANE GOODALL INSTITUTE/JANE GOODALL FAMILY)

케인 전투기를 조종하다가 이집트 상공에서 격추당했어요. 비행기는 추락했지만 목숨을 건지고 구조되었는데, 독일군 총알에 맞은 척추 아래쪽의 신경계가 손상되어 다리가 부분적으로 마비되었죠.

데릭의 주치의들은 다시는 걷지 못할 거라고 말했지만, 그 사람은 의사들이 틀렸다는 걸 입증하겠다고 결심하고 절대 포기하지

네 번째 이유: 굴하지 않는 인간의 정신력

않았어요. 결국 데릭이 지팡이 하나만으로 걸을 수 있게 된 건 기적이나 다름없었어요. 한쪽 다리는 거의 완전히 마비되어서 걸음을 뗄 때마다 손으로 한쪽 다리를 밀어 줘야 했거든요. 그리고 물리치료사였던 나의 이모가 그 사람을 진찰하고선 이렇게 말씀하셨어요. '음, 해부학적으로 모든 근육과 전반적인 상황을 보면 사실 다른 한쪽 다리도 쓸 수 없는 게 맞아. 데릭은 순전히 의지력으로 걷는 거야.'"

"정말 감동적이에요." 내가 말했다. "말씀을 들으니 저의 아버지가 겪으신 사고도 떠오르네요. 아버지는 돌아가시기 딱 5년 전에 계단에서 굴러떨어지셨어요. 한 달 넘게 의식이 혼미할 정도로 머리에 아주 심각한 외상을 입으셨죠. 아버지가 아예 의식이 돌아오지 못하거나 깨어나시더라도 예전처럼 정신이 온전하진 못할 수 있다는 말을 들었어요. 드디어 아버지가 말짱한 정신을 되찾으셨을 때, 형은 아버지가 그런 충격적인 경험을 견디셔야 했다는 게 속상하다고 말했어요. 그랬더니 아버지가 대꾸하시기를, '에이, 전혀 그렇지 않아. 그건 다 내 커리큘럼의 일부거든.'라고 하시더군요."

"정말 대단한 삶의 태도네요." 제인이 말했다. "맞아요, 삶의 모든 역경은 우리가 각자 반드시 열심히 노력해서 따라가고 숙달해야 하는 커리큘럼 같은 거예요."

"그런 작은 인식의 변화로 아버지는 부정적인 경험을 좀 더 긍정적인 경험으로 재구성하고 그것에서 의미를 찾으실 수 있었습니다.

낙상 사고와 회복 과정은 고통스러웠지만, 그래도 아버지의 인생에서 마지막 5년은 심오한 정신적 성장과 함께 가족이나 친구들과도 더 풍성한 관계를 누리며 충만해졌어요. 투투 대주교께서 언젠가 고통은 우리의 마음을 상하게 할 수도 있고 고귀하게 할 수도 있는데, 우리가 고통의 의미를 파악하고 그것을 다른 이들에게 이롭도록 이용할 수 있다면 우리를 고귀하게 만들어 주는 경향이 있다는 말씀을 저에게 해 주신 적이 있어요."

"맞아요." 제인이 고개를 끄덕였다. "그리고 최근에 아드님도 심각한 사고를 당했는데 대단히 잘 극복했다면서요." 염려가 가득한 목소리로 제인이 말했다.

사실이었다. 나의 아들 제시(Jesse)는 제인과 내가 탄자니아에서 만나기 한 달 전 서핑 사고로 뇌 손상과 함께 후두 골절상을 입었다. "아들 녀석은 극단적인 통증에 시달리면서도 놀라운 회복력과 희망적인 태도를 보여 주더군요. 회복 탄력성에 대한 연구에 따르면 유머 감각이 도움이 된답니다. 실제로 제시는 치유의 일환으로 코미디 무대에서 개그를 시작했어요."

"맞아요, 유머 감각은 정말 큰 도움이 된답니다. 데릭이 들려줬던 이야기가 기억나요. 병원에서 막 퇴원해 목발을 짚을 때였대요. 누군가를 만나려고 리츠 호텔에 갔다는군요. 자리에 앉으면서 데릭은 양쪽 다리에 다 깁스를 하고 있다는 걸 까먹은 나머지……" 제인은 양쪽 다리를 앞으로 쭉 뻗고 앉은 자세를 내게 몸소 보여 주었

네 번째 이유: 굴하지 않는 인간의 정신력

다. "탁자를 발로 차 찻주전자와 찻잔, 우유, 온갖 물건들이 사방으로 날아가 버렸어요. 충격과 당혹의 순간이 잠시 흐른 뒤 데릭은 깔깔 웃기 시작했고 곧이어 테이블에 앉았던 사람들과 근엄한 표정의 웨이터와 근처 테이블에 앉았던 다른 손님들까지 함께 웃었답니다."

나는 개인적인 재난을 극복해 낸 사연을 지닌 모든 사람, 삶 자체로 타인에게 감동을 주었던 사람들, 굴하지 않는 인간의 정신력을 몸으로 보여 주었던 모든 사람을 떠올렸다. 제인에게도 내게 더 들려줄 사례가 없는지 물었다.

제인은 팔과 다리 없이 태어난 캐나다 인 크리스 코크(Chris Koch)에 대한 이야기를 해 주었다. 그의 뭉툭한 양팔은 짧은 위팔 길이였고 다리는 한쪽만 아주 짧은 밑동이 전부였다. 그는 스케이트보드를 타고 돌아다니는데, 실질적으로 그가 하지 못하는 건 아무것도 없다. 혼자서 세계 여행을 다니며, 마라톤 대회에 나가고, 트랙터를 운전하고, 사람들에게 감동을 주는 빼어난 연설가이기도 하다.

"크리스의 부모님은 다른 형제자매들이 하는 걸 크리스가 못 할 거라는 말을 절대로 하지 않았다고 해요." 제인이 설명했다. "언제나 크리스에게 무엇이든 할 수 있다고 말씀하셨답니다. '어머, 넌 그거 못 해.'라는 말은 절대 한 적이 없었던 거죠. 크리스의 눈은 지성과 삶에 대한 애정으로 늘 반짝거려요. 사람들이 의족과 의수를 마련해 주겠다고 제안한 적이 없는지 내가 크리스에게 물었더니 이렇게 대답하더군요. '예, 그런 적 있죠, 그런데 저는 다 이유가 있어서 제가 이렇게 살게 되었다고 생각해요. 그래서 있는 그대로 지내려고요.' 그러고는 잠시 침묵했다가 크리스가 눈을 반짝거리며 또 이러는 거예요. '하지만 에베레스트 산에 올라가겠다고 결심한다면 의족을 쓸지도 모르겠네요.'"

나란히 커피를 홀짝이며 이런 이야기를 주고받고 있으려니, 단지 굴하지 않는 인간의 정신력에 대한 본보기를 거론하고 그들의 희망과 용기에 대한 생각을 하는 것만으로 사기가 올라가는 느낌이 들었다.

나의 개인적인 영웅이자 불굴의 정신력의 완벽한 전범인 크리스 코크.
(사진 제공: JANE GOODALL INSTITUTE/SUSANA NAME)

　　　　　　　　네 번째 이유: 굴하지 않는 인간의 정신력

절대 굴복하지 않는 정신력

"처칠이 굴하지 않는 인간의 정신력의 전범을 보여 주었다고 좀 전에 말씀해 주셨잖아요. 제2차 세계 대전 때 선생님과 다른 사람들에게 처칠이 어떤 영향을 미쳤는지 좀 더 이야기를 들려주실 수 있을까요?" 내가 말했다.

"그야 물론이죠." 제인이 대꾸했다. "굴하지 않는 처칠의 정신력과 영국 국민에 대한 그의 신념은 영국인들에게 깊은 감명을 주었고, 히틀러에게 지지 않겠다는 용기와 결단력을 불러일으켰습니다.

나는 전쟁 통에 성장한 전반적인 경험이 현재의 내 모습을 만드는 데 도움이 되었다고 생각해요. 전쟁이 시작되었을 때 겨우 다섯 살이었지만 나도 무슨 일이 벌어지는지 알고 있었거나 감지했던 것 같아요. 분위기로 느꼈던 거죠. 모든 게 암울하고 절망적으로 보였어요. 결국 당시엔 전 유럽의 국가 대부분이 독일에 점령당하거나 항복한 이후 영국만 홀로 버티고 있었으니까요. 영국 육군은 전쟁 준비가 되어 있지 않았어요. 영국 해군도 준비가 되지 않았죠. 막강한 독일 공군에 비교하면 영국 공군은 보잘것없었어요."

히틀러가 전쟁에 이겨 영국마저 점령할 것처럼 보였던 그 끔찍한 시기의 역사를 읽었던 기억을 떠올리며, 실제로 그 순간을 겪고 살았던 장본인인 제인의 이야기를 들으니 영국 국민이 느꼈을 공포를 실감할 수 있었다.

"절망을 베어 버리듯이 영국은 절대 패배하지 않을 것이라는 신념을 토로하는 처칠의 연설이 계속 발표되면서 영국 국민에게 싸우려는 의지가 불길처럼 일어났습니다. 가장 유명한 처칠의 연설은 독일이 유럽 대부분을 침략해 굴복시킨 시기여서 연합군에게는 전황이 정말로 불리하게 보일 때 발표되었죠. 하지만 처칠은 용기를 북돋는 언어로 사람들을 감동시키면서, 우리는 끝까지 조국의 섬나라를 지켜낼 것이고, 우리는 절대 포기하지 않을 것이며, 우리는 해변에서, 들판에서, 언덕에서, 거리에서 적과 싸울 것이라고 선언했습니다. 우리는 결코 항복하지 않을 것이라고요. 이 연설이 끝나자 천둥 같은 박수가 터져 나왔는데, 갈채가 이어지는 가운데 처칠이 친구에게 하는 말을 누군가 들었다고 해요. '우리는 손에 쥔 게 깨진 맥주잔밖에 없더라도 최후까지 놈들과 싸울 겁니다, 빌어먹게도 사실 우리에겐 남은 게 그것뿐이니까요.'"

제인은 쿡쿡 웃어댔다. "처칠은 유머 감각이 대단한 분이었어요, 영국인 특유의 유머 감각이죠.

처칠은 눈앞에서 벌어지고 있는 현실을 회피하지도 않았습니다. 블리츠(Blitz)라고 불린 나치의 폭격 작전이 56일간이나 계속된 끔찍한 시기에 매일 밤 런던에 폭탄이 떨어졌지만, 처칠은 종종 지하철역에 대피해 있는 시민들을 찾아다니고, 주변 사람들의 죽음과 부상자의 비명, 폐허로 변한 집에 충격을 받은 사람들을 위로하고 격려했어요. 감동적인 연설로 최후의 최후까지 히틀러와 싸우도록

네 번째 이유: 굴하지 않는 인간의 정신력

모든 사람에게 새로운 전의를 끌어냈죠."

제인은 브리튼 전투(1940년 런던 상공에서 벌어진 영국과 독일의 공중전. — 옮긴
이)에 대한 기억을 들려주며, 캐나다, 오스트레일리아, 폴란드에서
영국 공군에 자원한 수많은 젊은이가 스핏파이어 전투기와 허리케
인 전투기를 몰고 매일같이 목숨을 걸었던 상황을 설명했다. 절대
적인 우위를 자랑하던 독일 공군과 싸우느라 너무도 많은 젊은이
가 목숨을 잃던 상황이었다. 당시는 전쟁에서 매우 결정적인 순간
이었다. 히틀러는 독일 공군이 영국 공군을 전멸시키지 않는 한 해
상권을 손에 넣지 못할 것이라는 사실을 깨달았다. 결국 그런 일은
벌어지지 않으리라는 것이 명확해졌고, 영국 공군을 전멸시키거나
영국 국민의 사기를 꺾는 것이 불가능하다는 것을 파악한 히틀러
는 공습을 중단시켰다.

"영국 공군에 대한 처칠의 유명한 연설을 떠올리면 아직도 눈물
이 납니다. 모든 것은 젊은이들의 비극적인 죽음과 영웅적인 행동
의 결과로 얻어졌으니까요. '인류 분쟁의 역사상 이토록 많은 사람
이 이토록 적은 소수의 사람들에게 이토록 큰 빚을 진 적은 없었습
니다.'

그 전쟁으로 정말 많은 사람이 죽었어요. 무장 군인들뿐만 아니
라 수천 명의 민간인이 전투에 휘말리거나 폭격으로 사망했죠. 연
합군만 피해를 입은 것도 아니고 독일 국민도 마찬가지였어요." 제
인이 말했다.

제인이 방금 전한 말의 진실을 받아들이고 사망자들을 추모하며 우리는 잠시 침묵했다. "지금 돌이켜볼 때, 당시 전쟁이 끝난 뒤 얻게 된 영원히 남을 만한 교훈은 뭐라고 생각하세요?" 내가 물었다.

"글쎄요, 결국엔 우리가 논의하고 있는 주제로 다시 돌아가야 할 것 같은데요. 인간의 능력이 무엇인지, 그리고 굴하지 않는 결단력이 어떻게 한 나라에 동기를 부여하고 감동을 선사해 불가피하다고 생각했던 패배를 결국 승리로 이끄는지 이해가 되기 시작했어요. 용기와 결단력만 있다면 불가능한 것도 가능해지니까요."

그쯤에서 나는 녹음을 중단하고 짧은 스트레칭과 함께 커피를 좀 더 마시기로 했다. 두 사람의 머그잔에 커피를 다시 따르며 지켜보니, 제인은 창문으로 들어온 햇살이 카펫 무늬를 비추고 있는 바닥을 유심히 들여다보고 있었다. "무슨 생각 하세요?" 녹음을 다시 시작하며 내가 물었다.

"재난과 위험이 어떻게 사람들을 최상의 결과를 얻어낼 수 있도록 이끄는지 생각하고 있었어요. 제2차 세계 대전은 정말 많은 영웅을 탄생시켰습니다. 전우와 자신의 부대를 구하기 위해서 목숨을 건 사람들, 용맹으로 빅토리아 무공 훈장을 받은 사람들. 그들 중 대다수는 사후에 훈장을 받았죠. 남녀 구분할 것 없이 레지스탕스 활동을 한 전사들은 가능한 모든 방식으로 나치와 싸우느라 지하로 숨어들었는데, 그들 중 상당수는 독일인이었답니다. 그러다 정체가 발각되면 고문을 받으면서도 비밀 조직의 다른 사람 이름을

네 번째 이유: 굴하지 않는 인간의 정신력

발설하지 않았죠. 손톱이 뽑혀 나간다면 나는 도저히 입을 다물고 있을 용기가 없을 거라는 걸 절실히 느끼면서, 제발 그런 시련을 겪는 일은 절대 없기를 바라며 밤에 뜬눈으로 누워 있곤 했어요. 목숨을 위태롭게 하는 일인데도 유태인들의 탈출을 돕거나 집에 숨겨 준 사람들도 있잖아요. 나치의 폭격을 견뎌내면서 서로서로 돕고 지냈던 런던 시민들의 조용한 영웅주의도 대단하고요. 주변 집들이 모두 파괴되어 가는 상황에서도 그들은 런던내기 특유의 유머 감각과 배짱을 드러냈습니다."

"그 경우도 마찬가지네요, 재난 상황은 항상 이타주의와 용맹함이 드러나는 사연으로 이어지는 것 같아요. 9·11 당시 흙먼지를 뒤집어쓰고 겁에 질린 사람들이 건물에서 빠져나오고 있는데도, 불길에 휩싸여 무너져 가는 빌딩으로 뛰어 들어가던 소방관들을 보았던 순간을 전 결코 잊지 못할 겁니다. 지진이나 허리케인이 휩쓸고 간 충격적인 현장으로 가장 먼저 달려가서 구조 작업을 펼치는 국제 구호 단체 봉사자들도 마찬가지고요. 지난 여름엔 오스트레일리아와 캘리포니아에서 연이어 발생한 대형 산불과 싸우며 불길에 갇힌 사람들과 동물들을 구조하는 분들을 목격하기도 했죠."

"맞아요, 굴하지 않는 인간의 정신력을 보여 주는 모든 영웅담과 용기, 자기 희생의 사연 들은 위험 상황에서 드러나는 경우가 흔해요. 물론 정신력은 늘 인간의 내면에 존재하지만, 아무 일도 벌어지지 않으면 겉으로 드러나지 않는 경우가 많으니까요." 제인이 말했다.

"굴하지 않는 인간의 정신력이 드러나는 경우는 인류의 역사를 통틀어 우리가 '이길 수 없는 적과 싸울 때'와 '바로잡을 수 없는 잘못을 바로잡을 때' 특히 더 두드러졌던 것 같습니다."

"그럼요, 다윗과 골리앗 이야기만 봐도 알 수 있죠." 제인이 말했다. "천안문 광장에서 손에 비닐 봉지 하나만 들고 중국군 탱크 앞에 홀로 서 있던 남자의 모습도 퍼뜩 떠오르네요. 두 경우 모두 때로는 천하무적일 것 같은 상대에 맞선 사람들이 보여 주는 불굴의 용기를 상징하는 것 같아요. 남아메리카 대륙 곳곳에서 정부와 대기업의 기득권에 맞서 싸우며 전통적으로 지켜 왔던 땅이 남벌과 채광으로 황폐화하는 것을 막으려 노력하는 토착민들이 참 많습니다. 그들은 자신의 목숨을 희생할 준비가 되어 있고 종종 죽음을 불사하기도 합니다."

"맞는 말씀입니다. 최근 정치에서는 잔인함과 이기심에서 비롯된 끔찍한 행동을 목격하기는 했지만, 폭압이나 불의, 편견에 저항하기 위해서 투옥과 구타, 고문, 죽음까지도 기꺼이 무릅쓰는 사람들은 항상 있었으니까요." 내가 말했다.

"예, 에멀린 팽크허스트(Emmeline Pankhurst)의 주도로 영국에서 여성 참정권 운동을 했던 여성들을 생각해 보세요. 여성의 투표권을 얻기 위해 싸우며 여성들은 의회 의사당 건물 난간에 스스로를 묶어 두기도 했습니다. 전 세계에서 불도저로 밀어 버리려는 숲을 지키려고 나무에 자신의 몸을 묶거나 나무 꼭대기에 올라가기도 했

네 번째 이유: 굴하지 않는 인간의 정신력

던 활동가들이 얼마나 많았는지 떠올려 보세요."

"또 하나의 감동적인 본보기는 스탠딩 록(Standing Rock)이겠죠." 2016년 수(Sioux) 족이 사는 스탠딩 록 보존 구역의 주요 상수원과 신성한 지역을 위협할 가능성이 클 것으로 보이던 다코타 송유관의 건설을 중단시켰던 저항 운동을 가리키며 내가 말했다. "경찰은 시위대에게 최루액을 분사하거나 최루탄과 고무탄을 쏘았고, 심지어는 혹한에 얼음장 같은 물을 뿌리기도 했지만 시위는 계속되었어요. 지금 그 사건을 돌이켜보니, 경찰과 대치하면서 스탠딩 록의 젊은이들이 지도자로 부상했던 것 같습니다."

"오, 더그, 세상에 알려지지 않은 영웅들은 정말 많아요." 제인이 말했다. "불굴의 정신력을 보여 준 수많은 감동적인 사례와, 절대 포기하거나 항복하지 않은 기백을 보여 준 사람들의 이야기 가운데 아직도 우리가 들어 적도 없는 게 수없이 많을 겁니다. 양심적 병역 거부자로서 조국을 위해 싸우는 것을 거부했다는 조롱을 감수하면서도 매일같이 구급차를 운전하며 부상자들을 구하느라 목숨을 걸고 전쟁터 한복판으로 들어가는 사람들도 있어요. 폭압적인 독재 정권의 부패와 잔혹성에 대한 진실을 알리고자 자유를 저당 잡히고 목숨을 거는 기자들도 있고요. 강력한 대기업의 닫힌 문 뒤에서 벌어지는 혐오스러운 진실을 폭로하겠다고 결심하는 공익 제보자들과, 공장식 동물 농장 내부에서 벌어지는 참상을 비밀리에 녹화하거나 거리에서 자행되는 잔혹한 폭력들을 포착하는 용감한 사람들도 있습니다.

특히 나는 동물원 부지를 둘러싼 해자에 빠진 침팬지 조조(Jo-Jo)를 구출하려고 목숨을 걸었던 릭 스워프(Rick Swope)의 이야기를 참 좋아합니다. 조조는 오랜 세월 홀로 살아가던 다 자란 수컷이었는데, 다수의 무리와 접촉하게 되었어요. 서열이 높은 수컷 중 하나가 자기 지배력을 확인하느라 조조를 공격했고, 조조는 겁에 질린 나머지 동물원 주변에 파놓은 해자의 깊은 물에 침팬지들이 빠지는 걸 막기 위해 세워놓은 울타리를 넘어 달아났죠.

더그도 아마 알고 있겠지만 침팬지들은 수영을 하지 못합니다. 조조는 물속으로 사라졌다가 숨을 쉬려고 떠올랐지만 이내 다시 사라졌어요. 사육사를 비롯해서 몇몇 사람들이 지켜보고 있었지만 당시 물에 뛰어든 사람은 오로지 릭뿐이었어요. 아내와 세 아이들이 겁에 질려 지켜보고 있는 가운데 말이죠! 릭은 덩치가 큰 수컷 침팬지를 가까스로 붙잡아 어떻게든 울타리 너머 해자 위로 올려보냈어요. 그 무렵 거구의 수컷 침팬지 3마리가 털을 바짝 세운 채 달려오고 있는 걸 본 릭은 울타리 너머로 되돌아갔어요. 조조는 살아 있었지만 힘이 빠져서 다시 물 쪽으로 미끄러져 내리기 시작했거든요. 방문객이 찍은 동영상을 보면 릭이 동작을 멈추는 게 보입니다. 그는 어서 해자에서 빠져나오라고 고함을 치는 아내와 아이들, 사육사를 쳐다봐요. 그러고는 조조가 물속으로 다시 모습을 감추는 모습을 쳐다보죠. 릭은 돌아가서 다시 조조를 밀어 올려 침팬지가 풀을 잡고 스스로 땅에 기어오를 때까지 옆을 지켜 줍니다. 다행히도 수컷 침팬지 3마리는 그냥 지켜보기만 했어요.

나중에 인터뷰에서 릭은 이런 질문을 받았어요. '위험한 상황이란 걸 본인도 분명 아셨을 텐데, 왜 그런 행동을 하셨습니까?' 릭은 이렇게 대답했죠. '글쎄요, 어쩌다가 침팬지의 눈과 마주쳤는데, 마치 인간의 눈을 들여다보는 것 같더군요.' "아무도 나를 도와주지 않을 건가요?"라는 말을 전하는 것 같았습니다.'라고요. 상처 입고 억압받는 사람들의 눈에 떠오른 그런 표정은 사람들의 이타심에 호소해서 엄청난 영웅적인 행동을 끌어냅니다."

"정말 놀라운 이야기입니다. 릭의 행동은 우리 인간의 도덕적 규범이 동족을 돕는 것뿐만 아니라 더 멀리 뻗어나간다는 것을 확실히 입증해 주고 있네요, 조조가 은혜를 보답할 거라고 기대했을 리도 없는데 말이죠! 이 이야기는 우리 사회를 변화시키는 데 필요한 삶에 대한 용기와 존중을 너무도 잘 드러낸다고 생각합니다. 이런 종류의 존중과 용기가 인간 사회에 만연한 수많은 문제를 극복하는 데 도움이 될 수 있을 거라고 생각하십니까?"

"확실하게 도움이 될 거라고 믿어 의심치 않습니다." 제인이 대답했다. "물론 한 가지 문제는 있어요. 세뇌를 당한 사람들도 그와 똑같은 용기와 이타심을 보일 수 있다는 점입니다. 무고한 사람들을 폭사시키는 행동에 대한 보상으로 천국에 갈 거라고 믿는 자살 폭탄 테러범들을 생각해 보세요. 사실 영웅적인 행동은 어떤 문제의 양극단에 속하는 사람들 모두가 실천해 왔습니다. 사람들이 성장하는 문화적, 종교적 환경의 중요성을 가리키는 문제라고 봅니다."

"하지만 우리가 오늘날 직면하고 있는 암울한 환경 문제를 감안할 때, 기후 변화와 생명 다양성 손실을 해결하는 데 우리가 모두 힘을 모아 그와 똑같은 에너지와 결단력을 발휘할 수 있다고 생각하세요?"

제인은 내 질문에 곧바로 대답하지 않았다. 생각을 정리하고 있는 게 여실해 보였다. "우리가 해낼 수 있으리라는 것에 대해선 의심의 여지가 없어요. 문제는 우리가 마주하고 있는 위험의 규모를 깨닫고 있는 사람들이 충분하지 않다는 겁니다. 우리가 사는 세계를

조조가 동물원 해자에 빠진 뒤 릭 스워프가 침팬지를 구출하는 장면.
유튜브 동영상에서 갈무리한 이미지이다.

네 번째 이유: 굴하지 않는 인간의 정신력

완전히 파괴하려고 위협하는 수준의 위험인데도요. 참으로 오랜 세월 현장에서 그 위험과 싸워 온 사람들이 전하는 절박한 경고에 사람들이 귀를 기울이게 하려면 어떻게 해야 할까요? 사람들이 행동하도록 이끌려면 어떻게 해야 할까요?"

제인은 깊이 염려하는 표정이었다.

"내가 전 세계를 돌아다니는 이유도 그 때문입니다. 사람들을 일깨워서 위험을 알리고, 동시에 우리가 저지른 해악을 치유하려는 행동을 시작할 수만 있다면 시간의 창문이 열려 있다는 걸 모든 이에게 이해시키기 위해서예요. 자연의 회복 탄력성에 기대어 인간의 두뇌를 활용하도록. 우선 사람들이 처해 있는 다급한 진짜 위험을 설명해 모두의 행동을 촉구하고, 그런 다음엔 아직 시간의 창문이 열려 있음을 강조해 우리가 성공할 수 있다는 희망의 진짜 이유를 알려야 합니다."

"선생님과 자연의 회복 탄력성에 대한 이야기를 많이 나누었는데요, 굴하지 않는 인간의 정신력도 회복 탄력성과 연관이 있는지 호기심이 이는군요."

"글쎄요, 물론 결국 모든 것들은 서로 연결되어 있습니다. 이제껏 이야기했듯이 불굴의 정신력이 지닌 용기는 종종 재난의 순간에 드러나지만, 모두에게 나타나는 것은 아니에요. 어떤 사람들은 주저앉습니다. 그러므로 불굴의 정신력은 회복 탄력성과도 연관이 있고 우리가 낙천적인 사람인지, 비관적인 사람인지에 달린 것 같아요."

굴하지 않는 인간의 정신력을 다음 세대에 물려주려면

겨울 태양이 계속해서 오두막을 비추었다. 제인이 회복 탄력성과 굴하지 않는 인간의 정신력의 상관 관계에 대해서 생각해 보는 동안, 나는 아이들의 경우 나중에 어른으로 성장해 피할 수 없는 삶의 문제와 직면했을 때 더 잘 대처해 나갈 수 있도록 좀 더 불굴의 태도를 지니도록 가르칠 수 있을지, 혹은 최소한 그렇게 되도록 도움을 줄 수 있을지 궁금해졌다. 팔다리 없이 태어난 크리스 코크의 부모님은 그런 가르침을 훌륭히 해냈다. 그들은 아들에게 성공을 거둘 수 있는 자신감과 정신력을 안겨 주었다. 나는 크리스의 경우를 제인에게 언급했다.

"그럼요, 자신감은 회복 탄력성의 일부고 양육 방법은 정말 중요한 역할을 한다고 믿습니다. 신체적인 장애를 극복한 다른 아이들을 떠올려 보더라도, 그들은 거의 언제나 한쪽 부모나 양쪽 부모, 혹은 '그 아이들 곁에 있어 주는' 다른 어른들의 든든한 뒷받침을 받았어요." 제인이 말했다.

"크리스와 데릭처럼, 혹은 저희 아버지나 제 아들처럼 신체적인 역경을 겪는 사람들 중에서 일부는 심리적인 상처가 남긴 트라우마에 시달리기도 하잖아요. 전쟁이나 어린 시절에 받은 학대, 가정 폭력이 낳은 트라우마와 싸워 극복한 사람들도 있고요."

"지금 언급되는 모든 사례에는 신체적, 심리적 트라우마를 모두

네 번째 이유: 굴하지 않는 인간의 정신력

극복할 정도로 회복력이 좋은 사람들이 있었을 겁니다. 반면에 그런 회복 탄력성을 갖추지 못한 다른 사람들도 있어요. 그 이유가 뭔지는 명확하지 않아요. 아마도 유전적으로 비관주의 성향을 띠기 쉬운 사람들은 회복 탄력성과 희망적인 태도를 기르기에 충분한 애정을 받지 못했을 수도 있겠죠."

희망에 대한 연구와 인간의 회복 탄력성에 대한 연구가 흥미롭게도 유사성을 띤다는 데는 나도 제인과 의견이 같았다. 심리적인 회복 탄력성은 위기에 대처하고 침착성을 유지해 장기적으로 부정적인 영향력 없이 그 사건을 떨치고 앞으로 나아가는 능력이다. 자연재해나 인간이 만들어 낸 재해 이후 스스로 회복하는 생태계처럼, 회복력이 좋은 사람들은 트라우마의 심각성에 따라 시간이 좀 걸리더라도 결국엔 회복 가능하다.

"전반적으로 회복 탄력성이 좋은 사람은 역경의 결과로 더 강하게 되살아나거나 혹은 더 앞으로 나아갈 수가 있습니다. 그런 사람들이 좀 더 희망적이고 문제를 기회로 바라볼 가능성도 있죠." 내가 말했다.

"어떤 사람들은 정말 놀라운 방식으로 난관에 대처하기도 하는데 다른 사람들은 포기하고 좌절감과 우울함에 빠져 스스로 목숨을 끊거나 목숨을 끊을 방법을 찾기도 하는 걸 보면 정말 슬픕니다. 특히 그런 사람들에게 도움을 줄 가족이나 친구가 없는 경우엔 더욱더 안타깝고요." 제인이 말했다.

"약간 예외는 있겠지만 전반적으로 볼 때 아이들에게 회복 탄력성을 키워 주는 문제의 경우, 지속적인 보살핌과 안전한 환경, 애정이 정말 중요하다는 데 모두가 동감한다고 생각해요. 지켜봐 오신 경험을 토대로 침팬지의 경우도 마찬가지라고 생각하시나요?"

"그럼요." 제인이 대답했다. "새끼 때 어미에게서 강제로 떨어져 학대를 당한 침팬지들을 우린 잘 알고 있어요. 어떤 경우엔 재롱을 부리도록 가혹한 체벌을 참으며 훈련을 받기도 했고, 의학 연구실의 황량한 우리에 갇혀 지낸 경우도 있는데, 그런 침팬지들은 구조된 이후에도 결코 제대로 회복하지 못하고 평범한 침팬지 무리 속에서 자리를 잡지도 못합니다. 외상 후 스트레스 장애가 얼마나 심각한지를 보여 주는 사례라고 생각해요. 멍하니 먼 곳을 응시하다가 병적으로 흥분해서 끊임없이 비명을 질러대던 암컷 침팬지가 있었어요. 새끼 때 어미와 분리되어 사랑을 빼앗긴 채 연구실에서 자란 아이였죠. 반면에 야생에서 살다가 어미가 총에 맞아 죽은 트라우마를 겪은 새끼 침팬지들은 우리 보호 구역에 들어와 즉각적인 사랑과 애정을 받으면 대개는 상당히 빠르게 회복합니다."

굴하지 않는 인간의 정신력이 우리의 치유를 돕는 방법

"그런 회복 탄력성이 보편적일 수 있다는 걸 알게 되어 참 흐뭇합니다." 내가 말했다. "어제 들려주신 사례의 경우도 엄청 감동적이었어요. 끔찍한 학대를 겪은 사람들이 때로는 트라우마를 극복하고 나중에 아직도 고통을 겪고 있는 다른 사람들을 돕는 데 헌신할 수도 있다는 점이요."

"맞아요." 제인이 말했다. "부룬디에서 포로로 잡혀 강간당한 젊은 여성들과 억지로 소년병이 된 청년들 사연 말이로군요. 상담을 통해서 그들은 자신들이 겪은 일을 마주할 수 있었고, 각자의 삶을 보듬어 앞으로 나아갈 힘을 찾고, 그런 다음엔 자신들의 경험을 활용해 어려움을 겪고 있는 사람들이 각자 절망이나 분노에서 벗어날 방법을 찾도록 돕고 싶다는 결정을 내렸어요. 물론 다른 사람들을 돕기 위해 무언가 행동을 하는 경우엔 자기 자신의 치유에도 도움이 된답니다."

제인은 역경을 헤쳐 나가려고 노력하는 사람들로부터 '근사한 편지'를 많이 받는다고 말했다. 생명을 위협하거나 불치병을 앓고 있는 아이를 둔 부모님도 있고, 어렸을 때 받은 학대로 여전히 충격에서 벗어나려고 노력하고 있는 사람들도 있고, 환경 파괴 때문에 희망을 잃은 사람들도 종종 있다고 했다. 제인은 종종 신체적, 정신적 문제를 겪는 사람들과 통화를 하거나 편지를 쓴다고 말했다.

"그런 분들이 선생님께 바라는 것은 뭔가요?" 내가 물었다.

"그런 사람들은 도움과 응원을 바랍니다." 제인이 대답했다. "그건 정말 엄청난 책임이고, 솔직히 때로는 나도 기진맥진합니다. 하지만 동시에 그건 특권이에요. 사람들이 나에게 털어놓고 나면 정말로 도움이 된다고 이야기하는 경우가 많거든요. 내 목소리만 들어도 차분해지고 마음의 평화를 얻는다고도 해요. 이유는 모르겠지만 그렇다면 나에게 주어진 선물로 여기게 되었어요. 그래서 난 이 선물을 써먹어야 한다는 강박을 느낍니다. 이 선물 덕분에 나는 사람들에게 닥친 고난과 트라우마의 종류를 제대로 이해하고, 그들이 결단력과 용기로 자신에게 벌어진 일을 해결해 가는 방식에 대해서 진심으로 감탄하게 되었어요. 다시 굴하지 않는 인간의 정신력 이야기가 되었네요!"

제인은 실종자 행방을 찾는 데 도움될 정보를 부탁하는 경찰 전단지를 동봉해 편지를 보냈던 어떤 젊은 여성 이야기를 들려주었다.

"편의상 그 사람을 앤이라고 부를게요." 제인이 말했다. "실종자는 앤이 사랑하는 언니였는데, 10대 시절 심각한 폭풍이 닥친 날 주유소에서 어느 남자와 함께 차에 탄 것이 마지막으로 목격된 상황이었어요. 32년 전에 일어난 일이었죠."

제인은 앤이 언니를 우상처럼 여겼고, 어려움이 많았던 어린 시절 드물게 앤에게 안정적인 영향력을 미친 인물이었다고 설명했다.

"직접 만나보았을 때 앤은 약간 횡설수설했지만, 나에게 건네준 편지는 논리 정연했어요. 나중에 읽어 본 편지에서 앤은 혹시 언니 실종 사건의 수사를 재개해 달라는 청원에 서명해 줄 수 있는지 묻고 있었죠. 글씨가 어찌나 작은지 돋보기를 꺼야 겨우 보일 정도였

네 번째 이유: 굴하지 않는 인간의 정신력

어요. 나는 앤에게 답장을 보냈는데, 나중에 들으니 비슷한 편지를 40명 정도에게 보냈다고 하더군요. '하지만 제게 답장을 보내 주신 분은 선생님이 유일하세요.'라고 앤이 말했어요."

편지를 주고받기 시작하다 결국 제인은 전화 번호를 알려주었다.

"앤은 연속해서 서너 번씩 나에게 전화를 걸어왔는데, 대화의 시작은 늘 울음으로 시작되었어요. 매번 앤의 목소리는 사뭇 달랐습니다. 기이한 정신 장애 관련 책을 많이 읽은 뒤 나는 앤이 다중 인격 장애로 발전했다는 걸 깨달았어요. 극단적인 트라우마를 대처하는 하나의 방식이라고 하더군요."

제인은 앤이 경험한 끔찍한 트라우마에 대해서 계속해서 설명했다. 앤이 두 살 때 베트남 전쟁에서 돌아온 아버지는 아내를 신체적으로 학대하기 시작했고, 어머니는 우울증이 극심해져 입원 치료를 받아야 했다. 그러자 앤과 언니는 재혼한 아버지와 함께 살게 되었다. 그 뒤 10여 년간 대단히 참혹하게도 앤은 아버지에게 성적인 학대를 받았고 친부와 새어머니 모두에게 신체적인 학대를 당했다. 어떤 이유인지 몰라도 언니는 그런 취급을 피할 수 있었다. 마침내 앤의 친모가 퇴원하자, 열두 살이 된 앤과 언니를 데려가 가정을 꾸렸다. 그러다 앤이 정상적인 가족의 삶을 맛본 직후에 하필, 추수 감사절을 즐기러 집으로 돌아오던 길에 언니가 실종되는 끔찍한 사건이 벌어진 것이다. 앤이 그토록 끔찍한 상황에 놓인 것도 당연했다.

"상당히 믿어지지 않는 일이었어요." 제인이 말했다. "앤은 22가지 인물의 정체성을 갖고 있었습니다. 나를 신뢰하게 된 앤은 실제로 어린 아이부터 성인에 이르기까지 다양한 인물의 가족 계보도 3개를 적어 보내기도 했어요. 그러고는 앞서 말했듯이, 나에게 몹시 자주 전화를 걸었고 그때마다 각기 다른 목소리로 이야기를 했습니다. 때로는 전화를 끊었다가 전혀 다른 목소리로 다시 전화를 걸기도 했는데, 어린 꼬마 목소리인 적도 있어요. 그럼 나는 이렇게 묻곤 했죠. '이번엔 누구예요, 앤?' 마침내 나는 앤을 다독여 어린 시절 겪었던 끔찍한 학대에 대해서 소상히 적어 보라고 했어요."

이후 전문적인 자격이 없는 상태에서 환자에게 조언했다는 사실을 염려한 제인은 정신 장애 분야에서 저명한 전문가인 신경학자 올리버 색스(Oliver Sacks) 박사에게 편지를 보냈다.

"나는 색스 박사에게 앤의 기묘한 사례를 설명하고 끔찍한 경험을 글로 적어 보라고 권했다고 털어놓았죠. '하지만 내가 옳은 일을 한 건지 모르겠네요.' 그러자 색스 박사가 말했어요. '훌륭합니다. 제 모든 환자들에게도 공책을 하나 장만해서 문득문득 떠오르는 나쁜 일들을 전부 다 적어 보라고 권하거든요. 용감하게 그 일과 맞서라고요.' 색스 박사는 그렇게 많은 수의 다중 인격을 지닌 사람은 결코 들어본 적이 없다고 하더군요."

앤은 제인이 제안한 대로 실천했다. "그리고 이제는 앤의 편지를 읽는 데 돋보기가 필요 없어졌어요. 지금은 항상 전화에 매달리지도 않는답니다. 앤은 어머니와 함께 살면서 가정 형편이 좋지 못한 아이들을 위한 학교에서 일을 하고 있어요. 아이들은 앤을 무척 좋아합니다. 앤은 고양이 2마리를 키우며 그들에게 엄청 위안을 받는다고 해요. 언니의 실종 사건도 수사가 재개되도록 이끌었고, 사랑하는 사람의 실종으로 겪는 고통을 잘 아는 사람들을 대변해 대중 앞에 모습을 드러낼 정도로 마음도 다잡았습니다."

나는 과거의 트라우마를 치유하고 있는 그 젊은 여성의 사연과, 쉴 새 없이 전 세계를 돌아다니면서도 시간을 내 앤을 도운 제인의 열정에 깊은 감동과 영감을 받았다.

자신을 마더 테레사(Mother Teresa)로 여기는 나의 생각을 뿌리치려는 듯 제인이 말했다. "단지 앤을 돕고 싶다는 생각 때문만은 아니었어요. 앤의 사연에 완전히 매혹되기도 했기 때문이죠. 나는 정신 작용과 그 문제에 늘 사로잡히는 편이거든요."

"선생님 내면에 자리한 자연주의자의 면모 때문인 것 같네요. 앤과 함께 일하면서 배우신 건 무엇인가요?"

"음, 앤은 굴하지 않는 인간의 정신력이 가장 극심한 학대와 고통과도 싸워 다시 온전한 사람으로 탈바꿈시킬 수 있다는 사실을 보여 주는 멋진 본보기입니다."

제인은 희망이 생존을 위한 기질이라고 말했고, 이제는 나도 그 이유를 이해하기 시작하는 중이었다. 제인은 어떻게든 앤에게 희망을 줄 수 있었고 그 행동은 앤을 회복의 길 위로 올려놓았다. 역경을 마주했을 때, 그것을 극복하도록 우리에게 불굴의 정신력을 불러일으키는 확신을 안겨 주는 것은 바로 희망이다.

희망에 대해서 우리가 맨 처음 나눴던 대화로 되돌아가고 있는 것 같았다. 회복 탄력성은 우리 인생에서 변화를 만들 수 있다고 여기는 믿음과 얼마나 연결되어 있는지, 정말로 희망이 어떻게 우리 스스로 치유하게 만들 뿐만 아니라 세상을 더 나은 곳으로 만드는 의지를 주는지.

친구답게 스스럼없이 한동안 침묵하다 갑자기 제인이 입을 열었다. "이 모든 과정 중에서 가장 중요한 것은 서로 뒷받침이 되는 네트워크를 형성하는 것이라고 생각해요. 동물들을 포함해서 말이죠. 앤의 고양이를 기억하세요."

우리에겐 서로가 필요하다

"예, 그건 확실히 맞는 말씀입니다." 내가 말했다. "회복 탄력성에 대한 연구를 해 보니 역경의 시기엔 사회적인 지지가 중요하다는 게 드러나더군요. 사람들이 우울과 절망을 극복하고 다시 희망을 찾도록 주변에서 돕는 것이 얼마나 중요한지 모릅니다."

"그 말을 들으니 아주 좋은 사례가 떠올랐어요." 제인이 미소를 지으며 말했다. 나는 이어지는 이야기 시간을 즐기려고 기대앉았다.

"중국을 방문했을 때 들은 이야기예요. 비범한 두 남성에 대한 사

네 번째 이유: 굴하지 않는 인간의 정신력

연인데, 잠깐만요, 그분들 이름을 찾아봐야겠네요."

제인은 노트북 컴퓨터를 켰다. "여기 있네요. 자하이샤(賈海霞)와 자원치(賈文其)예요." 제인은 나를 위해서 두 사람의 이름 철자를 불러 준 뒤 노트북 컴퓨터를 덮고 본인이 사랑해 마지않는 게 분명한 이야기를 시작했다.

"두 형제는 중국 시골의 작은 마을에 살았는데, 자하이샤는 백내장으로 태어날 때부터 한쪽 눈이 보이지 않았고 공장 사고로 다른 한쪽 눈도 시력을 잃고 말았어요. 자원치는 겨우 세 살 때 땅에 떨어진 고압선을 만진 탓에 양팔을 잃었죠. 시력을 완전히 잃은 자하이샤가 심한 우울증에 시달리자 자원치는 자하이샤의 인생에 목적 의식을 심어 주려면 무언가 할 일을 찾아야 한다는 사실을 깨달았어요. 두 사람이 30대 중반쯤 되었을 시점이었습니다.

자원치가 계획을 생각해 내는 데 얼마나 시간이 걸렸는지는 모르겠지만, 아무튼 갑자기 그는 해답을 찾았습니다. 어렸을 때에 비해서 마을 주변 땅이 점점 황폐해져 가고 있다는 이야기를 두 사람이 종종 나누었거든요. 채석 산업으로 강이 오염되고, 물고기와 다른 수서 생물이 죽어 나가고, 공장 배기 가스가 공기를 오염시켰어요.

자원치가 자하이샤에게 둘이 함께 나무를 심어야 한다고 말하는 장면을 나로선 상상만 할 수 있을 뿐이에요. 보나 마나 맨 처음 이야기를 들은 자하이샤는 믿지 못했을 거예요. 우리가 어떻게 그 일을 해? 돈도 없었던 데다 자하이샤는 앞을 못 보고 자원치는 팔

중국 시골에서 전해진 이야기. 앞을 못 보는 남자와 팔이 없는 남자, 자하이샤와 자원치는 마을 주변의 황폐하고 오염된 땅을 치유하는 걸 돕기 위해 1만 그루 이상의 나무를 함께 심었다. 굴하지 않는 인간의 정신력에 대한 좋은 사례일 것이다.

(사진 제공: XINHUA NEWS AGENCY REPORTER, CHINA GLOBAL PHOTO COLLECTION)

이 없었으니까요. 자원치에겐 답이 있었습니다. 자기가 하이샤의 눈이 되어 줄 테니, 자하이샤는 자신의 팔이 되어 달라고요.

그들은 씨앗이나 묘목을 살 여유가 없었기 때문에 나무에서 잘 라낸 가지를 삽목해 번식시키는 방법을 택했어요. 자원치가 나무 에서 어떤 가지를 자르면 될지 가르쳐 주면 자하이샤는 그곳을 잘 랐습니다. 그러고서 자하이샤가 자원치의 텅빈 소매를 붙잡는 식 으로 두 사람은 사방을 돌아다녔어요. 처음엔 모든 게 잘되지 않았 다고 해요. 첫해에 약 800개의 나뭇가지를 삽목한 뒤 흥분했던 그들이 다음 해 봄에 겨우 나무 2그루만 살아남았을 때 어떤 기분이었을지 상상해 봐요. 땅이 너무 건조했던 거죠. 그 무렵 자하이샤는 포기하고 싶어 했지만 자원치는 그건 선택지에 없다고 말했어요. 나무에 물을 댈 방법을 찾으면 된다고요.

두 사람이 어떻게 그걸 해냈는지는 모르지만 아무튼 그들은 해냈습니다. 두 사람은 더 많은 나뭇가지를 잘라 옮겨 심었고, 이번엔 대부분 살아남았어요."

제인은 두 사람이 함께 심은 나무가 이젠 1만 그루를 넘긴다고 말했다. 처음엔 다른 마을 주민들 모두 회의적이었지만 지금은 그들도 아주 특별한 나무를 돌보는 걸 돕고 있다고 한다.

"두 사람에 관한 다큐멘터리가 제작되었는데, 거기서 자원치가 둘이 신체적으로 힘을 모으고 영혼도 하나가 되어 일을 하면 무엇이든 성취할 수 있다고 말하던 게 기억나네요. 그리고 이런 말도 했어요, 잠깐만요." 제인은 다시 노트북 컴퓨터를 열었다. "예, 여기 있네요. '우리는 신체적으로 한계가 있지만 정신은 한계가 없다. 그러므로 우리 이후의 다음 세대와 다른 모든 사람도 두 장애인이 개인적으로 무엇을 성취했는지 보라. 우리가 세상을 떠난 뒤에도 사람들은 앞을 못 보는 남자와 팔이 없는 남자가 숲을 남겼다는 걸 알게 될 것이다.' 이 이야기는 우애와 우정이 절망적인 상황에서도 희망을 선사할 수 있음을 보여 주는 멋진 본보기입니다. 굴하지 않는 인간의 정신력이 이룰 수 있는 놀라운 결과의 훌륭한 사례이기도

하고요." 제인이 말했다.

"그러니까 결단력을 갖추고서 나아가야 할 길이 어딘지 아는 한 사람이 다른 이들에게 감동을 주면, 결국 사람들이 함께 문제를 풀어 나가게 된다는 말씀인가요?"

"맞아요." 제인이 대답했다. "그리고 정말로 중요한 또 한 가지 사실은 개개인으로서도 중요한 존재라는 걸 사람들이 깨닫도록 도와야 한다는 것입니다. 사람들 각자가 맡은 역할이 있다는 걸요. 그들 모두 이유가 있어서 태어난 사람들이라는 것도요."

"희망과 행복에 있어서는 목적 의식이 정말 중요한 것 같네요?" 내가 물었다.

"그럼요." 제인이 대답했다. "목적이 없다면 인생은 공허하게 하루 또 하루 이어져 한 달 두 달 흘러가고 무심하게 해가 바뀌며 세월만 보낼 따름입니다."

"희망을 잃은 사람들이 바로 그렇게 살아가죠." 나도 맞장구를 쳤다.

"그런데 때로는 정말 감동적인 이야기 하나로 의미 없게 흘려보내는 것 같은 삶에서 사람들을 일깨우는 것이 가능하기도 해요. 사람들의 심금을 울려서 정신이 퍼뜩 들게 하는 이야기가 있거든요." 제인이 말했다.

"그런 예를 들어 주시겠어요?"

"내가 정말 좋아하는 이야기는 허구이긴 하지만 지금 언급하기에 아주 적당한 것 같네요. 바로 『반지의 제왕(The Lord of the Rings)』입니다."

네 번째 이유: 굴하지 않는 인간의 정신력

"희망을 잃은 사람들에게 그 작품이 그토록 적당한 이야기인 이유는 뭘까요?" 내가 물었다.

"작품 속에서 주인공들이 맞선 힘이 진정 불가항력으로 보이기 때문입니다. 모르도르, 오르크, 검은 기사의 힘도 그렇고 거대한 날짐승도 대단하잖아요. 그런데도 작은 두 호빗 족인 샘 와이즈와 프로도는 자력으로 위험의 한가운데까지 걸어 들어가죠."

"굴하지 않는 호빗 족의 정신력을 보여 주는 사례겠네요?"

제인은 웃음을 터뜨렸다. "나는 그 작품이 앞으로 우리가 어떻게 생존할 것이며 기후 위기와 생명 다양성의 상실, 빈곤, 인종주의, 온갖 차별, 탐욕, 부패를 어떻게 되돌려야 하는지 청사진을 제공한다고 생각해요. 모르도르의 암흑의 군주와 검은 기사는 우리가 맞서 싸워야 하는 모든 사악함을 상징하겠죠. 반지 원정대는 옳은 일을 위해 싸우는 모든 사람을 포함합니다. 우리도 전 세계에서 원정대를 키우려고 열심히 노력해야 해요."

제인은 오늘날 우리 환경이 파괴된 것과 똑같이 소설 속 세계에서도 가운데 땅이 파괴적인 산업으로 오염되어 있었음을 지적했다. 또한 제인은 갈라드리엘이 샘에게 자신의 과수원 흙이 담긴 작은 상자를 주었던 사실도 상기시켰다.

"암흑의 군주가 마침내 패배한 뒤 샘이 황폐한 대지를 돌아보며 그 선물을 어떻게 활용했는지 기억나요? 샘은 온 나라를 돌아다니며 흙을 조금씩 집어서 뿌리기 시작하고, 사방에서 자연은 되살아

납니다. 음, 그 흙은 사람들이 현재 지구라는 행성에서 서식지를 회복시키려고 노력 중인 모든 프로젝트를 가리키지 않을까요."

세계 곳곳에서 우리가 저지른 해악을 되돌리기 위해 사람들이 각자 역할에 충실하며 종종 작고 소박한 방식으로 실천하고 있는 모든 노력을 상상하며, 나는 제인의 비유가 위안이 되면서 동시에 감동을 불러일으킨다고 생각했다. 벽난로 불길은 낮게 타고 있었지만 저무는 햇빛을 받은 실내와 제인의 얼굴은 여전히 밝게 빛났다. 적어도 오늘 방문에서는 대화를 마무리하기에 어울리는 이미지였다.

내가 제인과 함께 탐색하고 싶은 희망에 관한 대화 주제는 아직 한 가지 더 남아 있었는데, 내가 오래 관심을 가져 온 부분이었다. 나는 글로벌 아이콘이 된 제인의 여정에 대해서 알고 싶었다. 어쩌다가 제인은 세계적인 희망의 메신저가 되었을까?

그러나 제인의 개인적인 인생 여정에 대한 마지막 대화는 다음 만남까지 기다려야 했다. 우리는 몇 달 뒤 만날 계획을 세웠고, 제인이 어린 시절 살던 본머스의 집에서 이야기를 나눌 수 있을 것으로 생각했다. 제인이 성장하던 초기 시절에 대해서 알고 싶었기에 이상적인 대담 장소로 여겨졌다. 포옹으로 작별 인사를 나눈 뒤 내가 해 질 녘 오두막을 떠난 때는 2019년 12월이었다. 네덜란드에서 헤어질 땐 앞으로 희망에 대한 우리의 대화가 어떤 방해를 받게 될지 전혀 알지 못한 상황이었다. 희망에 대한 대화가 정말로 더 시급하게 필요한 때가 오리라는 것 역시 알지 못했다.

네 번째 이유: 굴하지 않는 인간의 정신력

사람들은 항상 내 눈을 언급하며, 내가 오랜 지혜를 가진 것 같다고 말한다.
한 여성은 '노인의 영혼'이라고 표현한 적도 있다.
(사진 제공: JANE GOODALL INSTITUTE/COURTESY OF MY UNCLE ERIC JOSEPH)

3부
희망은 끊임없이
갱신된다

제인 구달의 삶, 희망의 길

전 세계에서 수많은 모임과 축하연, 재상봉 행사가 취소되었듯이, 본머스에 있는 제인의 고향집을 방문하기로 했던 우리 계획은 팬데믹 때문에 취소될 수밖에 없었다. 제인과 내가 다시 대화를 시작할 수 있었던 건 2020년 가을이나 되어서였다. 우리는 줌(Zoom)으로 이야기를 나누었다. 제인은 정말로 본머스에 가 있었지만 나는 지구 반대편인 캘리포니아의 집에 앉아 있었다.

그 무렵 바이러스는 인류에게 엄청난 경제적, 감정적 역경을 안겨 주었고, 죽음과 재앙의 흔적을 남겼다. 불과 며칠 전 나는 대학 시절 룸메이트의 장례식에 참석했다. 팬데믹 초기에 친구는 일자리를 잃고 우울증에 빠졌다. 다른 대학 친구와 나는 방향을 잃고 상실감에 허덕이는 그를 지탱해 주려고 애를 썼지만, 결국 친구가 얼마나 낙담하고 있는지 확인했을 뿐이었다. 친구는 좀 나아진 것도 같았고 우리에게 와 줄 필요도, 도움의 손길을 보낼 필요도 없다고 말했다. 마지막 대화를 나눈 지 이틀 후 친구는 자신에게 총을 쏘았다.

사랑하는 친구를 잃은 나의 비탄은 세계적인 흐름의 일부분에 불과했다. 사람들이 팬데믹이 낳은 박탈감과 고립 속에서 몸부림치고 있는 가운데 절망으로 인한 죽음이 끔찍한 방식으로 늘어나고 있었다. 몇 달 뒤 가까운 지인 중에 또 한 사람이, 가족의 젊은 친구 하나가 약물 과용으로 사망했다. 정신 건강 팬데믹 역시 바이러스만큼이나 빠르게 퍼져나가고 있었다. 너무도 많은 사람이 매일같이 새로운 위기와 가슴 찢어지는 비탄의 파도에 휩쓸리고 있는 기분을 느꼈다.

컴퓨터 화면상이긴 하지만 제인의 얼굴을 마주한다는 건 비애 속에서 만나는 한 줄기 희망의 빛이었다. 제인은 흰 머리칼을 평소처럼 하나로 묶은 채 탄자니아에서 만났을 때와 똑같이 초록색 사파리 셔츠를 입고 있었다. 마치 야생 사파리 가이드처럼 보였다. 사실 희망을 추적하고 절망을 마주하며 이 책을 함께 작업하는 동안, 제인은 우리가 사는 세계에서 가장 아름다운 영감과 가장 어두운 공포를 안겨 주는 수많은 명소로 나를 데려갔다.

"잔혹한 장례식에 다녀온 뒤에 선생님 얼굴을 보니 너무도 반갑습니다." 이건 우리가 다시 연결되었을 때 내가 맨 처음 했던 말이었다.

"정말 유감이에요, 더그. 사랑하는 누군가를 잃는다는 건 늘 힘들죠. 하지만 자살은 특히 고통스러운 상실이에요."

제인은 작은 테이블에 상자를 올리고 그 위에 또 작은 상자를 올려 임시로 만든 '책상' 앞에 앉아 있었다. 뒤쪽에 보이는 책장엔 가족 사진과, 여행에서 가져온 기념품, 닥터 두리틀과 타잔 이야기, 인도에서 야생 동물에게 키워진 소년 모글리에 관한 『정글북(*The Jungle Book*)』을 포함해 제인이 어린 시절에 읽은 수많은 책으로 빼곡했다. 사춘기 시절 제인의 호기심을 일러 주는 사진 작가와 시인의 책들도 보였다.

"더그가 직접 오지 못해 안타깝지만 다락방에 있는 내 은신처를 둘러보게 해 줄게요."

제인은 노트북 컴퓨터를 들고 방을 돌아다니며 자신에게 가장 중요한 사람들과 기념품들을 소개해 주었다.

"이분이 어머니예요." 제인이 검은 머리에 갈색 셔츠를 입고 있는 어머니의 사진 액자를 들어 올리며 말했다. "그리고 얘는 그럽인데, 이 사진은 열여덟 살 때쯤 찍은 거예요." 제인이 아들 사진을 가리키며 말했다. 그럽은 머리가 짧았는데, 안경테 너머로 자신의 미래를 곧장 내다보는 듯한 표정이었다.

"그리고 이분은 에릭 삼촌이에요." 검은 머리에 진지하고 꿰뚫어

253   제인 구달의 삶, 희망의 길

어머니. (사진 제공: WWWW.MINEPHOTO.COM/MICHAEL NEUGEBAUR)

보는 듯한 눈빛을 가진 분이었다. 대담을 진행하며 이미 언급한 적
이 있던 친지들이 모두 엄청나게 닮았다는 걸 이젠 나도 눈으로 보
고 있었다. "이분이 대니 할머니세요." 제인이 단호하면서도 현명해
보이는 부드러운 얼굴을 지닌 나이 든 여성의 큼지막한 흑백 사진
을 가리켰다. 그럽이 세 살 때 대니 할머니와 찍은 또 다른 사진이
보였다. 그 옆엔 올웬(Olwen)이라는 웨일스식 이름을 줄여 모두에게
올리(Olly)라고 알려진 이모 사진이 놓여 있었다. 제인이 태어나기 전
에 돌아가셔서 한 번도 본 적이 없다는 할아버지의 사진 액자도 있
었는데, 빳빳한 성직자용 깃 위로 진지하지만 따뜻해 보이는 얼굴
이 보였다. 마지막으로 제인의 두 남편, 휴고와 데릭의 사진과 함께

루이스 리키의 대형 사진 액자가 놓여 있었다.

제인이 모아 둔 사진에는 인간만큼이나 동물 사진도 많았다. 새삼 부드러워진 목소리로 제인이 말했다. "이 녀석이 러스티(Rusty)예요." 사춘기 시절 승마복을 입은 제인 옆에 바싹 붙어 앉아 있는, 가슴에 흰 무늬가 있는 검정 개를 가리키며 한 말이었다. "러스티 사진은 제대로 보여 줄게요." 제인은 그 사진을 컴퓨터 화면 앞으로 바싹 가져왔고 나는 높은 지능이 느껴지는 맑은 개의 눈을 볼 수 있었다.

"이 개는 정말 특별했어요." 제인이 말했다. "내가 아는 그 어떤 개보다 똑똑했거든요. 동물도 문제 해결 능력이 있을 뿐만 아니라 감정과 아주 확실한 개성을 지닌다는 걸 나에게 가르쳐 준 게 바로 이 녀석이에요. 침팬지를 연구하기 시작했을 때 당연히 그게 엄청난 도움이 되었고요. 그리고 이건 데이비드 그레이비어드예요." 제인에 대한 경계심을 내던진 첫 침팬지였던 녀석의 두드러진 흰색 턱수염을 나도 알아볼 수 있었다. 인간만 유일하게 도구를 만들고 사용하는 건 아니란 걸 제인에게 보여 준 주인공이었다.

"운다(Wounda)도 있네요." 제인이 덧붙였다.

종을 뛰어넘는 다정한 포옹 장면을 동영상에서 포착한 그 사진은 엄청난 입소문을 탔기에 나도 알아볼 수 있었다. 운다는 야생 동물 고기 매매를 노린 밀렵꾼에게 잡혀 보금자리를 강제로 떠났으나, 제인 구달 연구소 침팬지 재활 센터의 도움으로 구조된 뒤 삶

나의 스승 러스티. (사진 제공: JANE GOODALL INSTITUTE/JANE GOODALL FAMILY)

의 끈을 놓지 않았다. 아프리카에서 최초로 침팬지와 침팬지 사이
의 수혈을 받은 이후 운다는 건강을 회복했고 콩고 민주 공화국 내

가장 놀라운 경험 가운데 하나였다. 그날 처음 만났을 뿐인 나를 운다가 오래도록 껴안아 주었다. (사진 제공: JANE GOODALL INSTITUTE/FERNANDO TURMO)

보호림으로 둘러싸인 섬에 방사되었다. 여행용 케이지에서 나온 운다는 돌아서서 제인을 오래 포옹해 주었다. 제인은 평생 그때까지

제인 구달의 삶, 희망의 길

운다의 이전과 이후 모습. (사진 제공: JANE GOODALL INSTITUTE/FERNANDO TURMO)

겪어 본 가장 놀라운 경험 가운데 하나라고 토로했다. 이후 운다는 우두머리 암컷이 되었고 호프라는 이름의 새끼도 낳았다.

제인이 노트북 컴퓨터의 각도를 올리며 말했다. "그리고 이 위쪽엔 좀 특별한 동물 봉제 인형들이 있어요. 어딜 가든 동물 봉제 인형을 선물로 받거든요. 물론 대부분은 침팬지 인형이고요!" 제인은 언젠가 인터뷰에서 나에게도 언급한 적이 있는, 멸종 위기에서 기적적으로 구조된 검정울새 인형을 내려다보았다. 지금도 사람들이 구하려고 애쓰고 있는 멸종 위기종을 가리키는 다른 인형들도 보여 주었다.

이어 책상 옆 의자에서 제인은 바나나를 든 원숭이 인형 하나를 들어 올렸다. 나는 곧장 알아보았다. 그 유명한 미스터 H였다.

"이건 25년 전 게리 하운(Gary Haun)에게 받은 거예요." 제인이 말했다. "게리는 스물한 살 때 해병대에서 사고를 당해 시력을 잃고 말았어요. 무슨 이유에선지 게리는 마술사가 되겠다고 결심했대요. '장님은 마술사가 될 수 없어!'라고 사람들은 게리에게 말했죠. 하지만 게리는 솜씨가 너무 좋아서 마술을 보여 주면 아이들은 그가 시각 장애인이란 걸 알지 못해요. 연기가 끝난 뒤에야 게리는 자기가 앞이 안 보인다는 걸 설명하죠. 혹시 무언가 일이 잘못되더라도, 절대 포기해선 안 된다고, 항상 앞으로 나아갈 길은 있다고 이야기도 하고요. 게리는 스쿠버다이빙도 하고 스카이다이빙도 했을 뿐만 아니라 독학으로 실제로 그림도 그린답니다." 제인이 『눈먼 예

제인 구달의 삶, 희망의 길

동물 관련 물건들. 전 세계를 돌면서 선물 받은 것들이다.
(사진 제공: JANE GOODALL INSTITUTE/JANE GOODALL)

술가(*Blind Artist*)』를 들어 펼치더니 미스터 H를 보여 주었다. 한 번도 눈으로 본 적 없이 봉제 인형을 손으로 만졌을 뿐인 남자가 그린 원숭이라는 사실이 정말 놀라웠다.

"게리는 나에게 침팬지를 선물하려고 생각했다는데 내가 꼬리 달린 이 녀석을 고집했어요. 물론 침팬지는 꼬리가 없지만 말이에요. '상관없습니다, 어디든 이 녀석을 데려가세요, 그러면 제 영혼은 늘 선생님 곁에 있다는 걸 알게 되실 거예요.'라고 말하더군요. 그래서 미스터 H는 나와 함께 61개국을 돌아다녔고 적어도 200만 명의 사람들 손길을 탔어요. 만지면 이 녀석의 영감이 사람들에게 전달될 거라고 내가 말했기 때문이죠. 아이들에게 들려주는 비밀 하나

나에게 미스터 H를 선물해 준 맹인 마술사 개리 하운.
그는 자신을 놀라운 하운디니(Amazing Haundini)라고 부른다!

(사진 제공: ROGER KYLER)

제인 구달의 삶, 희망의 길

를 더그에게도 알려줄게요. 매일 밤 미스터 H는 바나나를 먹지만 마법이 걸린 바나나라서 아침이 되면 항상 원래대로 돌아온답니다." 제인은 장난꾸러기처럼 은밀한 미소를 지어 보였다.

제인은 장난감 인형 4개를 더 들어 올렸다. "피글렛, 카우, 래티, 문어 옥타비아를 소개할게요. 미스터 H와 함께 이 녀석들도 내 여행 동료랍니다."

나는 왜 그 인형들이 특별한지 물었다. "내 강연에서 이 녀석들이 요점을 전달하거든요. 공장식 축산에 대한 이야기를 할 때는 카우를 활용해요. 특히 아이들에게 소가 어떻게 유독한 온실 기체인 메테인 기체를 뿜어내는지 설명하고 싶으니까요." 제인은 소리 내어

미스터 H는 유명하다. 모든 사람, 특히 아이들은 미스터 H를 만지고 싶어 한다.
(사진 제공: ROBERT RATZER)

웃으며 카우를 들고 시연을 해 보였다. "소의 먹이는 여기로 들어갔다가……." 입을 가리켰다. "소화가 되는 동안에 여기서 메테인 기체를 만들어 내요." 제인은 소꼬리를 들어 올리고 메테인 기체가 새어 나오는 곳을 보여 주었다. "그리고 소들은 트림도 한다고 말해 주죠. 그러면 깔깔깔 하고 웃음이 터져 나와요. 래티는 쥐가 얼마나 영리한지 설명할 때 사용하는 인형이에요. 특히 몸집이 거대한 아프리카의 삼림쥐나 주머니쥐는 내전 이후 남아 있는 대인 지뢰를 감지하도록 훈련해 여전히 활발히 이용하고 있지요." 대인 지뢰를 밟는 사고로 얼마나 많은 사람이 발이나 다리를 잃었는지 나도 잘 알고 있었다. 피글렛과 옥타비아 인형은 동물의 지능에 대해서, 특히 돼지와 문어에 대한 이야기를 할 때 사용하는 소품이라고 말해 주었다.

제인은 팬데믹 이전, 끊임없이 전 세계를 돌아다니며 앎과 지식을 설파할 때 자신의 인생에 등장한 다양한 기념품들이 '여행에' 함께했다고 지적했다. "각각의 이야기가 담긴 소중한 선물이에요." 노트북 컴퓨터에 달린 카메라로 천천히 인형으로 빼곡하게 들어찬 책장을 비추며 제인이 말했다.

마지막으로 제인은 뚜껑에 침팬지 2마리가 정교하게 그려져 있는 나무 상자를 가리켰다. "이 안에는 희망을 상징하는 물건 대부분을 보관합니다. 때로는 강연에 사용하기도 하고요."

제인은 방으로 돌아가 임시방편으로 만든 책상에 노트북 컴퓨터

제인 구달의 삶, 희망의 길

를 내려놓고, 작고 다양한 물건들을 하나씩 꺼내 나에게 보여 주었다. 처음 보여 준 물건은 볼품없게 만들어진 종이었는데 제인이 흔들자 다소 불협화음 같은 소리가 났다. "이건 모잠비크에서 벌어진 내전 이후 폭발하지 않고 계속 매설되어 있던 수많은 대인 지뢰의 금속으로 만든 종입니다. 들판에서 일을 하다가 지뢰를 밟아 수백 명의 여성과 아이가 한쪽 발을 잃었어요. 이 종이 더욱 특별한 건 방금 내가 이야기했던 대로 특별 훈련을 받은 커다란 아프리카주 머니쥐가 발견했기 때문이에요. 정말 사랑스러운 생명체랍니다. 탄자니아에서 그런 쥐들을 훈련시키는 과정을 나도 지켜본 적이 있는데, 아프리카의 다른 지역에서 여전히 일을 하고 있어요."

다음 물건은 직물 조각이었다. 모잠비크의 자선 단체 의뢰로 지뢰 제거 작업을 감독하던 크리스 문(Chris Moon)은 폭발 사고를 당했다. 그는 오른쪽 다리의 아래쪽 절반과 오른팔 절반을 잃었다. 크리스는 특별히 가볍게 디자인된 의족을 끼고 달리는 법을 배웠을 뿐만 아니라 퇴원 후 1년도 되지 않아 런던 마라톤을 완주했고 이후 수많은 마라톤 대회에 참가했다. "이건 크리스가 의족을 낄 때 마찰 방지용으로 남은 다리 *끄트머리*에 끼곤 하던 여분의 양말이에요." 제인이 내게 설명했다. "모로코 사막을 가로질러야 해서 세계에서 가장 힘든 마라톤이라 불리는 마라톤 드 사블(Marathon des sables)에 참가해서 달릴 때 썼던 거라 아주 특별한 물건이죠. 크리스는 220킬로미터를 넘는 사하라 사막 횡단 달리기도 완주했답니다."

해체한 지뢰에서 분리한 금속으로 만든 종은 내가 가장 아끼는 희망의 상징 가운데 하나다.
국제 평화의 날에는 유엔에서 항상 이 종을 울린다. (사진 제공: MARK MAGLIIO)

제인은 이어 베를린 장벽이 무너지던 날 밤 독일인 친구가 갖고
있던 게 마침 주머니칼밖에 없어서 어렵사리 잘라냈다는 콘크리트
조각을 들어 보였다. 넬슨 만델라가 로빈 아일랜드 형무소에서 강
제 노역을 하던 채석장에서 가져왔다는 석회암 조각도 제인의 소
장품 중 하나였다.

"그리고 이건 정말, 정말 특별한 물건이에요." 제인이 작은 연하장
을 집어 들며 말했다. 제인이 카드를 펼쳐 나에게 보여 주자, 안에는
돈 머튼이 보내 주었다는 작고 앙증맞은 검은색 날개깃 2개가 들
어 있었다. 우리는 이미 그가 어떻게 채텀 아일랜드에 사는 검정울

제인 구달의 삶, 희망의 길

새를 멸종에서 구해냈는지 그 사연을 다룬 적이 있다. 제인이 작은 깃털을 사랑스러운 듯 가리키며 말했다. "이건 엄마 블루와 옐로 사이에서 태어난 딸 베이비 블루의 깃털이랍니다."

제인은 멸종을 피해 구조된 또 한 종류의 새인 캘리포니아콘도르의 날개에서 뽑혀 나온 가장 긴 날개깃에 대해서도 들려주었는데, 그 깃털은 미국 소재 제인 구달 연구소에 있었다. 제인은 그 길이가 66센티미터나 된다고 말했다! "미국에서 강연을 할 때면 나는 마분지로 만들어진 원통에서 그 깃털을 아주, 아주 천천히 꺼냅니다. 그러면 놀라움의 감탄을 자아내는 데 실패하는 법이 없는데, 나는 그걸 존경심이라고 생각해요."

제인은 조심스러운 손길로 보물들을 다시 상자에 보관했다. 우리는 인터뷰를 재개했고, 나는 다시 한번 탐색하는 듯한 제인의 눈을 마주 보았다. 내가 뭔가 눈에 대한 이야기를 하자 제인은 문득 추억이 떠오른 듯 미소를 지었다. "내가 아기 때, 아마 한 살쯤 되었던 것 같은데, 나를 봐주던 분이 유모차에 나를 태우고 공원을 엄청 돌아다녔다고 해요. 많은 사람이 길을 가다 멈춰 서서 우리에게 인사를 건넸겠죠, 옛날엔 모든 사람이 서로 다 알고 지내던 때였으니까요. 그런데 유독 할머니 한 분만 나를 쳐다보는 걸 거부하더래요. 그 할머니는 유모에게 이렇게 말했어요. '눈 때문에 그래. 내 마음까지 들여다볼 것 같은 표정이잖아. 아이에게 노인의 영혼이 들어 있어, 난 그게 마음 불편해. 더는 쳐다보고 싶지 않아.'라고요. 아, 잠깐만 기다려요."

제인이 갑자기 화면 밖으로 사라지며 말했다. "노트북 컴퓨터에 전원 연결하는 걸 까먹었어요. 주스도 거의 떨어져 가고요." 제인이 전원 케이블을 가지러 간 동안 많은 생각이 밀려들었다. 하나의 종으로서 인류에게 최상의 시간은 이미 끝난 게 아닌가 하는 생각이 들었다. 그 이유는 너무도 많았다. 전 세계에서 벌어지고 있는 정치적 혼란과 민주주의를 위협하는 선동가들의 득세, 불평등, 불공정의 확대, 여전히 우리를 괴롭히는 독재 등등. 인류의 고향인 우리 행

캘리포니아콘도르는 거의 멸종 단계였다. 그러나 헌신적인 생물학자들 덕분에 개체수가 늘어나고 있다. 나는 강연 도중에 그들의 가장 기다란 날개깃을 원통에서 천천히 꺼내는 걸 즐긴다. 이것은 내가 가진 희망의 상징 가운데 하나다. (사진 제공: RON HENGGELER)

제인 구달의 삶, 희망의 길

성 역시 위태로운 지경이다. 그러나 이 모든 상황에도 불구하고 제인은 심오하기 이를 데 없는 희망의 이유를 찾아서 보여 주었다. 인간의 놀라운 지능에서, 자연의 회복 탄력성에서, 오늘날을 살아가는 젊은이들의 에너지와 헌신에서. 그리고 물론 우리에겐 굴하지 않는 인간의 정신력에서. 전 세계에서 너무도 참혹하게 고통 받고 있는 인간과 동물의 현실, 그리고 너무도 막대한 자연 파괴를 직접 겪으며 괴로워하면서도 제인이 여전히 희망의 횃불로 존재할 수 있는 이유는 무엇일까? 제인의 내면에는 그러한 역량이 태어날 때부터 갖추어 있었을까?

제인이 다시 자리를 잡고 앉자, 나는 스스로 미래에 대한 희망을 품고 있을 뿐만 아니라 다른 사람들에게도 희망을 심어 주는 제인의 능력에 대해서 내가 얼마나 놀라워하고 있는지 토로했다. "유모차에서 노인의 영혼이 깃든 눈으로 세상을 바라보던 아기가 어떻게 지금과 같은 희망의 메신저가 되었을까요?"

"음, 그 질문에 대한 대답 일부는 내가 어린아이에 불과했을 때 형성되기 시작했을 거라고 생각해요. 딸에게 든든한 버팀목이 되어 주셨던 어머니 덕분에 내가 갖게 된 자신감에 대해서는 이미 이야기했죠. 정말 멋진 가족의 테두리 안에서 자랐다는 이야기도요. 대니 할머니는 할아버지가 암으로 돌아가시면서 거의 무일푼인 상황에서 가족을 부양해야 했어요. 지금은 할머니 이야기에 할애할 시간이 없다는 게 안타깝네요. 올리 이모와 에릭 삼촌 역시 훌륭한 역할 모델이 되어 주셨습니다. 물리 치료사였던 올리 이모는 소아 마비, 족부 기형, 구루병 등에 걸린 수많은 어린이 환자를 돌봤어요. 그래서 런던에서 비서 교육을 마치고 집에 돌아와 내가 처음 얻은 직업은 일주일에 한 번 어린이 환자를 진료하러 오는 정형외과 의사의 지시 사항을 받아 적는 것이었어요. 그 일을 하면서 나는 삶이 얼마나 잔인할 수 있는지, 무고한 아이들과 그들의 가족에게 삶이 얼마나 비통한 영향력을 미치는지 알게 되었습니다. 하지만 동시에 끊임없이 계속해서 그들의 용기와 냉철함에 감동을 받기도 했어요. 건강을 선물 받은 것에 대해서 감사하지 않은 날이 하루도 없어요. 나는 건강을 타고난 것도 당연하게 여기지 않습니다."

에릭 삼촌은 독일 공군의 공습 희생자를 수술한 뒤에 주말마다 본머스로 와서는 용감한 사람들의 사연을 들려주었다고 한다. "전에도 말했듯이 제2차 세계 대전 시기에 성장하며 나는 참 많은 걸 배웠습니다." 제인이 말했다. "죽음에 대해서, 인간성의 가혹한 현실에 대해서 배웠죠. 한편으론 사랑과 연민 용기를 갖고 있지만 다른 한편으론 무자비함과 믿어지지 않는 잔학성을 품고 있다는 걸요. 내가 예전에 언급했듯이 뼈밖에 남지 않은 홀로코스트 생존자들의 사진과 기사가 처음 발행되었을 때, 나는 충격적이게도 아주 어린 나이에 그런 삶의 어두운 면에 노출되었어요. 그러다 나치 독일의 패배는, 음, 막강한 적이 과감하고 엄청난 용맹함으로 맞서오더라도, 그래서 패배가 빤히 보이는 경우에도, 승리가 가능할 수 있다

제인 구달의 삶, 희망의 길

는 걸 보여 주기에 더할 나위 없는 본보기였어요."

현재의 제인을 만들어 내는 데는 제인의 가족과 환경이 중요한 역할을 했다는 것이 이해되기 시작했다. 그러나 제인의 아버지에 대한 언급은 없었다는 사실을 깨달았다.

"맞아요, 아버지는 전쟁 초반 영국군 공병대로 입대했다가 전쟁 끝날 무렵 어머니와 이혼을 하셨기 때문에 내 어린 시절 추억에 큰 자리를 차지하지 못하셨거든요. 하지만 아주 튼튼한 체질은 분명 아버지에게 물려받은 거예요."

"그렇군요. 언젠가 진짜 심한 말라리아에서 회복하신 적도 있고, 숲을 돌아다니거나 등산을 할 때 생긴 수많은 멍과 상처가 항상 빨

내가 대영 제국 훈장을 받던 날 아버지, 어머니, 주디와 함께.
(사진 제공: JANE GOODALL INSTITUTE/MARY LEWIS)

리 낫는다고 하셨잖아요. 어렸을 땐 그렇게 건강한 편이 아니셨다면서, 어떻게 그토록 강건해지셨죠?"

제인이 웃음을 터뜨렸다. "어렸을 땐 진짜 약골이었어요! 학교도 자주 빼먹었고요. 더그에게 이야기한 적 있는 것 같은데, 어릴 땐 편두통이 정말, 정말 심했어요. 기말 고사가 시작될 무렵이면 꼭 심해지는 경향이 있어서 얼마나 화가 났는지 몰라요. 언제나 공부를 열심히 하는 편이라 어떤 문제가 나오든 다 맞혀 주겠다며 시험을 학수고대했거든요. 그런데 고통스러운 편도선염에 자주 걸렸고 몇 번인가는 편도농양까지 겹쳤어요."

"편도농양은 뭔가요?" 내가 물었다.

"편도선 끄트머리 주변에 생기는 농양 주머니예요. 농양이 터질 때까지 정말 끔찍이도 아프답니다. 이하선염, 홍역, 풍진, 수두를 제외하고 어린이들이 걸리는 병은 모두 앓았죠. 주디와 나 둘 다 성홍열에 걸렸을 땐 거의 죽을 뻔했고요. 열다섯 살 때쯤엔 머리를 흔들면 머리뼈 안에서 뇌가 흔들리는 소리가 분명히 들리는 것 같았어요. 정말 겁을 집어먹었죠. 결국 에릭 삼촌에게 진찰을 받았어요. 물론 나의 뇌에는 아무런 이상도 없었지만, 여전히 안에서 머리뼈 안에서 뇌가 움직이는 소리가 들렸기 때문에, 혹은 들린다고 생각했기 때문에 감히 머리를 흔들지 못하고 살았어요. 지난 인터뷰 때도 이야기했던 것 같은데, 내가 하도 자주 아프니까 에릭 삼촌은 나를 위어리 윌리라고 불렀답니다. 그러던 어느 날 삼촌이 어머니와

제인 구달의 삶, 희망의 길

이야기를 나누는 걸 듣게 되었는데, 과연 내가 꿈을 좇아 아프리카로 갈 수 있을 정도로 체력이 있을지 의문이라는 내용이었어요. 물론 그건 하나의 도전처럼 느껴졌습니다. 아프리카에서 동물을 연구하겠다는 꿈을 실현하고 싶다면 삼촌 생각이 틀렸다는 걸 증명해야 하니까요!"

"그래서 결국 해내셨네요. 하지만 어떻게 그게 가능했을까요?"

"돌이켜 생각해 보니까 나는 방학 때는 절대로 아프지 않았다는 걸 깨달았어요. 학교에서도 잘 지내긴 했지만 나는 자연 속에서 뛰놀고 싶었어요. 아팠던 건 일종의 심리적인 반응이 틀림없었어요, 학교에서 벗어나려는 완벽하게 무의식에서 비롯된 방편이었던 거죠! 방학 동안 나는 가장 높은 나무에 올라가고, 땅바닥에 아직 눈이 쌓여 있는데도 수영을 하고, 승마 학교에서는 항상 울타리 너머로 달아나는 걸 좋아하는 가장 기운 넘치는 말을 탈 정도로 정말 말괄량이였어요."

나는 웃음을 터뜨렸다. "아마 그때 익힌 모든 것들이 나중에 선생님이 아프리카에서 씨름하게 될 온갖 상황을 대비한 훈련이 되었겠네요."

"겁에 질렸던 순간도 꽤 있었어요." 제인은 버펄로와 표범을 가까이에서 마주쳤던 경험을 들려주었는데, 별안간 그런 동물들과 맞닥뜨렸지만 그들은 제인을 절대 해치지 않았다. 한번은 바닷가를 걷고 있었는데 치명적인 독을 가진 바다뱀인 스톰코브라가 제인의 발 옆을 스르르 헤엄치다가 '무심한 검은 눈으로' 올려다보았다고 한다. 제인이 웃음을 터뜨렸다. "그땐 조금 무서웠다는 걸 인정해야겠네요. 해독제가 없어서 수많은 어부가 우연히 그물에 걸린 그 바다뱀을 만나면 물려서 죽는 경우가 많았거든요. 나는 그저 꼼짝 않고 서 있다가 또 한 번 파도가 밀려와 바다뱀을 쓸어간 뒤 크게 안도했어요! 하지만 그 모든 경험은 정말 짜릿하답니다, 더그."

제인이 말했다. "오히려 최악의 경우는 침팬지들이 나를 피해 달아날 때였어요. 연구비가 떨어지기 전에 침팬지들의 신뢰를 얻을 만한 시간이 있는지 자신이 없었거든요. 사람들은 맨 처음에 포기하고 싶은 심정을 느낀 적이 없느냐고 묻곤 해요. 지금은 더그도 나를 잘 알겠지만 나는 고집이 센 사람이라 관둔다는 건 생각조차 해본 적이 없어요."

"케임브리지 대학원에서 제인의 연구 방법에 대한 비난을 들었을 땐 어떠셨어요? 결국 학부는 다니신 적이 없잖아요. 과학적인 훈련을 받지도 않으셨고요. 당시 위축되진 않으셨나요?"

"그런 명문 대학에 들어가서, 열심히 공부해 학사 학위를 따낸 학생들 사이에서 지내야 한다는 생각에 위축됐죠. 하지만 침팬지에게 개성과 생각, 감정이 있다는 걸 주장할 수 없다는 말을 들었을 땐 그저 충격일 따름이었어요. 침팬지에 대해서 알기 이전에 어린 시절 키웠던 온갖 반려 동물들과 러스티에게서 내가 배움을 얻었다는 게 참 행운이고, 그런 관점에서는 교수들이 완전히 잘못된 생

제인 구달의 삶, 희망의 길

각을 갖고 있었어요. 지구에서 우리가 개성과 생각과 감정을 지닌 유일한 동물이 아니란 걸, 우리는 놀라운 동물의 왕국에서 떼려야 뗄 수 없는 일부분이라는 걸 나는 잘 알고 있었습니다."

"그래서 그런 교수들을 어떻게 공략하셨어요?"

"음, 말싸움을 하진 않았어요. 그냥 조용히 있는 그대로의 침팬지에 대한 글을 계속해서 쓰고, 휴고가 곰베에서 찍은 영화를 보여 주고, 지도 교수를 곰베로 초청했어요. 휴고의 환상적인 다큐멘터리 영화와 함께 내가 최초로 관찰한 모든 내용이 알려지고, 침팬지와 인간의 생물학적 유사성에 대한 사실이 대두되자, 대부분의 과학자는 특이한 나의 연구 태도에 대한 비판을 차츰 관뒀어요. 또 한번 내가 얼마나 고집스럽고 절대 쉽게 포기하지 않는다는 걸 보여준 셈이죠!"

오늘날 인간과 동물의 관계를 변화시키는 데 핵심적인 역할을 한 것으로 여겨지는 그때의 승리에 대해서 나는 생각에 빠져들었다.

"어쨌거나, 더그도 알다시피 난 박사 학위를 받았고 곰베로 돌아가 그곳에서 영원히 행복하게 잘살았을 수도 있겠지만, 1986년 학회에 참석했다가 다마스쿠스로 가던 사울처럼 큰 깨달음을 얻게 되면서 당연히 모든 게 달라졌습니다."

"그 후로 어떤 일이 벌어졌나요?"

"음, 내가 맨 처음 해결해야겠다고 마음먹은 것은 의학 연구 분야에서 침팬지들이 겪고 있는 악몽 같은 현실이었습니다."

"제인, 의학 연구소에 있는 침팬지들에게 뭐라도 도움을 줄 수 있을 거라고 정말로 생각하셨어요? 의학 연구 분야의 기득권층과 맞서 싸울 수 있다고 정말로 생각하셨다고요?"

제인은 웃음을 터뜨렸다. "아마 정말로 깊이 생각해 보았더라면 절대 시도도 못 했을지 몰라요. 하지만 실험실에 갇혀 있는 침팬지 동영상을 보니 너무 마음이 아프고 화가 나서 뭐든 해야겠다는 건 알겠더라고요. 침팬지를 위해서요.

최악이었던 건 실제 내 눈으로 상황을 파악하기 위해서 그런 실험실에 억지로 들어가야 한다는 점이었어요. 직접 접해서 어느 정도 알아내지 않고는 문제를 해결할 수 없다고 나는 생각해요. 어휴, 지능을 갖춘 사회성 동물이 사방 1.5미터밖에 안 되는 케이지에 홀로 갇혀 있는 곳에 간다는 게 어찌나 두렵던지. 결국 나는 실험실을 몇 군데나 찾아갔지만, 처음 방문했을 때가 최악이었어요. 어머니는 내가 어떤 심정일지 아시고, 편지에 처칠의 유명한 문구를 몇 개 적은 카드를 동봉했어요. 놀랍게도 실험실로 차를 몰고 가면서, 우리는 처칠이 손가락으로 승리의 상징인 V를 그리고 있는 동상이 세워져 있는 영국 대사관 앞을 지나갔습니다. 그건 과거로부터 전달된 메시지 같았어요. 전쟁 당시 사람들에게 감동을 주었던 지도자가 또 한 번 절실히 용기를 필요로 하는 나에게 용기를 건네준 거죠."

"실험실에 찾아가신 다음엔 어떻게 되었나요?"

제인 구달의 삶, 희망의 길

위의 사진은 심한 우울증에 시달리는 실험실의 청소년기 침팬지다. 케이지 크기를 보라.
(사진 제공: LINDA KOEBNER) 아래 사진은 실험실 감방에 갇힌 침팬지를 보러 간 나다.
(사진 제공: SUSAN FARLEY)

"실험실 방문은 내가 예상했던 것보다도 더 가슴이 아팠습니다. 그리고 불쌍하게 갇혀 있는 그 아이들을 돕기 위해서 내가 할 수 있는 모든 일을 해야겠다는 결심이 더 굳어졌어요." 제인이 말했다. "케임브리지 대학교의 과학자들에게 썼던 것과 유사한 작전을 활용하기로 마음먹었죠. 나는 곰베 침팬지의 행동에 대해서 이야기하고 사람들에게 영화를 보여 줬어요. 내가 고의적인 잔혹성이라고 생각하는 상당수의 행동은 정말이지 무지를 기반으로 하고 있다고 믿습니다. 어쨌거나 그 사람 중 일부에겐 그 방법이 통했어요. 회의를 거쳐, 우리가 연구소 직원들과 대화를 나눌 수 있도록 초청도 받았어요. 몇몇 실험실에 내가 학생을 보내서 환경을 '향상'할 수 있는 방법을 소개해도 좋다는 허락을 받아내기도 하고요. 일종의 괴롭힘이라고 할 수도 있는 관찰 과정에서 비롯되는 공포와 고통의 시간 이외엔, 황량한 감방 안에서 홀로 단조로운 하루하루를 보내야만 하고, 도움이 될 만한 것은 전혀 없는 지적인 생명체의 절박한 지루함을 누그러뜨릴 무언가가 필요했어요.

도움을 주신 수많은 개인과 단체와 함께 길고 힘겨운 싸움을 이어 간 끝에, 결국 내가 아는 한 침팬지를 활용하는 의학 연구는 중단되었습니다. 나의 싸움은 윤리적인 관점에서 시작된 것이지만, 미국 국립 보건원(NIH)이 보유했던 400여 마리의 침팬지에게 영향을 미친 최종적인 결정은 어느 과학자 집단의 연구 결과 침팬지를 활용한 실험은 그 어느 것도 인간의 건강에 진정 유익하지 않다는

제인 구달의 삶, 희망의 길

사실이 밝혀진 다음이었습니다."

오랜 세월에 걸쳐 제인이 뛰어든 수많은 싸움 중 그것이 첫 번째 투쟁이었음을 알고 있으면서도 나는 제인이 사랑하는 아프리카 침팬지들이 직면한 엄청난 문제들을 어떻게 계속해서 공략하게 되었는지 물었다.

아프리카에서 겪은 도전

"오랜 세월이 지나면서 그 싸움에 가담했던 선생님과 다른 분들은 투쟁에서 승리를 거두셨죠. 하지만 동시에 선생님은 아프리카의 상황에 대해서도 무언가 바꾸려는 노력을 기울이셨잖아요? 그건 더 어렵지 않았을까요? 진짜로 변화를 만들어 낼 수 있을 거라고 생각하셨어요?"

"오, 더그! 나도 내가 할 수 있을 줄 몰랐답니다! 실험실에서 몰래 찍은 침팬지에 관한 다큐멘터리 영화를 보았던 1986년 학회 이후의 일이었어요. 어떻게 실험실 침팬지들을 도울 것인지는 알지 못했지만, 아까도 말했듯이 뭐든 시도해 봐야 한다는 건 알겠더라고요. 당시 같은 학회에서 좌담회도 열렸는데, 그것도 충격적이었어요. 아프리카 전역에서 파괴되고 있는 숲을 담은 사진, 야생 고기 밀매를 위해 총에 맞아 죽는 침팬지와 죽은 어미에게서 강제로 떨어져 팔려나가는 새끼들에 대한 끔찍한 이야기, 연구가 실시된 곳에선 한 군데도 빠짐없이 침팬지 개체수가 극단적으로 감소하고 있다는 증거가 거론되었어요. 또 한 번 나는 뭔가 해야 한다는 것만 깨달았어요. 무엇을 할지, 또는 어떻게 해야 할지는 몰랐지만, 아무것도 하지 않는다는 건 선택지에 없었어요.

그러자 내가 직접 아프리카에 가서 무슨 일이 벌어지고 있는지 알아봐야 한다는 느낌이 들었어요. 그래서 당시 야생 침팬지가 연구되고 있던 6개국을 방문하기로 하고 충분한 기금을 마련했습니다. 맨 처음 해결해야 하는 문제는 야생 고기용으로 사냥당한 어미를 잃고 고아가 된 새끼 침팬지들의 수를 파악하는 것이었어요. 새끼들은 종종 애완용 동물로 지역 시장에서 거래되고 있었죠. 그건 불법이지만 사람들은 걱정해야 할 다른 문제들이 많았고 부패가 만연했어요.

고아가 된 새끼들을 처음 만났던 순간을 결코 잊지 못할 거예요. 한 살 반 정도 된 수컷이 작은 쇠창살 케이지 꼭대기에 밧줄로 묶여 있더군요. 큰소리로 웃어대는 거구의 콩고 인들에게 둘러싸여서요. 침팬지는 옆으로 누워 몸을 한껏 구부린 채 멍한 눈으로는 아무것도 보고 있지 않았어요. 하지만 내가 가까이 다가가서 침팬지 언어로 부드럽게 인사를 건네는 소리를 내자, 일어나 앉아 나를 향해 손을 뻗으며 내 눈을 들여다보았어요. 한 번 나는 뭐라도 해야 한다는 걸 알게 되었습니다. 마침 행운도 찾아왔어요. 아프리카로 떠

제인 구달의 삶, 희망의 길

나기 바로 직전, 나는 조지 부시 1세(George Bush Sr.) 전 대통령 정부에서 국무장관을 역임하고 있던 제임스 베이커(James Baker)와 사적인 오찬 자리에 초청을 받았습니다. 그 사람이 도움을 자청했어요. 내가 방문할 계획을 가진 모든 나라의 미국 대사들에게 텔렉스 전문을 보내 나를 도와주라고 부탁을 했습니다. 그래서 나는 콩고 민주공화국 수도 킨샤사에서 대사를 만나 도움을 호소할 수 있었고, 미국 대사는 콩고 환경부 장관에게 말을 넣어 주었으며, 환경부 장관은 그날 저녁 시장으로 되돌아간 우리에게 경찰관을 대동해 주었습니다. 그 작은 침팬지 한 마리 외엔 우리마다 텅 비어 있었어요. 경찰이 나온다는 소문이 돌았던 것 같아요! 우리는 밧줄을 끊고, 국무장관의 이름을 따 어린 침팬지에게 리틀 짐(Little Jim)이라는 이름을 붙여 주었는데, 녀석은 곧장 두 팔로 내 목을 끌어안고 매달리더군요. 물론 내가 그 녀석을 돌볼 수는 없었지만, 내게 도움을 줄 수 있을지 킨샤사로 와 달라고 간청했던 장본인인 그라지엘라 코트먼(Graziella Cotman)의 애정 어린 품으로 옮겨져 보살핌을 받게 되었습니다. 그것이 바로 고아가 된 새끼 침팬지들을 위한 보호 센터 프로그램의 시작이었어요.

야생 침팬지의 상황을 도우려면 지역 공동체 주민의 삶도 향상될 필요가 있다는 사실을 깨달았다는 점에 대해서는 이미 논의했죠. 주민 상당수가 극단적인 빈곤의 영향으로 고통을 겪고 있었기 때문에 타카레 프로그램으로 이어지게 된 겁니다."

수줍음 많은 젊은 여성에서 세계적인 연설가로

이쯤 되니 우리가 해결할 수 없다고 믿었던 수많은 문제를 제인은 어떻게 헤쳐나갔는지 나도 이해되기 시작했다. 결단력과 함께 사람들을 감동시키고, 변화를 가져올 수 있는 최상의 지위에 있는 사람들의 도움을 끌어낸 덕분이었다. 하지만 숲속에서 홀로 장시간을 보내던 현장 연구가에서 1년에 300일 이상 여행을 하며 늘 사람들에게 둘러싸여 연설하는 사람으로 탈바꿈하게 된 건 어떤 사연일까?

"선생님의 그런 변신을 가능하게 한 건 무엇일까요? 어렸을 때 수줍음이 많으셨다고 했잖아요. 스물여섯 살의 선생님에게 누군가 이런 미래의 모습을 예언했다면 어떻게 느껴졌을 것 같으세요?" 내가 제인에게 물었다.

"처음 아프리카에 갔을 때 누군가 나더러 앞으로 언젠가는 사람들로 가득한 대형 강당에서 강연을 하게 될 거라고 말했다면, 음, 그건 불가능한 일이라고 말했을 거예요. 나는 여러 사람 앞에서 말을 해 본 적이 전혀 없었어요. 그래서 강연을 해야 한다는 말을 들으면, 음, 겁에 질렸어요. 그래서 처음 강연을 하던 날 처음 5분쯤은 숨을 쉴 수가 없는 느낌이더라고요. 하지만 그러다가 괜찮다는 걸 깨달았어요. 다시 숨을 쉴 수가 있었죠. 그때 처음으로 나에게 이런 재능이 있다는 걸 깨닫게 되었습니다. 사람들과 원활하게 소통하

제인 구달의 삶, 희망의 길

는 재능이요. 글과 말로 사람들의 마음을 움직이는 것이죠. 물론 실력을 더 쌓으려고 열심히 노력했습니다. 첫 강연을 하기 전에 불쌍한 나의 가족들 앞에서 연습을 하며 맹세한 게 있어요. 절대로 연설문을 줄줄 읽지는 않겠다. 그리고 '에'나 '어'는 절대로 하지 않겠다는 거였죠."

"왜 그런 맹세를 하게 되셨어요?"

"사람들이 연설문을 읽으면 지루하다고 생각했으니까요. 그리고 '에'와 '어'가 많이 들리면 짜증이 났어요."

전설적인 연설가의 첫 강연에 대한 이야기와 완벽한 연설을 위해 연습까지 했다는 준비 과정을 들으니 정말 재미있었다.

"아무튼 그런 재능은 처음부터 활용되려고 기다리고 있었던 것 같아요. 역대 세 번째 강연은 런던에 있는 왕립 과학 연구소에서 했던 걸로 기억하는데, 그곳은 특히 유명한 영국 과학자들이 수없이 강연했던 장소잖아요. 사전에 아무도 소개해 주는 사람 없이, 정각 8시에 종이 치기 시작하면 곧장 연단으로 걸어가 마지막 종이 끝나면 강연을 시작하는 것이 그곳의 전통이었습니다. 그러고는 9시를 알리는 첫 종이 울릴 때 정확히 강연을 끝내야 했어요. 그래서 난 겁에 질렸어요, 완전히 공포에 떨었죠. 강연 전에는 소규모 공식 만찬에 참석해야 했고 그런 다음엔 1시간 동안 방에 홀로 있게 하더군요."

"하지만 선생님이 늘 원하시는 게 그거 아닌가요? 집중하기 위해서 홀로 보내는 시간이요." 내가 물었다.

"지금은 그걸 원하지만 당시엔, 어휴, 시간이 갈수록 점점 더 초조해지기만 하는 1시간이었어요! 게다가 사람들이 나를 그 방으로 데려다 주었을 때, 강연용 메모를 집에 두고 왔다는 사실을 깨달은 나는 아예 머리가 멍해졌어요! 누구든 어머니에게 연락해 달라고 미친 듯이 부탁했고, 다행히 어머니가 일찍 원고를 가져다주실 수가 있었어요. 그래서 약간은 진정이 되었죠. 하지만 그 작은 방 안을 빙빙 돌면서 걸어 다녔던 게 기억나요."

나는 그래서 어떻게 되었는지 물었다.

"도살을 앞둔 양처럼 나는 누군가가 이끄는 대로 밖으로 나갔어요. 연단 위로 걸어 올라갔죠. 오래된 시계가 정각을 알릴 준비를 하며 똑딱똑딱 소리를 내던 게 기억나요. 그래서 난 8시를 알리는 마지막 종소리에 맞춰 강연을 시작했고, 9시를 알리는 첫 종소리에 맞춰 예정대로 정확하게 끝을 냈습니다.

나중에 관계자 한 사람이 와서 강연 원고를 달라고 하기에, 내가 '그게 무슨 뜻이죠?'라고 물었어요. 그랬더니 그 사람이 놀란 표정으로 말했죠. '선생님이 보고 읽으신 원고를 달라는 말씀인데요.' 그래서 내가 빨간색 펜으로 예닐곱 줄 적혀 있는 게 전부인 메모 한 장을 건넸더니 놀란 표정을 지으며 약간 당황하더군요!"

"지금까지 수십 년째 엄청난 군중 앞에서 강연을 해 오고 계시잖아요. 당시에 처음 그런 대중 연설을 하시면서 앞으로 더 많은 대중

제인 구달의 삶, 희망의 길

연설을 하게 될 거라는 느낌을 혹시 받으셨나요?"

"내가 글쓰기에 재능이 있다는 건 이미 알고 있었어요. 어렸을 때부터 온갖 이야기와 수필, 시를 썼거든요. 하지만 연설에 재능이 있다는 건 생각도 한 적이 없어요. 어쩔 수 없이 처음 강연을 하면서 사람들이 내 이야기를 귀담아듣고 있다는 걸 알게 되고, 마지막에 청중의 박수소리를 들으며 내가 꽤 괜찮게 해냈다는 걸 깨닫기 전까지는 전혀 몰랐습니다. 억지로라도 써먹어야 하는 기회가 없었기 때문에 미처 자신의 재능을 모르고 있는 사람들도 많을 거라고 생각해요."

그 말을 잠시 생각해 보던 나는, 혹시 뭔가 이유가 있어서 제인에게 그런 재능이 주어졌다고 생각하는지 물었다.

"그렇다고 믿는 편입니다. 나에겐 특정한 재능이 주어졌다는 걸 알아요, 그리고 그런 데는 나름의 이유가 있어 보여요. 어떤 경우든, 이유가 있든 없든, 나는 세상을 더 나은 곳으로 만들고 미래 세대의 이익을 위해서 미력하나마 내 몫을 최대한 이용해야 한다고 생각합니다. 스스로도 인정하기 이상한 기분이지만, 내가 이런 상황에 놓인 건 뭔가 이유가 있다고 믿어요. 내 인생을 돌아보면, 나를 위해서 일종의 행로가 지도처럼 그려져 있었다는 생각을 할 수밖에 없어요. 나에게 기회가 주어졌고 그저 올바른 선택을 내리기만 하면 되는 거였어요."

"그저 사명이었다고 칩시다."

"그러니까 선생님은 수줍음이 많은 사람이지만 강연 생활에 사활을 걸고서……."

"나는 사활을 걸지 않았어요." 제인이 말허리를 잘랐다. "그런 삶이 나에게 닥친 겁니다. 흘러가는 여정이 나를 휩쓸고 들어간 거예요."

"알겠습니다, 그런 삶에 휩쓸려 들어갔지만, 결국 선생님이 동의하셨잖아요. 그 흐름에 따라 살아오셨고요."

"나에겐 선택의 여지가 없었어요."

"하늘의 부르심을 받았다고 느끼세요?"

"그런 식으로 표현하고 싶지는 않아요, 그건 단지, 글쎄요, '침팬지들이 나에게 너무나 많은 것을 주었으니 뭐라도 그들에게 내가 돌려줄 차례다.' 이런 생각이에요. 사람들은 곰베를 떠나는 게 어려운 결정이었을 거라고 말합니다. 하지만 그렇지 않았어요. 더그에게도 그렇게 말한 적이 있죠. 그건 다마스쿠스로 향하던 사도 바울 같은 상황이었어요. (사울은 예수를 믿는 사람들을 박해할 목적으로 다마스쿠스로 향하다 예수의 목소리를 듣고 개종 후 이름도 바울로 바꾼 뒤 기독교 역사에서 가장 중요한 인물 중 하나가 되었다. ─옮긴이) 바울은 그런 일이 일어나기를 청한 적이 없습니다. 성경 이야기에 따르면 아무튼 바울은 결정을 내리지 않았어요. 그냥 그 일이 벌어진 거죠. 초기 기독교인들을 처형하려던 그가 사람들에게 기독교를 전도하는 사람으로 변했죠. 그건 엄청난

제인 구달의 삶, 희망의 길

변화였습니다. 내가 다른 최상의 본보기를 생각해 내지 못하는 이유도 그 때문이에요."

"그러니까 그런 소명(being called) 의식이……."

"아뇨, 그냥 사명(mission)이었다고 칩시다." 제인이 내 말을 끊었다.

"좋습니다. 그런 사명감이 자신에 대한 의구심을 멈추게 해 주던가요, 아니면 선생님도 '이번 강연을 해낼 수 있을까, 혹은 이렇게 대단한 인물인 수상이나 CEO와 대화를 나눌 수 있을지 모르겠어.'라고 고민하셨던 적이 있으십니까?"

"당연히 있었죠. 아직도 그래요. 대규모 유엔 기후 변화 회의에 처음 참석해 달라는 요청을 받았을 때가 기억나네요. 그건 나의 안전 지대를 완전히 벗어나는 상황이었어요. 학생들이나 일반 대중으로 가득 찬 강당 같은 곳에서 강연하는 게 나의 안전 지대였거든요. 지구 온난화를 감소시키기 위해서 숲을 보호하는 일에 지치지 않고 헌신 중인 나의 친구 제프 호로위츠(Jeff Horowitz)가 기후 전문가 및 대기업 CEO, 정부 대표 들과 함께 나더러 패널로 참석해 달라고 부탁하더군요. 나는 '그건 못 해요, 제프. 솔직히 정말 못 해요.'라고 대답했어요."

"그런 일은 왜 못 하신다고 생각하셨을까요?" 내가 물었다.

"나는 기후 과학자가 아니니까요. 하지만 제프는 내 거절을 받아들이지 않았어요. 결국엔 나도 '음, 제프가 나를 믿어 준다면, 그리고 도움이 된다고 생각한다면 나도 최선을 다할 수밖에 없겠구나.'

라고 생각하게 되었어요. 사람들은 우리가 저지르고 있는 잘못에 대해서 진심을 담아 말하는 사람들의 이야기를, 특히 우리가 망쳐 놓은 일을 해결할 방법이 있다고 확신을 줄 수 있는 이야기를 듣고 싶어 한다는 걸 지금은 나도 압니다. 사람들은 마음에서 호소하는 이야기를 듣고 싶어 하죠. 희망의 이유를 제시해 주기를 바라고요. 하지만 그걸 알면서도 난 여전히 초조했어요."

세계에서 최고로 유명한 달변가 중 한 사람이 자신에 대한 의구심을 품었다는 이야기는 놀랍기도 하고 어쩐지 용기를 북돋아 주었다. 나 역시 제인의 탄생에는 이유가 있으며, 헤쳐나가야 할 수많은 문제가 도처에 도사리고 있는 아주 힘겨운 길을 걷는 삶이 주어졌다는 건 진실이라고 생각했다. 그러나 일단 제인은 행동의 방향을 결정하면 그 무엇도 제인을 멈추지 못한다는 사실이 파악되기 시작했다. 제인 역시 그야말로 굴하지 않는 정신력을 지닌 사람이었다.

"선생님은 너무도 많은 난관을 만나셨고 그걸 극복해 내셨죠. 선생님은 고집쟁이라서 포기하지 않을 거라는 말씀도 하셨고요. 그러는 데 도움이 되는 특별한 재능도 분명 갖고 계신 것 같아요, 특히 사람들의 마음에 다가가는 능력이요. 그밖에 희망의 메신저가 되시는 데 도움이 되었던 다른 부분이 더 있을까요?"

"맞아요, 난 정말 운이 좋았습니다. 항상 주변에 나를 응원해 주는 놀라운 사람들이 있었어요. 나 혼자였더라면 지금껏 이룩한 일들을 절대 해내지 못했을 겁니다. 물론 시작은 나의 가족이었고,

　　　　　　　　　제인 구달의 삶, 희망의 길

이후로는 어떤 방식으로든 참 많은 사람의 도움을 끌어내도록 설득할 수가 있었어요. 언제나 내가 슬픔과 분노의 감정을 함께 나눌 수 있는 누군가가 내 곁에 한 사람은 존재했어요. 메리 루이스(Mary Lewis) 같은 사람들이죠. 메리는 30년째 나와 함께 일하고 있어요. 그에 못지않은 세월 동안 현명한 친구이자 조언자로서 아프리카에서 도움을 준 앤서니 콜린스(Anthony Collins)도 있고요. 하지만 어디를 가더라도 항상 나를 키워 주고 도움의 손길을 내밀고 음식과 웃음을 나누는 사람들이 있었습니다. 아, 물론 위스키도요! 그 모든 사람이 없었다면 나는 그간 해 왔던 일을 해낼 수 없었을 거예요. 우리는 함께 성공을 거둔 겁니다."

힘겨운 시기엔 사회적인 뒷받침이 중요하다는 주제로 나눴던 지난번 대화가 떠올랐다.

"수없이 많은 고달픈 난관을 직면하는 데 나에게 도움을 준 또 다른 한 가지는 우리 할머니가 가장 좋아하시던 성경 구절입니다. '네가 사는 날을 따라서 능력이 있으리로다.'(「신명기」33장 25절) 부담스러운 강연을 앞두고 밤에 잠이 오지 않아 누워 있을 때면 그 구절을 속으로 암송하곤 해요. 그러면 확신이 듭니다."

"그 구절이 선생님에겐 어떤 의미가 있나요?"

"인생에 시련이 찾아오더라도 하루하루 그 난관을 헤쳐나갈 힘이 주어진다는 의미죠. 박사 논문 심사를 받아야 한다든지, 주눅 드는 청중 앞에서 강연을 해야 한다든지, 혹은 치과에 가야 한다든지 해서 두려운 날이 밝으면 나는 종종 이렇게 생각했어요. '음, 물론 이건 꼭 해야만 하는 일이니까 어차피 견뎌낼 거야. 난 힘을 찾을 거야. 그리고 어차피 내일 이맘때쯤이면 다 끝나 있을 거야.'라고요. 또 다른 것도 있어요. 너무 피곤하고 완전히 진이 빠져서, 도저히 강연을 할 수 없겠다고 느껴지는 가장 절박한 상황에서는, 어떻게든 감추어진 힘을 찾아내서 나에게 요구되는 일을 해내도록 만들어요."

나는 대체 어디에서 감추어진 힘이 나온다는 것인지, 그것을 어떻게 찾는지 제인에게 물었다.

"마음을 열어서 어떤 외부의 힘에 나를 맡기는 거예요. 그냥 긴장을 풀고서 감추어진 힘의 원천을 향해, 나를 이 세상에 보내서 이런 사명을 안겨 준 것만 같은 영적인 힘에 호소하는 거예요. 머릿속으로 이렇게 말해요. '음, 당신께서 나를 이렇게 끔찍한 상황에 몰아넣으셨으니, 헤쳐나가는 일은 당신에게 의지하겠습니다.' 그리고 그런 경우엔 놀랍게도 최상의 강연을 하게 되는 것 같더라고요! 이상하죠. 한두 번은 실제로 강연을 하고 있는 내 모습을 바깥에서 지켜볼 수 있었던 적도 있어요." 제인이 말했다.

"선생님은 외적인 힘을 이야기하실 땐 위를 올려다보시네요." 내가 말했다.

"글쎄요, 저 아래 있지는 않으니까요." 제인은 바닥을 가리키며 씩 웃었다.

제인 구달의 삶, 희망의 길

"그냥 마음을 비우고 영적인 힘이 어디에 있든 어떻게든 믿음을 가지면 강연을 해 나갈 수 있는 힘이 어떤 식으로든 생긴다는 말씀이시죠? 그렇다면 어느 면에선 선생님이 하나의 창구가 되시는 거네요? 자기 자신보다 더 위대한 지혜를 향해 스스로 마음을 여는 거니까요?"

"음, 물론 그렇죠. 나 혼자 가진 것보다 훨씬, 훨씬, 훨씬 더 위대한 지혜가 존재합니다. 20세기 최고의 석학 중 한 사람인 위대한 과학자 알베르트 아인슈타인(Albert Einstein)이 순수 과학을 바탕으로 똑같은 결론을 내렸다는 사실을 알게 되었을 때 얼마나 짜릿했는지 몰라요. 아인슈타인은 그걸 자연 법칙의 조화(harmony of natural law)라고 말했는데, 정말 최고의 인용문이에요."

내가 대답을 시작하려는 순간 갑자기 제인이 걱정스러운 표정으로 시선을 돌리는 게 포착되었다. "더그, 여기서 중단하기 미안하지만, 창밖에 놓인 조류 식판에서 울새 한 마리가 안을 들여다보고 있어요. 모이를 주지 않으면 녀석이 화를 낼 거예요!"

"조류 식판이요?" 내가 물었다.

"다락방 침실 창틀에 달린 작은 받침대를 그렇게 불러요." 제인이 여전히 왼쪽을 돌아보며 말했다.

"내가 새 모이를 주는 동안 더그는 아인슈타인의 인용문을 검색해 보는 게 어떨까요. 아인슈타인의 책『나는 세상을 어떻게 보는가(The World As I See It)』에 나옵니다."

제인이 사라진 동안 나는 그 글귀를 찾아보았다. 제인이 말했던 대로 그 책에 나오는 내용이었다. "자연 법칙의 조화로움은 너무도 초월적인 지성을 드러내고 있기에, 그에 비하면 인류의 모든 체계적인 사고와 행동은 지극히 하찮은 반영에 불과하다."

우리가 그날 나눴던 대화의 맥락에서 그 인용문을 곰곰이 생각해 보니, 제인이 평생 특별한 길을 걸어왔던 것은 순전히 우연의 일치거나, 아인슈타인이 믿었던 이 초월적인 힘의 인도를 받았거나 둘 중 하나라는 결론에 도달했다. 그래서 제인이 돌아왔을 때 나는 인용문 전체를 읽어 준 뒤 물었다. "선생님은 이 초월적인 지성의 인도를 받고 있다고 생각하세요, 아니면 순전히 우연이 작용해서 선생님의 여정을, 그 모든 여정을 안내하는 역할을 했다고 생각하세요?"

모든 게 우연이었을까?

"단순히 우연이라는 걸 더는 믿을 수 없게 되었어요." 제인은 주저함 없이 대구했다.

"왜요?"

"음, 우연은 우리 인생에서 벌어지는 일들이 모두 무작위로 일어나는 사건들로 이루어져 있다는 걸 암시합니다. 그런데 우리 삶에

제인 구달의 삶, 희망의 길

서 우연으로 보이는 모든 일이 무작위로 생긴다는 걸 나는 못 믿겠더군요. 차라리 우리에게 기회를 주는 것에 더 가깝거든요. 나는 이상한 경험을 정말 많이 겪었어요."

"가령 어떤 경험이요?"

"어떤 경우는 내 목숨을 구하기도 했어요. 전쟁 기간 어머니는 주디와 나를 데리고 휴가를 떠났습니다. 집에서 아주 가까운 곳이었지만 해수욕장이 있어서 철조망이 쳐진 작은 틈 사이로 들어가 실제로 우리 자매가 물장구도 칠 수 있는 곳이었어요. 우린 작은 게스트하우스에서 묵고 있었는데, 점심은 12시 정각에 나왔고 혹시라도 늦으면 안타깝지만 식사 기회는 그걸로 끝이었어요. 점심을 못 먹는 거죠. 그날 하루는 어머니가 모래 언덕을 가로질러 작은 숲까지 들어가는 아주 긴 산책길로 돌아서 걸어가자고 우기셨어요. 그 말은 곧 점심 시간을 놓치게 된다는 의미라서 우리는 불평을 했습니다. 하지만 어머니가 워낙 완강하셔서 우리는 마지못해 따를 수밖에 없었어요.

숙소까지 길을 절반쯤 갔을 때, 저 멀리 새파란 하늘을 올려다보니 까마득히 높은 곳에 비행기 하나가 날아가는 게 보였던 기억이 나요. 내가 빤히 지켜보고 있는 가운데 시가처럼 생긴 검은색 물체 2개가 비행기 양쪽 옆구리에서 떨어져 내렸어요. 어머니는 다급하게 우리더러 모래밭에 납작 엎드리라고 하시고는 거의 우리 위로 몸을 날리다시피 하셨죠. 곧이어 끔찍한 두 번의 폭발이 일어났어요. 정말 무서운 일이었습니다. 나중에 보니 폭탄 하나가 오솔길 한 가운데 떨어져 거대한 분화구를 만들어 놓았더군요. 우리가 평소에 매일같이 다니던 바로 그 길 한복판이었어요.

그런데도 어머니가 그날 따라 그 길로 가게 된 건 '우연'이었을까요? 어머니는 심장에 잡음이 들리는 지병이 있으셔서 긴 산책은 늘 피하는 분이었어요."

"어머니께서 왜 충동적으로 그 길을 선택하셨는지 말씀하시던가요?" 내가 물었다.

"아뇨, 어머니는 그 일에 대해서 이야기하는 걸 결코 좋아하지 않으셨어요. 하지만 어머니에게 육감이란 게 있었던 것 같아요. 또 한 번은 독일군 공습 기간 동안 어머니가 여동생인 올리 이모를 퇴원시키려고 런던 시내를 가로질러야 할 때가 있었어요. 이모는 무슨 수술을 받고 양쪽 다리에 깁스를 한 상태였고요. 어머니는 전쟁으로 파괴된 곳에서 본머스까지 이모를 데려오느라 엄청 고생을 했다고 해요. 모두 어머니를 미쳤다고 생각했대요. 그런데 다음 날 그 병원에, 어쩌면 요양원일지도 모르겠는데 아무튼 그곳에 폭탄이 떨어졌어요. 지금은 물어볼 분이 아무도 안 계시고요."

"그런 육감에 대해서 설명해 주실 수 있으세요?"

"잘은 모르지만, 정신이 손을 뻗어 다른 정신에 가 닿는 것 같아요. 어쩌면 어머니는 폭격기에 타고 있는 독일군 조종사의 존재를 감지했거나, 올리 이모를 죽일 수도 있었던 폭탄을 예감했는지도

제인 구달의 삶, 희망의 길

모르죠. 어머니는 우리 아버지의 동생을 무척 좋아했는데 어느 날 저녁 이곳 본머스에서 목욕을 하고 있던 어머니가 갑자기 그 시동생의 이름을 부르며 울기 시작했어요. 나중에 알고 보니 그때가 바로 삼촌이 타고 있던 비행기가 격추되어 사망했던 정확한 시각이었대요."

제인의 어머니가 자신의 육감에 대해서 이야기하는 걸 왜 싫어했는지 내가 궁금해하자, 제인은 어머니가 그걸 무서워했다고 말해주었다.

"그런 종류의 우연에 대한 이야기는 또 있어요. 아들 그럽이 영국 기숙사 학교에 다니던 때의 일인데, 남편 데릭이 멀리 떨어진 탄자니아에서 숨을 거둔 날 밤이었어요. 그럽도 똑같은 종류의 예감을 받았다고 하더군요. 이상한 방식으로 느낌이 찾아오더래요. 그럽은 올리 이모할머니가 학교로 찾아와서 '그럽, 너에게 알려줄 아주 슬픈 소식이 있어. 어젯밤에 데릭이 죽었단다.'라고 말을 하는 꿈에서 갑자기 깨어났다고 해요. 아들아이는 똑같은 꿈을 세 번이나 꾸었는데, 세 번째 꿈에서 깨어났을 땐 학교 사감을 찾아가서 끔찍한 악몽을 꾸고 있다고 털어놓았대요. 아침이 되자 올리 이모할머니가 학교로 찾아와 아이를 정원으로 데려가 말했어요. '그럽, 너에게 알려줄 아주 슬픈 소식이 있어.' 그러자 그럽이 대꾸했죠. '알아요, 데릭이 죽었잖아요.'"

방금 들은 이야기를 돌이켜보며 과학의 영역을 넘어섰다는 사실을 깨달았지만 그래도 흥미가 동했다.

"내 인생에 차이를 만들어 냈던 또 다른 '우연'에 대해서도 더그에게 들려주고 싶네요. 취리히에서 런던으로 가는 스위스 항공 비행기에 공석이 하나 남아 있었어요. 원래 나는 그다음 비행기를 타기로 되어 있었지만, 탄자니아에서 타고 온 비행기가 일찍 도착하는 바람에 더 이른 비행기로 변경한 참이었죠. 전체 비행기 좌석 가운데 유일한 공석은 내 옆자리였어요. 그 자리의 주인공은 비행기 문이 닫히기 직전에 당도했어요. 그 사람은 바로 전 비행기를 탔어야 했는데 연결편이 늦게 도착했다고 하더군요. 그 사람이 워낙 바빠 보여서 처음 예의 바르게 인사를 나눈 뒤로는 거의 말도 걸지 않았어요. 그러다가 저녁 식사가 끝나 갈 무렵에서 내가 대화를 시작했죠. 당시 나는 오스트리아 실험실에서 침팬지를 활용해 에이즈 연구를 하는 유력한 제약 회사인 이무노(Immuno)의 최고 책임자와 텔레비전 인터뷰를 하러 가는 길이었는데, 당시 얼마나 경험이 없고 겁을 먹은 상태였는지 몰라요. 그때가 1987년이었는데, 텔레비전에서 그런 대담을 하겠다고 동의할 만큼 내가 정신이 나갔거나 멍청했거나 둘 중 하나였겠죠. 아무튼 알고 보니 내 옆자리에 앉은 사람은 다국적 법무 법인 베이커 앤드 맥킨지(Baker and McKenzie)의 당시 회장 카르스텐 슈미트(Karsten Schmidt)였어요. 그 사람은 나더러 걱정 말라고 하면서, 그쪽에서 나에게 소송을 걸면 내 변호를 무료로 맡아 주겠다고 말했어요! 이후 카르스텐은 제인 구달 연구소 영국 위

제인 구달의 삶, 희망의 길

원회에 합류해 법규 초안을 마련하고, 장기간 의장을 맡아 주었답니다. 우리 둘 다 탈 예정이 없던 그 비행기에, 그것도 마지막으로 남은 두 좌석을 차지하고 서로 나란히 앉게 되었던 것이 정말 우연이었을까요? 내가 대화를 시작하지 않았더라면 그 기회도 사라졌을 거예요."

"선생님은 언제나 기회를 찾아내는 편이십니까?"

"예, 피곤함이 느껴지더라도, 비행기에서 내가 특정한 사람 옆에 앉게 된 데는 어쩌면 이유가 있을지도 모른다고 항상 스스로 물어보죠. 학회에 가서도 마찬가지고요. 어쨌거나, 혹시 모르니 약간의 노력을 기울일 가치는 있잖아요. 실제로 나는 그런 식으로 흥미로운 사람들을 많이 만나보았고, 그들 중에 몇몇은 친구와 지지자가 되었답니다."

"그럼 사람들과 만나는 것도 이유가 있다고 생각하시겠네요."

"글쎄요, 그건 정말 모르겠네요. 하지만 일이 풀려 나가는 방식에 대해서 생각하는 건 몹시 좋아해요. 모든 개개인의 탄생으로 이어진 모든 사건과 만남에 대해서 생각해 보는 거죠. 처칠을 예로 들어 볼까요. 한 남자가 한 여자를 만났던 때의 희미한 안개 같은 과거로 거슬러 올라가 이야기가 시작되어요. 두 사람은 결혼을 했고, 둘 사이엔 딸이나 아들이 태어났고 그 딸인지 아들인지 모를 자식은 다시 남자나 여자를 만났어요. 그리고 그들에게도 자식이 생겨났죠. 그런 모든 만남과 결합은 처칠이 태어날 때까지 계속해서 이어졌어요."

"히틀러도 마찬가지죠." 운명이나 숙명에 믿음을 가진 듯한 제인의 생각에 약간 회의적인 내가 말했다. 나는 제인에게 그런 생각을 털어놓았다.

"하지만 나는 운명이나 숙명을 믿지 않아요. 나는 자유로운 선택을 믿습니다." 제인이 반박했다. "셰익스피어는 그런 생각을 아주 아름답게 표현했어요. '친애하는 브루투스, 잘못은 우리 별자리에 있는 것이 아니라, 하찮은 아랫것들인 우리 안에 있다네.' (비극 「줄리어스 시저」 1막 3장, 카시우스의 대사. — 옮긴이) 기회는 늘 생겨나는데 사람들이 그것을 포착하거나 거부하거나, 혹은 단지 알아보는 데 실패하는 것뿐이라고 생각해요. 수세기에 걸쳐 사람들이 다른 선택을 했더라면 처칠도, 히틀러도 존재하지 않았겠죠."

"선생님이나 저도 마찬가지고요." 내가 말했다.

나는 말을 멈추고 그 주제에 대해서 생각에 빠졌다. 나 역시 사랑과 비탄, 그리움과 고통으로 길게 이어져 내려온 혈통의 일부분이므로, 개인적인 나만의 몸부림에 서사가 부여되는 느낌이 들었다. 나는 혼자가 아니며 단지 나 자신만을 위해서 살아가는 게 아니라는 느낌에 도움을 주었다. 나는 나 자신보다 더 큰 무언가의 일부였다. 하지만 그 모든 것이 계획에 따라 전개된다는 건 알 수 없었다.

"선생님이 '위대한 초월적인 힘'이라고 부르는 것에 대한 근본적인 믿음이 상당 부분 선생님의 놀라운 에너지와 결단력의 원천이라는

제인 구달의 삶, 희망의 길

걸 파악하고 있는 기분이 듭니다. 선생님의 영적인 성향은 선생님의 과학적인 정신과 어떻게 조화를 이루나요?"

영적인 진화

"영적인 것(spirituality)에 대한 이야기를 하면 사람들은 불편해하거나 전적으로 외면합니다. 신체 접촉으로 연민을 자아내려는 막무가내 환경 보호주의자 히피 정도로 취급하는 것 같아요. 하지만 인간이 갈수록 물질주의에 빠져들고 있으므로 자연과 영적으로 다시 연결될 필요가 있다는 걸 깨닫는 사람들이 이제는 점점 더 많아지고 있어요. 나도 동감합니다. 몰지각한 소비자 운동을 넘어서는 무언가에 대한 열망이 있다고 생각해요. 한편으로 자연과 인간의 괴리는 매우 위험합니다. 우리는 자연을 통제할 수 있다고 여기다가 결국엔 자연이 우리를 통제한다는 걸 잊고 말죠."

갑자기 제인은 벌써 오후 12시 30분이나 되었다는 사실을 알아차렸다고 말했다. 빈(Bean)이라는 이름의 늙은 휘핏 종의 개를 산책시켜야 하는 시간이었다. "당연히 저 녀석 혼자서도 마당에 나갈 수는 있지만, 빈은 습관의 동물이거든요. 오래 걸리지는 않을 거예요. 하지만 나도 커피에 비스킷은 좀 먹어야겠네요. 30분만 시간을 주세요." 제인이 말했다. 나 역시 배를 좀 채우고 생각을 정리하며

마지막 질문들을 준비할 시간이 주어졌으므로, 더없이 기쁜 제안
이었다.

제인은 약속을 지켜 정확히 30분 뒤 다시 화면에 등장했다. 나는
인간의 도덕적, 영적 성장이라는 주제로 돌아가고 싶다고 말하며
대화를 시작했다.

제인은 곧장 우리의 마지막 논의의 실마리를 이어 갔다.

"우리는 개인으로서 서로에게나 사회를 향해 어떻게 행동해야 하
는지, 민주적인 정부 형태를 세우기 위해서는 어떤 노력을 기울여
야 하는지 옳고 그름을 논하며 도덕적인 진화의 과정에 놓여 있는
종입니다. 그리고 어떤 사람들은 영적인 진화의 과정에 놓여 있기
도 하죠."

"도덕적 진화와 영적 진화 사이에 차이점이 있습니까?" 내가 물
었다.

"내 생각에 도덕적인 진화는 우리가 어떻게 행동해야 하는지, 다
른 사람들을 어떻게 다루어야 하는지를 이해하고, 정의를 이해하
고, 좀 더 공정한 사회를 만들어야 한다는 필요를 이해하는 것이에
요. 영적인 진화는 창조의 미스터리와 창조주에 대한 명상에 더 가
까워요. 우리는 누구이고 왜 이곳에 있는지 질문을 던지며, 우리가
어떻게 놀라운 자연의 일부가 되었는지 이해하는 거죠. 이번에도
셰익스피어가 아름다운 표현으로 그런 심정을 설명해 놓았어요.
자신은 '흘러가는 시냇물에서 책을 보고, 바위에서는 설교를, 모든

제인 구달의 삶, 희망의 길

사물에서 선함을 본다.'(희극 「뜻대로 하세요」 2막 1장. 노공작이 신하 에이미언스에게 하는 대사. ―옮긴이)라고요. 찬란한 노을이나, 새들이 노래하는 가운데 캐노피처럼 드리워진 숲을 뚫고 비쳐드는 햇빛을 본다거나, 어딘가 고요한 곳에 등을 대고 누워 희미해져 가는 낮 기운의 끄트머리에서 차츰 별들이 나타나는 하늘을 높이, 까마득히 높이 올려다본다든지 할 때는 나도 놀라움과 경외감에 휩싸여 꼼짝 못 하고 서서 그런 감각에 사로잡히죠."

제인은 자신이 묘사하고 있는 경험의 아름다움에 흠뻑 빠져들어 있다는 것이 느껴졌다. 제인이 다시 나를 쳐다보았을 때 나는 침팬지들도 유사한 감정을 느낀다고 생각하는지 물었다.

"먹이가 넉넉해서 침팬지들이 배불리 먹고 흡족한 상황이 오면 그들에게도 확실히 생각할 시간이 주어지겠죠. 침팬지들이 늘어진 덩굴 사이로 하늘을 올려다보거나, 잘 준비를 마치고 편안한 보금자리에 누워 있는 모습을 지켜볼 때면, 매 순간 다음 끼니를 위해 어디로 옮겨 가야 하는지 계획하는 일에서 자유로워진다면, 침팬지들은 과연 무슨 생각을 하고 있을지 나도 항상 궁금했어요. 그들도 경이로움과 경외심에 대해서 비슷한 감상을 가질 가능성이 있다고 생각합니다. 만일 그렇다면, 아주 순수한 종류의 영성일 거예요. 적어도 우리가 지금 이야기하고 있는, 말이 필요 없는 종류의 영성의 전조라고나 할까요.

곰베에는 카콤베 폭포(Kakombe Falls)라는 멋진 폭포가 있는데, 작

카콤베 폭포. (사진 제공: JANE GOODALL INSTITUTE/CHASE PICKERING)

은 개울이 절벽 끄트머리에서 폭포수에 패인 홈을 타고 25미터 아래로 수직으로 떨어져 단단한 회색 바위에 부딪쳐요. 바위와 자갈로 뒤덮인 바닥으로 떨어지는 폭포 소리가 으르렁거리듯 울려 퍼지고, 떨어져 내리는 물이 대기를 휘저어 끊임없이 산들바람을 일으키죠. 가끔 침팬지 떼가 폭포로 다가와 잔뜩 흥분해서 머리털을 세운 채로 번갈아 양쪽 발에 체중을 나눠 실으며 옆으로 몸을 흔들기도 하고, 돌을 집어 들어 눈앞에 펼쳐진 계곡물에 던지기도 하고, 덩굴줄기에 매달려 바위 위로 그네를 타며 미세한 물방울로 촉촉하게 젖은 산들바람 속으로 뛰어들기도 합니다. 그렇게 신나게 놀고 난 뒤엔 마지막으로 적어도 한 10분쯤, 멍하니 앉아 폭포에서 쏟아

제인 구달의 삶, 희망의 길

져 내리는 물줄기를 올려다보다가 흘러내린 물이 눈앞으로 지나 멀어져 가는 모습을 지켜보고 있어요. 내가 가만히 앉아 폭포의 장관을 지켜보며 계곡의 바위를 쪼갤 듯이 꽂히는 폭포수의 천둥 같은 소리를 들을 때 내가 느끼는 경외감과 경이로움과 유사한 감정을 아마 그들도 경험하는 것이 아닐까요?"

제인이 말을 이어 갔다. "그 장면을 볼 때마다 늘 나는 인간이 사용하는 말의 중요성을 깨닫게 됩니다. 침팬지에게도 정말 그런 경외감을 품는 감각이 있다면, 그들도 그런 감정을 말로 다른 동료들과 나눌 수 있다면, 그게 어떤 차이를 만들어 낼 수 있을지 알겠어요? 그들은 서로에게 이렇게 물을지도 몰라요. '살아 있는 것만 같은 이 놀라운 것은 무엇일까? 언제나 왔다가 언제나 가고 언제나 여기 있잖아?' 이런 질문이 결국엔 폭포나 무지개, 달, 별을 숭배하는 정령 신앙 종교로 이어진 것이 아닐까요?"

"그렇다면 선생님은 제도화된 종교가 그런 정령 신앙 종교에서 파생되었다고 생각하십니까?" 내가 물었다.

"그건 내가 대답할 수 없어요, 더그. 그 질문에 대답하려면 종교학자가 되어야 하지 않을까요?"

"하지만 선생님은 초월적인 힘, 창조주, 신을 믿고 계시고, 선생님이 이 세상에 태어난 것도 이유가 있다고 여기시잖아요?"

"음, 그런 셈이죠. 지구에서 살아가는 인간의 존재에 대해서 생각하는 방식은 정말로 딱 두 가지 방식밖에 없어요. 삶은 '아무런 의

미도 없는 소리와 분노만 내면에 가득한 바보가 떠드는 이야기'에 지나지 않을 뿐이라고 했던 맥베스의 의견, 즉 인간이라는 존재는 '진화상의 실수'에 지나지 않는다고 말했던 어느 냉소주의자의 의견을 따라가는 감상에 동의하거나. 혹은 '우리는 인간으로서의 경험을 지닌 영적인 존재'라고 말했던 철학자 피에르 테야르 드 샤르댕(Pierre Teilhard de Chardin)의 의견에 동의하거나죠."

세속적인 인간이라 딱히 특정 종교를 믿지는 않는 사람이라고 종종 스스로를 판단하고 있음에도 나는 제인이 한 말에 감동과 영감을 받았고, 아버지가 돌아가시는 모습을 지켜보며 내가 해답을 찾고 싶었던 갖가지 질문에 대해서 과학자의 견해를 탐색하는 것에 매혹을 느꼈다.

"나는 성경 내용처럼 '우리가 그를 힘입어 살며 기동하며 존재하느니라.'(「사도행전」 17장 28절. — 옮긴이)라고 여기면서, 초월적인 힘과 우주의 창조 뒤에 절대적인 신이 존재한다는 것을 나처럼 다른 사람들도 믿도록 설득하려 들지 않아요. 내가 그걸 왜 믿는지는 설명할 수가 없어요, 그냥 믿을 뿐이죠. 그리고 그런 믿음이 진정 내가 계속해 나갈 수 있는 용기를 줍니다. 하지만 종교도 없고 영적이지 않은데도 다른 사람들을 돕는 일을 하며 윤리적인 삶을 살아가는 사람들도 많아요. 나는 그저 나만의 믿음에 대해서 이야기하고 있을 따름이에요."

제인은 아인슈타인 같은 과학자들도 우주 뒤에 '절대적인 신'이

제인 구달의 삶, 희망의 길

존재한다는 결론에 이르게 되었다고 나에게 설명했다. 무신론자보다 스스로를 불가지론자로 주장하는 과학자들이 더 많다는 이야기였다. 인간 유전체 연구의 실마리를 푼 연구진을 이끌었던 미국 국립 보건 연구원(National Institutes of Health) 전 원장 프랜시스 콜린스(Francis Collins)는 불가지론자로서 그 연구를 시작했지만, 인간 배아의 모든 세포에 그토록 정교하고 복잡한 정보가 전달된다는 사실 때문에 어쩔 수 없이 신을 믿게 되었다고 한다. 배아의 세포에 전달된 정보는 뇌의 일부나 발, 콩팥으로 성장한다.

우리는 이 주제에 관해서 한동안 논의를 이어 갔고 제인은 이러한 과학과 종교와 영적인 것이 통합되는 걸 진심으로 환영한다고 털어놓았다.

"더그도 알다시피, 어떤 사람들에게는 종교가 유일한 희망이기 때문이에요. 전쟁이나 그밖에 다른 재난으로 가족을 모두 잃은 사람이 되었다고 한번 상상해 봐요. 당신은 가난해요. 당신은 입국을 허락해 준 외국에 당도해요. 아는 사람은 아무도 없죠. 그 나라 언어도 할 줄 몰라요. 그때 그런 사람들을 돕는 건, 그들이 가진 신앙이라고 나는 생각합니다. 알라든, 사람들이 부르는 신의 이름이 무엇이든, 신에 대한 확고한 믿음은 그들에게 계속 나아갈 힘을 안겨 줍니다.

우리 가족도 기독교 집안에서 태어났기 때문에 신에 대한 이야기를 많이 나누었지만, 지혜로운 나의 어머니는 만일 우리가 이슬람 집안에 태어났더라면 우리도 알라를 섬겼을 것이라고 말씀하신 적이 있어요. 어머니는 '하늘과 땅을 지으신 분'인 초월적인 존재, 창조주는 오직 한 분만 존재하며, 어떤 이름으로 그분을 부르든 그건 별로 상관없다고 말씀하셨어요."

"선생님은 그래서 천국이 있다고 생각하세요?"

제인은 소리 내어 웃었다. "음, 그건 우리가 천국을 어떻게 정의하느냐에 달렸다고 생각해요. 천사들이 하프를 연주하고 있다고 묘사되는 종류의 천국은 믿지 않지만 분명 무언가 있다고는 확신해요. 우리가 사랑했던 사람들은 분명 다시 만나게 될 거예요, 당연히 동물들도 포함해서요! 우린 그들의 **일부**가 되고, 위대한 짜임새의 일부가 될 터이니 모든 미스터리도 이해할 수 있겠지만, 그건 모두가 통합된 방식이 되겠죠. 홀로 자연 속에 있을 때 내가 상상하는 종류의 천국을 미리 보여 주는 것처럼 거의 신비로운 깨달음의 순간을 경험한 적이 있어요."

천국에 대한 이 질문으로 우리가 나누던 대화가 대단히 심오하고 희망적인 주제로 급선회하게 될 줄은 전혀 몰랐다. 특히 내가 아직 돌아가신 아버지를 애도하고 있는 상황이라 더욱 공교로웠다.

제인은 가끔 비밀을 감춘 사람처럼 약간 장난꾸러기 같으면서도 다 알고 있다는 듯한 미소를 지을 때가 있다. 지금 제인의 얼굴에도 그런 미소가 떠오른 것이 보였다.

제인 구달의 삶, 희망의 길

제인 구달의 다음번 위대한 모험

"작년에 강연의 끄트머리 질의응답 시간에 한 여성이 나에게 이렇게 물었습니다. '선생님의 다음번 위대한 모험은 무엇이 될 거라고 생각하세요?' 나는 잠시 생각하다가 문득 그게 무엇일지 깨달았죠. '죽음.'이라고 나는 대답했습니다.

그러자 쥐죽은 듯한 정적이 흐르다 몇몇은 초조한 듯 작게 웃었고, 이내 내가 말했어요. '음, 사람이 죽으면, 아무것도 없을 수도 있겠고, 그건 그것대로 좋지만, 그게 아니라면 무언가 있겠죠. 사후에도 무언가 있다는 쪽을 믿고 있는데요, 사후 세계가 있다면 그것이 무엇인지 찾아보는 것보다 더 위대한 모험이 있을 수 있을까요?'

나중에 그 여성이 나에게 찾아와 이렇게 말하더군요. '죽음에 대해서 저는 결코, 절대로 생각해 보고 싶다고 여긴 적이 없었는데 새삼 감사드려요. 이젠 저도 다른 방식으로 죽음에 대해서 생각할 수 있게 되었으니까요.' 그 후로 나는 그 이야기를 강연에서 여러 번 언급했는데 항상 반응이 아주 긍정적이에요. 그렇기는 하지만, 그건 죽음에 대해서 내가 생각하는 방식일 뿐 다른 모든 사람에게 똑같은 식으로 받아들이기를 기대하는 건 아니라는 점을 완벽하고도 명확하게 밝힌답니다."

아버지의 질병과 사망 과정을 돌이켜보면, 암이 척추와 뇌까지 전이되었으므로 상당히 잔인한 상황이었다.

"그렇다면 사람들이 두려워하는 것은 실질적인 죽음이 아니라 질병, 죽음의 과정이라고 생각하십니까?" 내가 물었다.

"그럼요." 제인이 말했다. "우리 사인이 뭐가 될지, 어떤 끔찍한 질병이나 치매에 걸려서 꼼짝도 못 하고 누워 다른 사람들에게 전적으로 의지해야 하는 상황을 걱정하는 것, 우리 모두가 두려워하는 건 바로 그것입니다. 하지만 죽음 자체는 전적으로 다른 무언가잖아요. 대니 할머니는 기관지 폐렴을 앓으신 이후 아흔일곱 살 때는 거의 침대에 누워서만 생활하고 계셨어요. 하루는 밤이 되어 어머니가 잠자리에서 드실 차를 가지고 방에 올라갔더니 할머니가 작고하신 할아버지에게 받았던 옛날 편지들을 읽고 계시더래요. 돌아가신 지 50년도 넘은 남편을 할머니는 늘 복서(Boxer)라고 부르셨죠. 대니 할머니는 미소를 지으며 말씀하셨어요. '오늘 밤에 내 부고를 써두는 게 좋을 것 같구나, 아가.' 다음 날 아침 어머니가 방에 들어가자 할머니는 침대에 평화롭게 누워 계셨어요. 돌아가신 거죠. 할머니 가슴엔 복서 할아버지의 모든 편지가 쪽지와 함께 빨간색 리본으로 묶인 채 놓여 있었고요. '내 마지막 여행에 이것들도 함께 보내 주렴.'"

우리는 잠시 침묵했고 나는 제인의 눈에 그렁그렁 맺힌 눈물을 볼 수 있었다.

나는 죽음과 그 앞에 펼쳐지는 모험을 여전히 탐구하고 싶었기에 나직이 말을 이었다. "제인, 그 말씀은 윤회를 믿는다는 뜻인가

제인 구달의 삶, 희망의 길

요?"

"서로 다른 수많은 종교가 윤회를 믿습니다." 제인이 사려 깊게 대꾸했다. "불교도들은 깨달음을 향한 여정에서 우리가 어디에 놓여 있는지에 따라, 동물로도 윤회할 수 있다고 믿습니다. 물론 힌두교와 불교는 둘 다 카르마(karma, 업보)를 믿죠. 만일 당신이 불행으로 괴로워한다면 그건 이전 생에서 저지른 죗값을 치르고 있는 거라고요. 솔직히 나도 잘 모르겠어요. 하지만 우리 존재가 여기, 이 행성에 와 있는 이유가 진정 있다면, 그렇다면 우리에게 기회가 딱 한 번뿐은 아닐 거라는 정도의 생각은 있습니다. 영원과 우리 인간의 짧디짧은 수명을 생각해 보면, 끔찍이도 불공평하잖아요! 그리고 또 모르죠……."

이 대목에서 제인은 씩 웃으며 말했다. "가끔은 이 세상에서 벌어지고 있는 일들이 시험에 불과하다는 생각이 들거든요. 성 베드로가 천국의 문 앞에서 컴퓨터로 지구에서 보낸 우리 생애를 문서로 뽑아서 우리가 태어날 때 주어진 재능을 선한 일에 사용했는지 확인하는 장면을 상상해 봐요!" 제인이 웃음을 터뜨렸다.

지구 실험에서 우리가 어떻게 행동했는지 시험 평가자로 활약하는 성 베드로에 대한 제인의 묘사에 나 역시 깔깔 웃었다. 인생은 커리큘럼이라고 하셨던 아버지의 믿음을 돌이켜 보며, 임종의 순간에 울음을 터뜨렸던 랍비 주샤(Zusha)에 대한 유명한 유태인 민담도 떠올랐다. 왜 우느냐고 묻자 랍비가 대답했다. "신께서 나는 왜 좀 더 모세나 다윗 왕처럼 살지 못했는지 묻지 않으시리라는 것을 알기 때문입니다. 신께서는 저더러 왜 좀 더 주샤답게 살지 않았느냐고 물으시겠죠. 그럼 전 뭐라고 대답해야 할까요?" 내가 이 이야기를 좋아하는 이유는 각자 우리의 인생 커리큘럼은 독특하며 모두는 저마다 특별한 방식으로 맡은 부분을 해내야 한다는 사실을 일깨워 주기 때문이다. 제인도 이런 문제에 대해서 많은 생각을 했고, 분명 죽음은 끝이 아니라고 믿고 있음이 확실해 보였다.

"아버지는 돌아가시기 직전에, '죽음을 향한 당신의 굉장한 여정'이라고 부르셨던 과정에 제가 함께해 주어 고맙다는 말씀을 하셨어요." 내가 말했다. "선생님처럼 아버지도 뒤에 올 것이 더 있다고 느끼셨던 것 같아요." 문병을 가지 못했을 땐 병원 침대에 누워 계신 아버지에게 아들과 내가 페이스타임으로 영상 통화를 걸었다는 이야기를 제인에게 들려주었다. 제시는 할아버지와 '페이스타임'으로 대화를 나누던 게 그리울 거라고 말했다. 그러자 아버지는 걱정하지 말라고, 당신이 떠나고 나면 '스페이스 타임'으로 이야기를 나눌 수 있을 거라고 하셨다.

제인은 아버지의 언어 유희에 웃음을 터뜨렸다. "스트레스가 많은 시기엔 유머 감각이 그만큼 중요하다니까요."

"죽음 이후에 더는 아무것도 없다고 생각하는 사람들에게는 어떤 말씀을 해 주시나요?" 내가 물었다.

"음, 무엇보다도 먼저, 아까도 말했다시피, 나는 절대 내 믿음을

제인 구달의 삶, 희망의 길

다른 사람들에게 강요하지 않습니다. 하지만 임사 체험(임종 직전에, 혹은 일시적으로 뇌와 심장 기능이 정지해 생물학적으로 사망한 상태에서 사후 세계를 경험하는 현상을 일컫는 용어. ─ 옮긴이)에 관한 놀라운 이야기들은 좀 해 주는 편이지요. 이 주제에 대해서 엄청난 연구를 한 엘리자베스 퀴블러로스(Elisabeth Kübler-Ross)는 수술대에서 뇌사 판정을 받았다가 소생한 여성에 관한 글을 썼어요. 뇌사에 도달했을 때, 그 사람은 수술대에 누워 있는 위치에서는 보는 게 불가능한 사람들의 움직임을 묘사했어요. 수술 방 위쪽에서 사람들을 내려다보고 있었던 광경을 그린 듯 설명했죠."

40년간 임사 체험을 연구해 온 브루스 그레이슨(Bruce Greyson)의 주장을 제인에게 들려주며, 죽은 사람들의 의식은 어떤 방식으로든 계속 이어지는 것으로 보이며 의식 자체는 인간의 뇌에만 한정된 것이 아니라는 상당히 흥미로운 이야기를 전했다.

"한번은 젊은 레지던트였을 때 그레이슨이 병원 식당에서 넥타이에 스파게티 소스를 흘렸다고 합니다." 내가 말했다. "나중에 약물 과용으로 의식을 잃은 채 병원으로 실려 온 대학생의 치료를 맡았는데, 미처 넥타이를 바꿀 시간이 없어서 의사 가운 단추를 채워서 얼룩을 가렸다고 해요. 놀랍게도 나중에 의식을 되찾은 환자는 식당에서 그레이슨을 보았다면서 넥타이에 묻은 얼룩의 위치를 설명했어요. 그레이슨이 식당에 있던 시간 내내 환자는 간병인 옆에서 의식을 잃고 침대에 누워 있었는데도 말이죠.

그 후로 그는 임사 체험을 하는 동안, 알지도 못하는 친척을 만났다든지 하는, 도저히 불가능한 사실을 보거나 알게 된 수많은 사람을 연구했습니다. 임사 체험 이후 사람들은 거의 공통적으로 죽음은 두려움의 대상이 아니며 삶은 무덤 너머 어떤 형태로든 지속한다는 걸 믿게 되었다고 합니다. 또한 우주에는 의미와 목적이 존재함을 믿기 때문에 그들이 살아가는 방식도 바꿔놓았다고요."

어쩌면 인생이 시험일지도 모른다고 제인은 농담처럼 말했지만, 그레이슨은 그것이 사실일 수도 있다고 믿는다고 제인에게 알려주었다.

"그레이슨이 만나 본 많은 사람은 인생의 끝에서 일종의 회상을 경험하며 자신의 인생 전체가 주마등처럼 눈앞에서 실제로 스쳐가는 것을 목도함으로써, 당시에 그 사건이 왜 그렇게 왜 일어났는지 이해하는 데 도움을 받았다고 합니다. 그 과정에서 사람들은 종종 다른 사람의 입장에서 갈등을 보게 되거나, 사람들이 어떤 연유로 그런 방식의 행동을 했는지 알게 되었다고 해요. 그레이슨은 자신에게 욕을 한 취객을 흠씬 두들겨 팼던 트럭 운전수와 나눈 이야기를 언급했습니다. 임사 체험을 통해서 그 트럭 운전수는 자신과 싸웠던 취객이 최근 아내를 잃었다는 걸 확인했어요. 심히 낙담하고 술독에 빠져 시비를 건 거죠."

"모든 게 정말 매혹적인 이야기네요, 그렇죠?" 미지의 영역을 탐험하고 싶어 열망하는 자연주의자답게 제인이 호기심으로 눈을 빛

제인 구달의 삶, 희망의 길

내며 말했다. "하지만 안타깝게도 그 모험은 내가 죽을 때까지 기다릴 수밖에 없어요."

그러고는 제인이 덧붙였다. "그래도 몇 가지 증거 같은 건 있습니다. 비록 과학적인 의미의 증거는 아니고, 그저 나에게나 증거가 되는 경험일 뿐이지만 다른 사람들이 그걸 믿든 안 믿든 나는 상관하지 않아요. 데릭이 세상을 떠난 뒤 3주쯤 되었을 때의 일인데, 나는 데릭과 그럽과 내가 너무도 많은 기쁨을 누렸던 곰베로 돌아가 있었어요. 파도 소리와 귀뚜라미 울음소리를 들으며 나는 마침내 잠에 빠져들었죠. 그러다가 잠이 깨었는데, 혹은 적어도 내 생각으론 깨어났다고 믿었는데, 데릭이 거기 서 있는 걸 보았습니다. 데릭은 미소를 지으며 꽤 오랜 시간 나에게 말을 걸었어요. 그러고 나서 데릭이 사라지자 나는 빨리 그가 했던 말을 적어야 한다고 느꼈지만, 그런 생각을 하는 가운데도 기절할 것처럼 머릿속이 엄청 시끄러운 걸 느꼈죠. 그 상태에서 빠져나와, 다시 한번 내가 들은 이야기를 적어 두어야 한다고 느꼈지만 역시나 또 혼절할 것처럼 시끄러운 현기증이 나를 휘감았어요. 그 증상이 멈췄을 땐 데릭이 했던 말을 단 한 마디도 기억할 수가 없더군요. 정말 이상했어요. 데릭에게 무슨 일이 있었는지, 내가 꼭 알아야 하는 온갖 종류의 것들을 이야기해 줬기 때문에 그걸 기억해 보려고 필사적이었죠. 하지만 어쨌거나, 데릭이 멋진 곳에 있다는 평화로운 느낌은 남았더군요."

제인은 똑같은 경험을 했던 다른 사람을 만난 이야기를 들려주었는데, 그 여성은 제인에게 이렇게 말했다. "무슨 일을 하더라도, 그런 일이 또 한 번 발생한다면, 절대로 침대를 벗어나지 마세요. 남편이 세상을 떠난 뒤 나를 찾아왔을 때, 저 역시 남편이 한 말을 적으려고 필사적으로 노력했고 펜을 가지러 침대를 빠져나왔답니다. 저도 선생님이 묘사하신 것과 똑같이 머리가 시끄러운 현기증을 느꼈어요. 그러고는 다음 날 아침 혼수 상태로 발견되었죠."

나는 제인에게 무슨 일이 일어났다고 생각하는지 물었다. "모르겠어요, 하지만 그 여성은 죽은 사람들이 다른 비행기를 탄 셈이고 그들의 이야기를 듣는 건 우리가 그 영역에 들어간 거라고 설명하더군요. 그래서 그런 경험을 한 뒤에 지구로 돌아오려면 시간이 걸린다고요.

데릭과 그런 경험을 한 뒤에 이상한 건, 데릭이 사랑했던 것들, 예를 들어 바다와 폭풍, 날아가는 새들 같은 것을 내가 정말로 열심히 쳐다보면, 그래서 정말로 그것들을 느낀다면, 데릭도 그 느낌을 공유할 수 있을 거라는 기묘한 느낌을 가지게 되었다는 거예요. 이제는 데릭이 다른 곳, 혹은 그 여성의 말처럼 '다른 비행기'에 있기 때문에 살아 있는 사람의 눈을 통해서만 지상에서 일어나는 일들을 알 수 있겠다는 느낌이 들었어요. 아주 강렬한 순간이었죠."

제인은 당시에 겪은 그 일이 너무 기이하면서도 동시에 너무도 생생해서, 보통은 그 경험에 대해서는 전부 다 털어놓지는 않는다고 말했다.

제인 구달의 삶, 희망의 길

"제인, 하나 남은 마지막 질문입니다. 선생님에게서 희망을 얻는다고 말하는 사람들이 그토록 많은 이유는 무엇이라고 생각하십니까?" 나는 자살로 생을 마감한 대학 친구를 떠올리며, 얼마나 많은 사람이 고통을 겪고 절망과 싸우고 있는지를 생각했다.

"솔직히 나도 모릅니다. 나도 알면 좋겠어요. 아마도 사람들이 내가 성실하다는 걸 깨닫기 때문이겠죠. 사람들이 꼭 알 필요가 있기 때문에 나는 암담한 사실들을 망설임 없이 세상에 펼쳐놓습니다. 하지만 그런 다음엔 지금 이 책에 담고 있는 것처럼 희망에 대한 나의 이유 또한 펼쳐놓지요. 그러면 사람들은 그 메시지를 받고, 우리가 제때에 힘을 합하기만 한다면 무언가 더 나은 일이 생길 수도 있다는 걸 깨닫습니다. 사람들이 일단 삶이 달라질 수 있다는 걸 깨달으면 목적 의식을 갖게 돼요. 그리고 우리가 오래 이야기했던 것처럼, 목적 의식을 가지면 모든 게 달라집니다."

"희망에 대한 대화를 마무리하고 작별 인사를 나눠야 할 때인 것 같습니다. 적어도 지금은 작별해야겠네요." 내가 말했다. "감사합니다, 제인. 이번 희망 탐구는 근사한 여정이었어요."

"더그와 이야기를 나누는 건 언제나 즐거워요. 나의 두뇌에 시련을 안겨 주는 게 좋거든요." 제인이 말했다.

"제 두뇌도 열심히 회전하느라 시련을 겪었고, 마음은 열렸고, 저의 희망은 갱신되었습니다." 내가 대꾸했다.

"잠깐만요." 제인이 노트북 컴퓨터를 창 쪽으로 가져가며 말했다.

할머니의 너도밤나무. 어린 시절 나의 가장 소중한 친구 중 하나였다.
(사진 제공: JANE GOODALL INSTITUTE/COURTESY OF THE GOODALL FAMILY)

제인 구달의 삶, 희망의 길

"한 가지 더 더그에게 보여 주고 싶은 게 있어요. 내가 다섯 살 때 자작나무 집으로 온 이후부터 나와 함께 했던 옛 친구가 있어요. 저기, 보여요?"

제인이 외할머니에게 자필 유언장에 서명까지 받아냈다는 너도밤나무가 그곳에 있었다. 어스름이 깔린 마당을 내다보며, 나는 너도밤나무의 검은 실루엣을 알아볼 수 있었다. 지난 빙하기 이후 번성해 왔기에 영국산 나무 중 여왕으로 간주되는 너도밤나무로 대화를 마무리하다니 참 어울린다는 생각이 들었다.

"어두워서 더그에겐 제대로 안 보일 테니까, 내가 나무를 좀 설명해 줄게요. 회색 수피는 부드럽고, 초록색이던 잎사귀는 최근에 부드러운 노란색과 주황색으로 단풍이 들었어요. 이젠 떨어지기 시작하는 중이고요.

그래도 나무는 여전히 서 있어요, 내가 어릴 때보다도 훨씬 더 키가 컸죠. 지금은 저 나무에 올라갈 수 없지만, 점심때는 샌드위치를 싸 들고 저 나무 아래 앉아 있는답니다."

"언제고 이번 팬데믹이 지나가고 나면 저도 선생님과 함께 너도밤나무 아래서 샌드위치를 먹을 수 있겠네요." 내가 말했다.

"언제나 희망은 품을 수 있으니까요." 제인이 말했다.

"음, 우리 대화를 끝내기에 완벽한 인용문인 것 같습니다." 내가 말했다.

서로 손을 흔들어 작별 인사를 나누고 노트북 컴퓨터를 덮은 뒤,

나는 지구 반대편에 있는 제인을 생각했다. 오늘 제인의 일은 끝이 났지만, 전 세계에서 너무도 절박하게 필요한 메시지인 희망의 메시지를 전달받기 위해서 줌과 스카이프로 다음번 일이 다시 시작되리라는 것을 나는 알고 있었다. "행운을 빌어요, 제인."이라고 나는 속으로 되뇌었다. 그러자 앞으로도 더 많은 세월 동안 제인이 계속해 나갈 힘이 있으리라는 또 다른 희망이 샘솟는 것이 느껴졌다. 언젠가는 망원경과 공책을 준비해 두고 제인이 다음번 위대한 모험을 시작할 날이 오리라는 것 또한 알고 있었다. 그런 날이 오면 제인이 미처 끝내지 못한 것을 우리 모두의 내면에 깃들어 있는 굴하지 않는 인간의 정신력이 뒤를 이어 완수하게 될 것이다.

제인 구달의 삶, 희망의 길

맺음말
제인 구달이 보내는 희망의 편지

친애하는 독자 여러분,

저는 2월의 아주 춥고 바람이 심하게 부는 아침에 본머스에 있는 집에서 지금 여러분에게 편지를 쓰고 있습니다. 마침 음력 새해 첫날이기도 해서, 모든 중국인 친구들로부터 연락을 받았어요. 친구들 모두 하나같이 올해는 작년보다 더 좋은 해가 될 거라는 희망으로 가득 차 있더군요. 더그와 내가 탄자니아에 있는 나의 집에서 희망에 관한 이 대화를 시작한 것이 1년 6개월 전의 일입니다. 참 놀라운 시간이었지요. 우선, 더그는 몹시 편찮으신 아버지 곁에 있어

319

드리느라 미국으로 서둘러 돌아가야 했기 때문에 두 번 다시 곰베로 가지 못했습니다. 우리의 두 번째 대화는 계획대로 네덜란드에서 이루어졌습니다. 하지만 내가 자라난 곳을 더그도 볼 수 있기를 바라며 이곳 본머스에서 하기로 되어 있던 세 번째 만남은 팬데믹 때문에 처음엔 연기되었다가 이내 취소되고 말았어요. 코로나19 팬데믹은 2022년 현재도 여전히 전 세계에 혼란을 일으키고 있습니다.

비극이라면, 인수 공통 감염 질병을 연구해 온 학자들이 이번 경우와도 같은 팬데믹을 오래전부터 예측해 왔다는 점입니다. 새롭게 발견되는 모든 인간 질병의 약 75퍼센트는 동물과 인간의 접촉에서 생겨납니다. 코로나19 역시 그런 질병 가운데 하나일 가능성이 크지요. 세균이나 바이러스 같은 병원균이 동물에서 인간에게 전해져, 인간이 가진 세포와 결합될 때 그런 질병이 시작됩니다. 그리고 이는 새로운 질병으로 이어지기도 합니다. 인류에겐 불행하게도 코로나19는 전염력이 높아 빠르게 확산했고, 곧 전 세계 거의 모든 나라에 영향을 미쳤습니다.

우리가 계속해서 자연을 존중하지 않고 동물을 경시한다면 그러한 팬데믹은 피할 수 없다는 사실을 오래전부터 경고했던 인수 공통 감염 질병 연구 과학자들의 말에 귀를 기울였다면 얼마나 좋을까요. 그러나 그들의 경고에 사람들은 귀를 닫았습니다. 우리는 귀를 기울이지 않았고 지금 그 끔찍한 대가를 치르고 있습니다.

동물의 서식지를 파괴함으로써 우리는 동물이 사람들과 더 가까

여기가 바로 팬데믹 동안 내가 '감금 생활'을 했던, 우리 가족의 고향 집인 자작나무집 처마 아래 있는 나의 '스튜디오'다. 나의 침실이기도 하다. (사진 제공: RAY CLARK)

이 접촉하도록 강요하고, 결과적으로 새로운 인간 질병을 만들어 내도록 병원균을 위한 환경을 조성합니다. 또한 인구가 늘어나면서 마을을 확장하고 농사를 지을 공간을 더 확보하기 위해, 사람들과 가축들은 현재 그나마 남아 있는 야생 지역에 더욱더 깊숙이 침투하고 있습니다. 동물들은 사냥을 당해 죽거나 잡아먹힙니다. 사냥된 동물과 사체 부위가 병원균과 함께 전 세계로 거래됩니다. 야생 동물 시장에서 각종 동물이 먹을거나 의류 재료로 팔려나가거나, 이국적인 애완 동물로 매매됩니다. 이런 밀매 시장의 거의 모든

맺음말

곳은 환경이 끔찍이도 잔혹할 뿐만 아니라 지극히 비위생적입니다. 스트레스를 받은 동물들의 피와 오줌, 배설물이 사방에 널려 있을 정도로요. 바이러스가 인간에게 전염되기에 완벽한 기회이기에, 사스(SARS)와 마찬가지로 이번 팬데믹도 중국 야생 동물 시장에서 시작되었다고 생각됩니다. 에이즈를 일으키는 HIV-1과 HIV-2는 중앙아프리카 야생 동물 시장에서 식용으로 판매되던 침팬지 고기에서 유래되었습니다. 에볼라 바이러스는 식용 고릴라 고기에서 시작되었을 가능성이 크고요.

식재료와 우유, 달걀을 얻기 위해 인간이 키우는 수십억 마리의 가축들이 처한 끔찍한 환경 역시 멕시코의 공장식 축산 농장에서 시작된 고전염성 조류 독감이나, 전염성은 없는 대장균증, MRSA(메티실린 내성 황색포도알균 감염), 살모넬라처럼 새로운 질병으로 이어집니다. 지금 제가 언급하고 있는 동물 모두 개성을 지닌 개체임을 잊지 마십시오. 동물들, 특히 돼지의 경우 높은 지능을 갖고 있으며, 그들 모두가 공포와 비참함을 알며 고통도 느낍니다.

하지만 긍정적이고 좋은 일도 일어났음을 공유하는 것이 중요하겠죠. 전 세계가 다양한 방식으로 봉쇄된 동안 교통량이 적어지고 많은 산업 시설이 작동을 중단하자, 화석 연료 배출 가스가 획기적으로 감소했습니다. 대도시에 살던 사람들은 아마도 처음으로 깨끗한 공기를 마시고 밤하늘에서 밝게 빛나는 별을 바라보는 사치를 누렸습니다. 소음 수준이 낮아지면서 새소리를 들을 수 있게 된 기쁨을 공유한 사람들도 많습니다. 소도시와 대도시 거리에 야생 동물들이 출현했습니다. 일시적으로 벌어진 상황이기는 하지만, 이런 변화는 세상이 어떻게 될 수 있는지, 그리고 어떻게 되어야 하는지 더 많은 사람이 이해하는 데 도움이 되었습니다.

또한 팬데믹 상황은 타인을 구하기 위해 지칠 줄도 모른 채 목숨을 걸고 일하다가 실제로 종종 목숨을 잃기도 하는 의사, 간호사, 보건 전문가 같은 수많은 영웅을 탄생시켰습니다. 많은 곳에서 공동체 정신이 되살아났고, 사람들은 서로를 도왔습니다. 이탈리아의 어느 도시 주민들은 발코니에 나가 기분을 북돋기 위해 오페라 아리아를 서로에게 불러 주기도 했지요. 기발한 텔레비전 프로그램도 제작되었습니다. 유명 오케스트라가 식물 관객을 앞두고 공연을 했던 것은 저도 특히 마음에 들었습니다. 인근 식물원에서 가져온 식물 화분을 관객석마다 하나씩 놓아두었더군요. 최고의 순간은 연주자들이 자리에서 일어나 원예 품종 관객들에게 원숙한 위엄과 존경을 담아 고개를 숙여 인사를 건네던 때였습니다. 동물원을 나온 펭귄들이 미술관을 자유롭게 돌아다니도록 허락되기도 했습니다.

인간의 지성도 발휘되어, 사람들을 가상으로 서로 연결해 주는 새로운 방식을 개발해 냈습니다. 제인 구달 연구소에서도 최초로 전 세계를 연결하는 화상 회의를 개최했는데요, 잘 될 수 있을 거라고는 생각도 못 했다가, 얼굴을 맞대는 재미와 포옹을 나누지 못한 채 그저 함께할 뿐이기는 했지만 모든 게 순조로웠고, 비용도 매우 절약되었습니다. 오늘날엔 줌이나 다른 놀라운 기술을 활용해 화상 회의나 사업용 상담을 하는 것이 보통이 되었습니다. 이 모든 것은 인간의 적응력과 창의성을 보여 주는 훌륭한 사례입니다.

물론 항공사와 호텔 업계의 걱정은 필사적이었지만, 일부 국가에선 야생 동물의 번식률이 증가했습니다. 관광 산업을 뒷받침해 줄 관광객이 감소하고, 평소 같으면 야생 동물 보호 공원을 순찰했을 관리인들에게 지급할 급여를 위한 자금 부족 때문이었어요. 하나같이 모든 사람이 자연과 조화롭게 존재하며 편안한 삶을 가꾸어 갈 수 있는, 좀 더 지속 가능하고 윤리적인 세상을 만들기 위해서는 인간의 창의력과 영리한 두뇌, 이해심, 동정심을 이용하는 것이 중요하다는 것을 가리키는 증거입니다.

동물이나 자연과 새로이 좀 더 존중하는 관계를 맺어야 한다는 것, 그리고 새롭고 좀 더 지속 가능한 녹색 경제가 필요하다는 것을 깨달은 사람들이 더 많아진 것이 사실입니다. 이런 변화가 일어나기 시작했음을 보여 주는 징후도 있습니다. 기업들은 원자재를 마련하는 데 가장 윤리적인 방법을 생각하기 시작하는 중이고, 소비자들도 자신의 생태 발자국에 대해서 좀 더 조심스럽게 여기고 있습니다. 중국은 야생 동물을 잡아먹는 것을 금지했고, 야생 동물의 신체 부위를 의학용으로 활용하는 것 역시 끝날 희망이 보입니다. 전통 중국 약제를 위한 승인 재료 목록에서 이미 중국 정부가 천산갑 비늘을 제외했습니다. 야생 동식물의 불법 거래를 종식시키기 위한 대대적이고 국제적인 노력도 진행되고 있습니다. 그러나 물론 우리에겐 아직도 갈 길이 멉니다.

게다가 여러 나라에서 공장식 축사를 퇴출하도록 정부에 압력을 넣는 여러 캠페인도 벌어지고 있는데요. 고기 소비량이 점점 감소하고 있고 자연 식물 식단으로 눈을 돌리는 사람들이 점점 더 많아지고 있습니다.

저는 작년 3월 이후 갇혀 지내고 있는 상황인데요, 이곳 본머스에서 여동생 주디, 주디의 딸 핍(Pip), 각각 스물두 살, 스무 살 손자 알렉스(Alex), 니콜라이(Nickolai)와 함께 하루하루를 보내고 있답니다. 시간 대부분을 저는 처마 밑에 자리 잡은 저의 작은 침실 겸 사무실 겸 스튜디오에서 보내고 있어요. 이곳에서 더그와 마지막 줌 대화를 하기도 했고요.

처음엔 저도 좌절하고 분노했습니다. 강연을 취소해 사람들을 실망시키면 끔찍한 기분이 들었어요. 하지만 곧 피할 수 없는 현실을 직면해야 한다는 걸 깨달았고, 몇 안 되는 제인 구달 연구소 직원들과 가상의 제인을 만들어 내기로 결정을 내렸습니다. 강제적인 고향 체류 동안 푹 쉬면서 명상할 시간도 갖고 새로운 활력을 만들어 내기를 바라는 수많은 사람의 편지가 나에게 쏟아졌습니다. 하지만 더그에게도 말했다시피, 사실상 내 평생 이보다 더 바쁘고 피곤했던 적이 없었답니다. 세계 곳곳에 영상 메시지를 보내고, 줌이나 스카이프, 웨비나, 혹은 다른 기술을 활용해 회의에 참석하고, 인터뷰하고, 팟캐스트에 참여하고, 실제로 나만의 호프캐스트(Hopecast)도 개발했거든요! (제인 구달 연구소 홈페이지에서 구달의 호프캐스트를 들을 수 있다. https://janegoodall.org/our-story/about-jane/hopecast/. — 옮긴이)

화상 강연을 계획하고 실현하는 일이 가장 힘겨웠습니다. 열정적인 사람들로 가득 찬 강당에서 전달되는 되먹임 없이 보이지 않는 관객에게 영감을 주는 프레젠테이션을 하려면 어떻게든 에너지를 제대로 끌어내야 합니다. 청중들 대신에 노트북 컴퓨터에 달린 카메라의 작은 초록색 불빛에 대고 이야기를 해야 하니까요. 화면에 보이는 사람들에게 이야기를 하면서, 사람들 얼굴이 아니라 그 작은 초록색 불빛을 쳐다보도록 자신을 다그치는 일은 정말로 어렵더군요. 그래야 관객들 시각에선 제가 자신들과 눈이 마주치는 것처럼 보일 테니까요!

물론 친구들과 함께하는 시간도 엄청나게 그리웠습니다. 여행을 할 때는 강연과 기자 회견, 고위급 회담 사이사이에, 친구들과 만나 포장해 온 인도 음식에 붉은 포도주를 곁들이며 즐거운 저녁 시간을 보내거든요, 물론 위스키도 빼놓을 수 없죠! 놀라운 장소에 가서 감동을 주는 사람들을 만날 기회도 그리웠고요. 하지만 가상 제인의 가차 없는 스케줄엔 쉬는 시간도 없이, 그저 컴퓨터 화면을 응시하며 사이버 공간에 대고 이야기하는 하루하루가 이어졌습니다.

하지만 이 모든 상황에도 밝은 면은 있었어요. 평소처럼 여행을 할 때 가능했던 것보다 훨씬 더 많은 곳에서 훨씬 더 많은 사람을,

봄날 자작나무집 마당에서 주디와 나와 너도밤나무. (사진 제공: TOM GOZNEY)

맺음말

사실상 수백만 명도 더 넘게 만날 수 있었기 때문입니다.

더그와 마지막으로 줌 화상 대화를 하는 동안 나는 구석구석 방 안을 구경시켜 주며 수많은 사진과 여행에서 가져온 여러 가지 기념품을 보여 주었어요. 하지만 다른 방에 더 많은 것들이 간직되어 있습니다. 이곳에서 저는 인생의 다양한 단계를 상기시켜 주는 물건에 둘러싸여 있습니다. 1872년에 지어진 너무도 사랑을 받는 이 집은 저를 빚어낸 지난 여정과 사람들, 물건들을 끊임없이 기억나게 합니다. 희망의 메신저로 자라난, 수줍음 많고 자연을 사랑하는 아이였던 저의 뿌리는 이곳입니다.

제가 여러분께 편지를 쓰고 있는 2021년의 춥고 축축한 날, 아무 의심 없이 전 세계를 여행하고 있는 인간 숙주를 경로로 삼아 새롭고 더 전염력이 강한 바이러스가 여러 나라에서 창궐하며 더욱 큰 절망에 기름을 붓고 있습니다. 따라서 우리의 관심이 대부분 이번 팬데믹을 종식시키는 데 초점을 맞추고 있는 것은 놀라운 일이 아닙니다. 하지만 메신저로서 저에게는 전달하고 싶은 아주 중요한 내용이 있습니다. 우리는 이번 팬데믹 탓에 우리 미래에 대한 더 큰 위협, 즉 기후 위기와 생명 다양성 손실 문제에서 멀어지면 안 됩니다. 이 위협을 해결하지 못하면, 우리도 알고 있듯이 인간을 포함한 지구 생명 전체가 종말을 맞을 것입니다. 자연이 죽으면 우리도 계속 살아갈 수 없습니다.

파시스트 잔당들이 다시 부상하고 있기는 하지만 저는 나치가 패배하는 걸 직접 목격했습니다. 핵무기의 위협이 아직 존재하기는 하지만 우리는 엄청난 핵전쟁의 위협을 한 번 완화시킨 적이 있습니다. 이제는 코로나19뿐만 아니라 그 변종도 물리쳐야 하겠으나, 기후 변화와 생명 다양성 손실 문제도 반드시 해결해야 합니다.

저의 인생이 두 세계 대전 사이에 샌드위치처럼 끼어 있었던 것은 다소 기이합니다. 제가 어렸을 때 처음 맞닥뜨린 전쟁은 인류의 적인 히틀러의 나치에 맞선 싸움이었습니다. 그런데 이제 제가 아흔이 가까워지는 지금은 두 가지 적을 물리쳐야 합니다. 하나는 눈에 보이지 않아서 현미경을 들이대야 하는 적이고, 다른 하나는 우리 자신의 어리석음과 탐욕, 이기심입니다.

희망에 대한 저의 메시지는 이것입니다. 이 작은 책에 기록된 대화를 읽으셨으니 여러분도 우리가 이 전쟁에서 이길 수 있으며 미래를 위한 희망이 있음을 깨달으셨을 겁니다. 우리 지구의 건강과 우리 사회와 우리 아이들을 위해서 말이죠. 하지만 그것은 우리가 모두 모여 힘을 합할 때만 가능합니다. 긴급하게 행동을 취해야 하며, 우리 각자가 맡은 역할을 담당해야 한다는 사실도 이해하셨기를 바랍니다. 어떠한 역경이 오더라도 부디 우리가 이길 수 있다고 믿어 주십시오. 여러분이 그것을 믿지 못한다면, 무관심과 절망에 빠져 아무것도 하지 않을 것이기 때문입니다.

우리는 팬데믹을 견뎌낼 수 있습니다. **놀라운 인간의 지능**을 갖춘 과학자들 덕분에 백신이 기록적인 속도로 생산되었습니다. 만일 우리가 힘을 합쳐 지능을 활용하고 각자 맡은 역할을 해낸다면, 우리는 기후 변화와 동식물의 멸종을 늦출 방법을 찾아낼 수 있을 것입니다. 개개인으로서 우리가 매일 차이를 만들어 내고, 우리가 하는 행동으로 개개인의 윤리적 선택이 수백만 번 축적되면 우리는 더 지속 가능한 세상으로 나아가게 될 것입니다.

우리는 놀라운 **자연의 회복 탄력성**에 깊이 감사해야 합니다. 굳이 거대한 자연 회복 프로젝트를 수단으로 삼지 않더라도, 삶을 살아가며 우리가 남기는 환경 발자국에 대해서 한 번 생각해 보는 선택과 노력의 결과로도 우리는 환경이 치유되는 것을 도울 수 있습니다.

전 세계 **젊은이들의 행동과 결단력**, 에너지에서 우리는 미래에 대한 큰 희망을 봅니다. 기후 변화와 사회적, 환경적 불의에 맞서 싸우는 그들을 격려하고 뒷받침하는 데 우리는 모두가 최선을 다할 수 있습니다.

마지막으로, 인간은 영리한 두뇌, 사랑과 연민을 품도록 잘 개발된 역량만 선물로 타고난 것이 아니라 **굴하지 않는 인간의 정신력** 또한 갖추어져 있음을 잊지 마십시오. 우리는 모두 이런 전사의 기질을 갖고 있으며, 어떤 사람들은 그걸 단지 깨닫지 못했을 뿐입니다. 우리는 불굴의 정신력을 기르려고 노력해, 다른 사람들에게 희망과 용기를 안겨 주도록 날개를 펼쳐 세상 속으로 날아갈 기회를 갖도록 할 수도 있습니다.

문제가 있다는 것을 부정하는 것은 좋지 못합니다. 우리가 세상에 끼친 해악에 관해 생각한다고 해서 부끄러울 것은 없습니다. 그러나 당신이 할 수 있는 일에 정신을 집중하고 그것을 잘 해낸다면, 그것으로 모든 게 달라질 것입니다.

언젠가 뿌리와 새싹 프로그램이 시작된 탄자니아를 방문한 동안, 저는 인근 모든 단체가 한데 모여 각자 프로젝트를 공유하고 사교의 장을 펼치는 행사에 참석한 적이 있습니다. 많은 웃음과 많은 열정이 흘러넘쳤죠. 행사가 마무리되자 그곳에 모인 모든 사람이 외쳤습니다. "함께라면 우리는 할 수 있다." 함께라면 그들이 세상을 올바르게 되돌릴 수 있다는 의미였습니다. 나는 마이크를 잡고 그들에게 말했습니다. "그래요, 분명 우리는 할 수 있습니다. 그러나 우리가 하긴 할까요?" 이 말은 사람들을 깜짝 놀라게 했지만, 사람들은 내가 한 말의 의미를 깊이 생각했고 이해했습니다. 나는 그들을 이끌고 이렇게 선창했어요. "함께라면 우리는 할 수 있다. 함께 우리는 꼭 해낼 것이다!" 이 구호는 현재 사람들이 모든 모임을 끝내는 방식이 되었고, 다른 나라로도 전파되었어요. 가끔은 강연도 그런 식으로 마무리합니다. 유럽에서 두 번째로 큰 음악 페스티벌에서 짧게 연설을 하게 된 적이 있습니다. 1만 6000명의 군중 앞에 서게 되었죠. 나는 그들에게 행동을 촉구하는 구호를 나와 함께 외쳐 달라고 부탁했습니다. 반응이 있기는 했지만 인상적이진 않았어요. 초등학생 어린이들도 그것보다는 잘한다며, 다시 해 보자고 내가 그들에게 말했습니다. 모든 관객이 자리에서 일어나 따뜻한 저녁 공기 속으로 외쳤던 함성을 떠올리면 아직도 소름이 돋는답니다.

그러나 작년 초 다보스 포럼에서 막강한 거대 기업의 최고 경영자들과 소수의 정치인들, 기타 참석자들에게 강연하며 똑같은 시나리오가 재현되었을 때는 놀라움 그 이상의 경험이었어요. 그들도 처음 반응은 미약했습니다. 하지만 내가 변화에 대한 의지를 보여 줄 수 있도록 좀 더 열의를 담아 주면 좋겠다고 말하자, 모두 자리에서 일어나 귀를 찢을 듯 큰 소리로 화답해 주었고 길고 긴 박수가 뒤를 이었습니다. 내 눈엔 눈물이 흐르고 있었고요.

함께라면 우리는 할 수 있습니다! 함께 우리는 꼭 해낼 것입니다!

맞습니다, 우리는 할 수 있고 해낼 것입니다. 반드시 그래야만 하니까요. 이곳을 더 나은 세상으로 만드는 데 우리에게 주어진 삶이라는 선물을 활용합시다. 우리 아이들과 그 아이들의 아이들을 위해서. 빈곤에서 몸부림치고 있는 사람들을 위해서. 외로운 사람들을 위해서. 그리고 자연계의 우리 형제자매인 동물과 식물, 나무들을 위해서.

부디 떨치고 일어나 도전을 시도하고 여러분 주변의 사람들에게 영감을 주고 도움의 손길을 뻗으며 당신의 역할을 해 주시기를 부탁드립니다. 희망에 대한 당신의 이유를 찾고 그 이유를 따라 앞으로 전진하십시오.

감사를 전하며, 제인 구달

감사의 글

제인 구달이 감사 인사를 드립니다.

87년이란 세월을 살아온 내가, 그간의 여정을 돕고, 힘이 들 때 나를 계속 나아가게 하고, 내가 할 수 없다고 생각했던 일을 해내도록 격려해 준 모든 사람에게 어떻게 제대로 감사의 말을 전할 수 있을까요?

물론 시작은 멋진 나의 어머니와 나머지 가족들부터 언급해야 할 것입니다. 그들의 역할은 이 책에도 잘 언급되어 있습니다. 우리가 동물의 왕국의 일부분임을 가르쳐 주었던 러스티. 내가 꿈을 깨 달을 기회를 안겨 주었고, 침팬지 행동 양식을 배우겠다는 열정만 으로 현장으로 뛰어든 젊은 여성을 믿어준 루이스 리키. 처음 6개 월간 현장 연구비를 지원한 레이튼 윌키(Leighton Wilkie). 도구를 사용 하고 만드는 모습을 내가 지켜보도록 허락한 데이비드 그레이비어 드. 그 관찰 장면이 내셔널 지오그래픽 위원회의 관심을 끌어 내가 연구를 계속할 지원금이 확보되었더랬죠. 대단히 감사드립니다. 첫 남 편 휴고 판 라빅에게는 너무 많은 빚을 졌습니다. 그의 영화 덕분에 여전히 당대 사람들에게 동물 행동을 설명하고 우리만 개성과 마음, 감정을 지닌 존재가 아니라는 사실을 납득시킬 수 있기 때문입니다.

우리를 둘러싼 세상에 대한 나의 이해를 돕고, 내 인생의 여정에 도움을 준 사람들과 동물들은 너무도 많습니다. 일일이 언급하기 엔 수가 너무 많을 정도로요. 곰베로 찾아와 침팬지와 비비의 행동 에 대한 우리의 이해를 풍성하게 해 주었던 학생들과 과학자들. 그 가운데 굳이 한 사람을 꼽는다면 앤서니 콜린스 박사가 있습니다. 1972년부터 나와 함께 했으며, 곰베가 계속 유지되도록 도움을 주 었고, 언제나 그곳에서 탄자니아와 부룬디, 우간다, 콩고 민주 공화 국을 돌아다니는 나에게 도움과 뒷받침을 아끼지 않는 사람이기 때문입니다. 곰베에서 일의 연속성을 확보하는 데 주요 역할을 했 던 두 번째 남편 브라이슨. 탄자니아 정부와 그의 긴밀한 관계 덕분 에 학생들이 납치된 후 접근이 차단된 곰베로 우리가 군용 헬기를 타고 수월하게 들어갈 수 있었습니다. 내가 2~3일 이상 그곳에 머물 수 없을 때도 침팬지와 비비 원숭이를 계속해서 따라 다녀 준 현장 조교들도 얼마나 훌륭했는지 모릅니다.

제인 구달 연구소와, 탄자니아, 우간다, 콩고 민주 공화국, 콩고 공화국, 부룬디, 세네갈, 기니, 말리에서 아프리카 프로그램을 담당하고 있는 모든 직원과 자원 봉사자에게 마음에서 우러나는 감사를 보냅니다. 동물원에서 동물 복지 향상을 위해 힘쓰고 있는 모든 분, 특히 침푼가 센터(Tchimpounga Center)와 어미를 잃은 새끼 침팬지를 위한 침프 에덴(Chimp Eden) 보호소, 그리고 내가 설립을 도운 은감바 아일랜드(Ngamba Island), 스위트워터스(Sweetwaters), 타쿠가마(Tacugama)에 있는 다른 보호소 관계자들에게 감사를 전합니다.

팬데믹 동안에도 첨단 기술로 전 세계 사람들과 내가 계속해서 소통하는 것을 가능하도록 뒷받침해 준 여러분이 존재합니다. 댄 듀퐁(Dan Dupont), 릴리언 핀티(Lilian Pintea), 빌 월라워(Bill Wallauer), 션 스위니(Shawn Sweeney), 레이 클라크(Ray Clark)와 열심히 일해 준 GOOF(Global Office of the Founder) 팀의 메리 루이스(Mary Lewis), 수재너 네임(Susana Name), 크리스 힐드레스(Chris Hildreth). 수없이 힘겨운 시기 내내 현명한 상담을 해 준 캐럴 어윈(Carol Irwin)에게도 깊이 감사드립니다. 보관량이 어마어마한 나의 사진들을 정리하고, 끈기와 마법 같은 기술로 모든 사진을 이 책에 실을 수 있도록 수호자 역할을 해 준 메리 패리스(Mary Paris)도 감사의 인사를 전합니다. 또한 전 세

감사의 글

계에서 뿌리와 새싹 프로그램을 조직하고 실천하고 있는 모든 젊은 이들과 그리 젊지 않은 이들에게도 아주 특별한 감사를 전합니다. 우리 미래에 대해서 내가 크나큰 희망을 품게 하는 것이 바로 이 운동이기 때문입니다.

마지막으로, 이 책을 만드는 것이 가능하도록 도움을 준 이들이 떠오르네요. 이야기와 사진을 제공한 모든 분은 너무 많아서 일일이 이름을 언급할 수도 없습니다. 더그와 내가 마지막으로 직접 만나 대화를 나눈 곳은 네덜란드였는데, 숲속의 멋진 오두막을 찾아 내 음식과 포도주를 대접해 준 파트리크와 다니에일레 판 페인 부부에게 아주 깊은 은혜를 입었음을 밝힙니다. 다니에일레는 맛있는 요리도 해 주었어요. 정말로 대단히 감사합니다.

실질적인 출간 작업을 담당한 관계자들에게도 감사를 전합니다. 셀라던 북스 출판사의 멋진 팀원들을 포함해, 특히 보조 편집자였던 세실리 밴 뷰런프리드먼(Cecily van Buren-Freedman), 가장 특별하고 멋지게 우리를 지원한 편집자 제이미 라압(Jamie Raab), 나의 끔찍한 일정 때문에 수없이 지연되면서도 놀라운 애정과 협조로 이 책을 이끌어 준 셀라던 북스(Celadon Books)의 대표이자 발행인, 과거에도 종종 협업을 했던 장본인이면서, 내가 다른 모든 것들을 처리하면서 동시에 책을 집필하느라 고군분투하는 동안 살뜰하게 지원해 준 게일 허드슨(Gail Hudson)에게도 끝없는 감사의 인사를 전합니다. 고마워요, 게일. 이처럼 힘겨운 시기를 내가 계속 헤쳐나갈 수 있도록 쇼핑과 요리를 도맡아 내가 전적으로 일에만 헌신할 수 있도록 해 준 나의 여동생 주디와 그 딸 핍에게 고마움을 전하지 않는다면 너무 뻔뻔한 사람이 될 겁니다. 희망의 책을 더그와 협업하도록 격려해 준 에이드리언 싱튼(Adrian Sington)에게도 대단히 고맙습니다. 물론 마지막으로 더그 본인도 고마운 사람이에요. 더그는 처음 이 책의 집필을 구상했고, 예리한 질문으로 내 마음속 깊은 곳에 있는 생각을 끌어내 주었습니다. 또한 희망의 의미와 이유에 관한 우리의 마지막 줌 화상 회의 동안 점점 더 미친 듯이 바빠진 나의 일정에 맞추느라 끈기 있게 자신의 시간을 조정해 주었습니다.

더그 에이브럼스가 감사 인사를 드립니다.

이 책을 쓰면서 알게 된 것은 희망이 우리 주변 사람들의 손에 키워지고 유지되는 사회적인 선물이라는 사실입니다. 우리는 삶 전반에 걸쳐 우리를 뒷받침해 주고 격려하며 높이 떠받들어 주는 희망의 그물을 저마다 갖고 있습니다. 나 역시 셀 수 없는 방식으로 내게 도움을 준 수많은 사람의 존재로 축복을 누렸습니다.

우선 내가 스스로를 믿지 못할 때조차 나를 믿어 주셨던 어머니 패트리샤 에이브럼스(Patricia Abrams)와 돌아가신 아버지 리처드 에이브럼스(Richard Abrams)에게 꼭 감사를 드려야겠네요. 형제자매이자

감사의 글

평생의 친구였던 조(Joe)와 캐런(Karen)에게도 감사합니다.

내 삶의 여정을 줄곧 곁에서 함께 해 주며, 특히 아버지가 돌아가시고 아들이 뇌손상으로 고통스러워할 때 탄생하게 된 이 책을 집필하는 데 도움을 준 나의 친척들과 여러 선생님, 친구와 동료. 놀라운 나의 친구들인 돈 켄덜(Don Kendall), 루디 로마이어(Rudy Lohmeyer), 마크 니콜슨(Mark Nicolson), 고든 휠러(Gordon Wheeler), 찰리 블룸(Charlie Bloom), 리처드 소넌블릭(Richard Sonnenblick), 벤 솔츠먼(Ben Saltzman), 매트 채프먼(Matt Chapman), 다이애나 채프먼(Diana Chapman)에게 특별한 감사를 보냅니다. 부 프린스(Boo Prince), 코디 러브(Cody Love), 스테이시 브루스(Staci Bruce), 마리아 샌포드(Mariah Sanford), 조던 잭스(Jordan Jacks), 스테이시 셰프텔(Stacie Sheftel)을 비롯해, 이 책을 구상하고 기획하고 탄생시키는 데 도움을 준 아이디어 아키텍츠(Idea Architects) 사의 뛰어난 인재인 재미난 친구들과 동료들에게도 감사하고 싶고, 특히 처음부터 끝까지 줄곧 지칠 줄 모르고 자료 조사와 편집을 도와준 에스메 슈월 와이건드(Esmé Schwall Weigand)와, 더 지혜롭고 더 건강하며 더 공정한 소속사와 세상을 만들어 가는 과정에서 문학계의 숲과 동반자들 사이에서 꾸준히 길잡이 역할을 맡아 준 라라 러브 하딘(Lara Love Hardin)과 레이철 뉴먼(Rachel Neumann)에게 고마움을 전합니다. 부(Boo)와 코디(Cody)는 더할 나위 없이 좋은 제작진이었을 뿐만 아니라 탄자니아 출장을 함께 해 준 멋진 여행 친구였고, 아버지가 입원하시면서 출장 중간에 내가 떠나와야 했을 때도 더할 나위 없는 이해심을 베풀어 주었습니다. 훌륭하게 해외 저작권을 담당해 준 카밀라 페리어(Cammilla Ferrier)와 젬마 맥도너(Jemma McDonagh), 마시 에이전시의 브리터니 풀린(Britanny Poulin), 이 책을 전 세계에 소개하는 데 도움을 준 애브너 스타인(Abner Stein) 사의 캐스피언 데니스(Caspian Dennis)와 샌디 바이올렛(Sandy Violette)에게도 고마움을 전하고 싶습니다. 사랑하는 나의 친구이자 작가이면서, 파리 기후 협약을 설계한 두 장본인이자, 인간에게 싸울 가능성을 선사한 인물로 역사가 길이 기억하게 될 두 인물인 크리스티아나 피게레스와 톰 카낙(Tom Carnac)의 사랑과 중재가 아니었다면 이 프로젝트는 존재하지 못했을 것입니다. 두 사람은 나를 제인에게 소개해 주었고 프로젝트의 처음부터 끝까지 줄곧 격려를 아끼지 않았습니다.

훌륭한 아내 레이철과 우리 아이들 제시, 케일라(Kayla), 일레이나(Eliana)의 사랑과 응원이 없었더라도 오래 버티지 못했을 겁니다. 세 아이들은 저마다 독특한 방식으로 젊은이들의 힘을 보여 주며 미래에 대한 나의 가장 큰 세 가지 희망을 품게 해 주는 존재입니다.

제인이 이미 언급했듯이, 세실리 반 뷰런프리드먼, 크리스틴 미키티신(Cristine Mykityshyn), 애나 벨 힌덴랑(Anna Belle Hindenlang), 레이철 추(Rachel Chou), 돈 와이스버그(Don Weisberg), 뎁 퍼터(Dab Futter)를 비롯해 셀라던 출판사의 전체 팀원들은 이 책의 시초부터 미래와 잠재성을 발견하고 함께 일하기에 편한 놀라운 조력자였으며, 그중에서

감사의 글

도 제이미 라압은 최고였습니다. 제이미는 세계에서 가장 명석하고 창의적인 출판인 중 한 사람으로 내가 오래전부터 존경해 온 인물이었기에 처음부터 끝까지 함께 일하는 것이 내겐 즐거움이었으며, 독자들의 희망과 꿈에 대한 제이미의 지혜와 친절, 깊은 지식 덕분에 이 프로젝트를 이끌어 가는 데 큰 도움을 받았습니다.

나와 맨 처음 대화를 나눈 수재너 네임부터, 따뜻한 마음씨와 통찰력, 거의 불가능해 보일 정도로 바쁜 제인의 일정에 기적을 발휘하는 능력까지 갖추고서 모든 단계에 우리와 동행한 메리 루이스와 함께했던 즐거운 오찬에 이르기까지, 이 프로젝트에 도움을 준 제인 구달 연구소의 모든 스태프에게도 감사를 전하고 싶습니다. 제인의 저작권 에이전트인 에이드리언 싱튼은 수많은 변수와 전 세계를 휩쓴 팬데믹 상황에서도 이번 프로젝트를 가능하게 하는 촉매 역할을 해 준 소중한 동료였습니다. 런던 도서전에서 만난 우리의 첫 대면은 내 인생에서 가장 행복한 추억 가운데 하나로 남았습니다. 제인의 오랜 조력자이자 친구인 게일 허드슨은 우리가 함께 대화를 엮어 간 순간부터 즉각적인 도움을 주었습니다. 그는 이 책의 완성에 주된 역할을 담당하며 나에게도 신뢰할 수 있는 친구이자 조언가가 되어 주었습니다.

마지막으로 이 책 안에서 자신이라는 위대한 선물을 세상에 선사한 제인에게 감사하고 싶습니다. 제가 제인을 찾았던 이유는 우리가 사는 세계에 대한 드물고도 필수적인 지식을 가진 자연주의

자일 뿐만 아니라, 우리와 지구를 대변하는 인도주의자이자 지혜의 인물임을 깨달았기 때문이었습니다. 시인이자 작가로서, 한마디 한마디 본인이 품고 있는 가장 위대한 진실을 정확히 표현하려는 제인의 헌신적인 노력은 감동적이었습니다. 제인과 함께 인간의 본성에 대한 심오한 이해를 탐구하고 희망이 어떻게 우리를 구원하는 역할을 할 수 있을지 알아보는 과정은 내 인생에 찾아온 엄청난 특권이었습니다. 처음엔 사적인 비탄이 만들어 낸 험한 지형 속에서 내가 헤매는 동안, 그리고 곧이어 전례 없이 찾아온 전 지구적 팬데믹 때문에 우리가 사는 세상이 진정 얼마나 취약하고 소중한지 우리 모두가 깨닫는 동안, 병든 지구 곳곳에서 제인의 길잡이를 절박하게 기다리고 있는 엄청난 압박감 속에서도 제인은 대단히 너그럽게 나에게 시간과 지혜와 우정을 나눠주었습니다.

감사의 글

더 읽을거리

1부 희망이란 무엇인가?

제인 구달의 일생과 함께 그의 견해를 형성한 삶의 경험담을 좀 더
깊이 탐구하려면, 영적인 자서전 *Reason for Hope: A Spiritual Journey*
(Warner Books, 1999)를 권한다. 침팬지와 제인의 연구에 대한 더 많은
내용은 곰베 침팬지에 대한 고전적인 저서, *In the Shadow of Man*
(Houghton Mifflin, 1971)과 *Through a Window: My Thirty Years with the*
Chimpanzees of Gombe (Houghton Mifflin, 1990)을 보기 바란다. (이 책들은 모

두 한국어판이 나와 있다. 『희망의 이유: 자연과의 우정, 희망 그리고 깨달음의 여정』(박순영 옮김, 김영사, 2023년), 『인간의 그늘에서』(최재천, 이상임 옮김, 사이언스북스, 2001년)와 『창문 너머로: 곰베의 침팬지들과 함께한 30년』(이민아 옮김, 사이언스북스, 2023년)이다. — 옮긴이)

희망 연구를 좀 더 살펴보려면 다음과 같은 책을 추천한다. Charles Snyder, *Psychology of Hope: You Can Get There from Here* (Free Press, 1994); Shane Lopez, *Making Hope Happen: Create the Future You Want for Yourself and Others* (Atria Paperback, 2014); Casey Gwinn & Chan Hellman, *Hope Rising: How the Science of HOPE Can Change Your Life* (Morgan James, 2019). 그밖에 미국 심리학회(American Psychological Association)를 위해 기고한 커스턴 와이어(Kirsten Weir)의 훌륭한 논문도 있다. ("Mission Impossible," *Monitor on Psychology* 44, no. 9(October 2013), www.apa.org/monitor/2013/10/mission-impossible.)

미래를 생각할 때 우리가 환상을 품거나 심사숙고하거나 희망을 가지며 떠오르는 아이디어뿐만 아니라, 학업에서 거두는 성공, 직장에서의 생산성, 전반적인 행복에 영향을 미치는 희망에 대한 메타 분석은 셰인 로페즈(Shane Lopez)의 책에 나온다.

영국 레스터 대학교 심리학자들이 3년간 학생들을 관찰한 또 다른 연구에서도, 더 희망적인 학생들이 학업에서 더 좋은 결과를 보인다는 사실을 확인했다. 사실상 희망은 지능과 성격, 예전 학업 성취도보다 더 중요하다. ("Hope Uniquely Predicts Objective Academic

더 읽을거리

Achievement Above Intelligence, Personality, and Previous Academic Achievement,"
Journal of Research in Personality, 44 [August 2010]: 550-53, https://doi.org/10.1016/
j.jrp.2010.05.009.) 또 다른 연구에서는 다양한 분야 고용인 1만1000명
이상을 상대로 진행된 45개의 논문을 분석해, 희망과 생산성 간
의 관계를 비교했다. ("Having the Will and Finding the Way: A Review and Meta-
analysis of Hope at Work," *Journal of Positive Psychology* 8, no. 4 [May 2013]: 292-304, https://
doi.org/10.1080/17439760.2013.800903.) 학자들은 직장에서 희망이 생산성
을 14퍼센트나 좌우한다는 결론을 내렸는데, 이것은 지능이나 낙
관론을 포함한 수치보다도 높은 비율이다.

희망은 개인적인 수준뿐만 아니라 집단적으로도 우리에게 영향
을 미칠 수 있다. 중소 도시에서 1,000명의 주민에게 설문 조사를
한 결과, 챈 헬먼은 집단적으로 느끼는 희망이 전체적인 공동체의
행복을 예측하는 가장 중요한 요소임을 확인했다. 또한 이 설문을
공중 보건 데이터와 연결하자, 개인적 희망과 집단적 희망 양쪽 모
두 기대 수명에 영향을 미친다는 사실을 밝혀냈다. (Hellman, C. M. &
Schaefer, S. M. [2017]. *How Hopeful is Tulsa: A Community Wide Assessment of Hope and Well-
Being*. 미출간 원고)

희망이 인간의 신체 건강에 영향을 미친다는 사실을 보여 주는
연구는 더 있다. 미국 샌안토니오 텍사스 대학교 건강 과학 센터 내
과의인 스티븐 스턴(Stephen Stern)과 동료들은 멕시코계 미국인과 유
럽계 미국인 약 800명을 대상으로 사망률 연구를 수행했다. (Stephen

L. Stern, Rahul Dhanda, Helen P. Hazuda, "Hopelessness Predicts Mortality in Older Mexican and European American," *Psychosomatic Medicine* 63, no. 3 [May-June 2001]: 344-51, doi: 10.1097/00006842-200105000-00003.) 성별, 교육 수준, 인종적 혈통, 혈압, 체질량 지수, 음주 여부 등의 변수를 통제했을 때, 덜 희망적인 사람들은 3년 뒤 암과 심장병으로 죽을 가능성이 2배나 더 높았다. 스턴은 미래에 대한 희망이 현재 우리가 하는 행동을 끌어내며, 현재 내리는 선택이 앞으로 우리가 장수할 것인지 단명할 것인지를 결정한다고 믿는다.

희망의 순환의 구성 요소는 찰스 스나이더(Charles Snyder)가 *Psychology of Hope* (Simon & Schuster, 2010)에서 희망을 목표, 의지력(willpower, 종종 행위의 작인(作因) 또는 자신감이라고 불린다.), 진로력(waypower, 종종 목표를 실현하기 위한 경로 또는 현실적인 방안으로 불린다.)으로 구분한 데서 유래한다. 허스 희망 지수(Herth Hope Index)를 개발한 장본인인 케이 허스(Kaye Herth)를 포함해서 다른 학자들도 사회적인 뒷받침을 희망의 구성 요소로 손꼽았다. ("Abbreviated Instrument to Measure Hope: Development and Psychometric Evaluation," *Journal of advanced Nursing* 17, no. 10 [October 1992: 1251-59, doi: 10.1111/j.1365-2648.1992.tb01843.x.)

이디스 이거(Edith Eger)에 대한 더 많은 정보는 저서 *The Choice: Embrace the Possible* (Scribner, 2017)와 *The Gift: 12 Lessons to Save Your Life* (Scribner, 2020)를 참조하기 바란다.

2부 희망에 대한 제인의 네 가지 이유

첫 번째 이유: 인간의 놀라운 지능

희망과 낙관주의에 대한 신경 과학계의 해석에 관해서는, 탈리 샤럿(Tali Sharot)의 *The Optimism Bias: A Tour of Irrationally Positive Brain* (Pantheon, 2011)을 읽어 보기 바란다. 샤럿이 지적하듯, 다른 영장류보다 훨씬 큰 인간의 앞이마엽 겉질은 제인이 언급하는 인간의 지능을 담당하는 신경계의 기반일 가능성이 크며, 언어와 목표 설정에 필수적일 뿐만 아니라 희망과 낙관주의 또한 좌우하고 있을 가능성이 크다. 샤럿은 앞이마엽 겉질 중에서도 특정한 부분인 띠이랑 전방 대상엽(rostral anterior cingulate cortex, rACC)이 감정과 동기 부여에 영향을 미쳐 희망을 품는 데도 기여할 수 있다고 지적한다. 샤럿의 연구에서는, 더 낙관적인 사람일수록 미래에 벌어지는 긍정적인 사건을 대단히 생생하고 상세하게 상상할 가능성이 더 컸다. 피험자가 긍정적인 사건을 생각하면 뇌의 이 특정 부위가 더 많이 활성화되어, 뇌의 구조상 인간의 감정, 특히 공포와 흥분을 관장하는 것으로 까마득히 오래전부터 잘 알려진 편도를 조절하는 것으로 확인되었다. 낙관적인 사람들의 경우 띠이랑 전방 대상엽은 부정적인 사건을 상상할 때 발생하는 공포를 진정시키고, 긍정적인 사건을 떠올릴 때 더 흥분하게 만든다. 이는 인간을 희망과 공포의 혼종(hybrids)이라고 표현한 로페즈의 용어에 신경학적인 근거를 제공한다고 하겠다.

나무의 지능과 소통에 대한 더 많은 이야기는 수잔 시마드의 *Finding the Mother Tree: Discovering the Wisdom of the Forest* (Alfred A. Knopf, 2021)(한국어판이 올해 출간되었다. 『어머니 나무를 찾아서: 숲속의 우드 와이드 웹』(김다히 옮김, 사이언스북스, 2023년)이다. — 옮긴이)과 페터 볼레벤 (Peter Wohlleben)의 *Hidden Life of Trees: What They Feel, How They Communicate — Discoveries from a Secret World* (Greystone Books, 2016)를 보기 바란다.

두 번째 이유: 자연의 회복 탄력성

자연의 회복 탄력성과 제인이 내게 들려준 이야기에 대한 더 자세한 내용은, 제인의 저서 *Hope for Animals and Their World: How Endangered Species Are Being Rescued from the Brink* (Grand Central Publishing, 2009)와 *Seeds of Hope: Wisdom and Wonder from the World of Plants* (Grand Central Publishing, 2014)를 보기 바란다. (이 두 책 모두 한국어판이 출간되어 있다. 『희망의 자연: 제인 구달의 꽃과 나무, 지구 식물 이야기)』(김지선 옮김, 사이언스북스, 2010년)과 『희망의 씨앗: 제인 구달의 꽃과 나무, 지구 식물 이야기)』(홍승효, 장현주 옮김, 사이언스북스, 2014년)이다. — 옮긴이)

생명 다양성의 극단적인 훼손과 급속한 멸종에 대한 더 많은 정보는 2019년 5월에 발행된 유엔 보고서, "Nature's Dangerous Decline 'Unprecedented'; Species Extinction Rates 'Accelerating,'" Sustainable

Development Goals, www.un.org/sustainabledevelopment/
blog/2019/05/nature-decline-unprecedented-report/를 참고하
기 바란다.

정신 건강에 미치는 기후 위기의 영향에 관한 미국 심리학회의
보고서는 다음 논문을 참고 바란다. Susan Clayton Whitmore-
Williams, Christie Manning, Kira Krygsman, et al., "Mental
Health and Our Changing Climate: Impacts, Implications,
and Guidance," March 2017, www.apa.org/news/press/
releases/2017/03/mental-health-climate.pdf.

생태계의 회복 능력에 대해서 더 알고 싶다면, 예일 대학교 삼
림 환경 과학 연구소의 홀리 존스(Holly P. Jones)와 오스왈드 슈미츠
(Oswald J. Schmitz)의 논문(PLOS ONE, May 27, 2009, https://doi.org/10.1371/journal.
pone.0005633)을 참조하기 바란다. 수백 년에 달하는 광범위한 기간
동안 실시된 개별적인 연구 240건을 검토한 후, 이들은 오염과 파괴
의 원천이 중단되면 생태계가 회복할 수 있다는 사실을 확인했다.
이들이 연구한 생태계는 10~50년 내에 회복되었으며, 숲의 경우는
평균 42년 만에, 해저는 평균 10년 만에 회복되었음을 확인했다. 파
괴 원인이 다수인 경우 환경 복구에는 평균 56년이 걸렸지만, 일부
생태계는 회복 지점을 넘어서 아예 복구되지 못했는데, 이런 경우
에도 인류의 문명을 뛰어넘는 훨씬 더 거대한 시간 단위로는 회복
이 가능할지도 모른다. 연구자들은 이렇듯 심하게 파괴된 생태계도

"인간의 의지가 따라 준다면" 회복될 수 있다는 말로 자신들의 연구 결과를 확인해 주었다.

자연을 필요로 하는 인간과, 인간의 건강 및 행복에 깊은 영향을 미치는 자연에 대한 이야기는 20세기 동안 2억 9000만 명 이상을 대상으로 했던 140여 개의 연구를 분석해서, 자연에서 시간을 보냈거나 자연과 가까이 사는 사람들이 제2형 당뇨병, 심혈관 질환, 조기 사망, 조산 비율 감소를 비롯해 건강상 다양하고도 유의미한 결과를 보였다는 사실을 확인한 논문을 살펴보기 바란다. (Caoimhe Twohig_Bennet, Andy Jones, "The Health Benefits of the Great Outdoors: A Systemic Review and Meta-Analysis of Greenspace Exposure and Health Outcomes," *Environmental Research* 166 [October 2018]: 628-37, doi: 10.106/j.envres.2018.06.030.) 자연이 왜 그토록 심오한 영향력을 발휘하는지 이유는 명확하지 않지만, 한 연구에 따르면 타액의 코르티솔 수치를 측정한 결과 자연 속에서 피험자의 스트레스가 줄어드는 것으로 보인다.

미국 시카고 대학교의 환경 신경 과학자 마크 버먼(Marc Berman)과 동료들은 가로수를 더 많이 심는 것이 주민의 건강 증진과 상관이 있음을 밝혔다. (Omid Kardan, Peter Gozdyra, Bratislav Misic, et al., "Neighborhood Greenspace and Health in a Large Urban Center," *Scientific Reports* 5, 11610 [July 9, 2015], https://doi.org/10.1038/srep11610.) 수입과 교육 수준 등 다른 위험 변수를 제한한 경우에도, 가로수가 10그루 더 많은 거리에 사는 사람들은 나무 분포가 더 적은 거리에 사는 사람들보다 7년 더 젊게 나타나

는 등 건강이 향상되었다. 아직 이유는 알지 못하지만, 버먼은 공기의 질, 그리고 자연이 제공하는 진정의 미학과도 관련이 있는 것으로 짐작하고 있다. 또 다른 연구에서도 버먼은 단순히 자연 속을 걷는 것만으로도 작업 기억(working memory, 정보를 단기적으로 보유하고 능동적으로 이해하며 순서대로 조작 및 수행하는 작업 기능을 일컫는다. — 옮긴이) 및 주의력이 20퍼센트 향상되며, 자연의 이미지나 소리, 동영상을 접하는 것만으로도 사람들의 인지력에 도움이 될 수 있다는 사실을 확인했다. (Marc G. Berman, John Jonides, Stephen Kaplan, "The Cognitive Benefits of Interacting with Nature", *Psychological Science* 19, no. 12 [December 2008]: 1207-12, https://doi.org/10.1111/j.1467-9280.2008.02225.x; Marc G. Berman, Ethan Kross, Katherine M. Krpan, et al., "INteracting with Nature Improves Cognition and Affect for Individuals with Depression," *Journal of Affective Disorders* 140, no. 3 [November 2012]: 300-305, https://doi.org/10.1016/j.jad.2012.03.012.)

다보스 세계 경제 포럼 나무 심기 프로그램에 대해서는 "A Platform for the Trillion Tree Community," www.1t.org/를 확인하기 바란다. 이 프로그램을 이끄는 데 결정적인 역할을 한 토머스 크로우더(Thomas Crowther) 외의 논문은 다음과 같다. "The Global Tree Restoration Potential," *Science* 365, no. 6448 [July 5, 2019]: 76-79, https://science.sciencemag.org/content/365/6448/76.

세 번째 이유: 젊은이들의 힘

뿌리와 새싹 프로그램에 대한 더 많은 정보는 http://rootsandshoots. org/를 살펴보기 바란다.

챈 헬먼의 이야기는 전화 인터뷰를 통해 들은 것이지만, 그의 저서 *Hope Rising* (Morgan James, 2019)에서도 찾아볼 수 있다.

네 번째 이유: 굴하지 않는 인간의 정신력

자하이샤와 자원치가 나무를 심으며 쌓은 우정에 대한 멋진 동영상은 Gopro: A Blind Mand and His Armless Friend Plant a Forest in China (www.youtube.com/watch?v=Mx6hBgNNacE&t=2s)와 https://gopro. com/en/us/goproforacause/brother에서 볼 수 있다.

3부 희망의 메신저 되기

임사 체험에 대해서나 임사 체험을 한 사람들이 사후 세계에 대해 하는 말에 대한 더 많은 이야기는 엘리자베스 퀴블러로스의 고전적인 저서 *On Life After Death* (Celestial Arts, 2008)나 좀 더 최근에 출간된 브루스 그레이슨의 *After: A Doctor Explores What Near-Death Experiences Reveal About Life and Beyond* (St. Martine's Essentials, 2021)을 보기 바란다. (퀴블러로스의 책은 번역되었다. 『사후생』(최준식 옮김, 대화문화아카데미, 2020년). ─ 옮긴이) 임사 체험 연구 분야의 수장인 그레이슨은 이러한 놀라운 경험을 40년 이상 연구하고 있다. 그레이슨은 죽음에 가까이 간 동안 많은 사람이 존재 자체도 몰랐던 친척을 만난다든지 하는, 전혀 불가능한 일을 경험하거나 목격한 경우를 연구했다. 임사 체험 이후 사람들은 거의 공통적으로 죽음은 두려움의 대상이 아니며 삶은 무덤 너머 어떤 형태로든 지속한다는 걸 믿게 되었다고 그는 주장했다. 또한 임사 체험은 사람들이 인생을 살아가는 방식을 바꾸기도 하고, 우주에 의미와 목적이 있다는 믿음을 일깨워 준다. 가장 매혹적인 몇몇 경험담은 이번 생이 시험에 불과할 수도 있다는 제인의 이야기와도 일맥상통한다. 그레이슨의 연구에 따르면, 인생의 끝에서 일종의 회상을 경험하며 자신의 인생 전체가 주마등처럼 눈앞에서 실제로 스쳐 지나가는 것을 목도하며 삶에서 특정 사건이 왜 벌어졌는지 이해하게 된다.

프랜시스 콜린스의 견해에 대한 더 많은 이야기는 그가 쓴 *The Language of God: A Scientist Presents Evidence for Belief* (Free Press, 2006)를 보기 바란다. (한국어판 『신의 언어: 유전자 지도에서 발견한 신의 존재』(이창신 옮김, 김영사, 2009년). ─ 옮긴이)

글로벌 아이콘 시리즈에 속하는 다른 책들은 www.ideaarchitects.com/global-icons-series/에서 확인 바란다.

제인 구달의 활동에 대한 더 많은 정보는 www.janegoodall.global과 www.rootsandshoots.global에서 찾아볼 수 있다.

옮긴이의 글

이 세상에, 이 나라에, 이 사회에 과연 희망은 있을까 싶은 순간을 살면서 문득문득 마주한다. 혐오와 차별과 편견의 언어가 이토록 당당한 힘을 얻었던 적이 과연 또 있었던가? 놀라운 사건 기사 밑에 달린 댓글엔 종종 이런 극단적인 말도 보인다. "이 나라는 ○○○ 할 자격이 없다, 멸망이 답이다.", "탈출만이 살길이다. 어딜 가도 혐오와 폭력이 판치는 여기보단 나을 것이다……." 지구에 가장 해로운 생명체는 인간이므로 지구가 살기 위해선 인류가 멸종하는 수밖에 없다는 회의론자의 의견도 본 적 있다. 물론 그 전에 인간이 다른 생명체들을 전멸시키지 않아야겠지만.

　개인적으로나 사회적으로 좌절과 절망의 구덩이에 파고들어 바닥을 긁으며 세상을 외면하고 싶은 마음이 들 무렵 이 책을 만났다. 전 세계를 휩쓸던 감염병과 죽음의 위협은 손 씻기와 마스크만으로 막아내기 어려운 현실이었고, 연일 우울감에 휩쓸렸다. 사회가 점점 퇴보한다는 느낌 속에서 프리랜서로서 느끼는 회의와 자괴감도 깊어졌다. 대담자이자 내레이터인 더글러스 에이브럼스는 자신을 회의적인 뉴요커라고 묘사하는데, 대한민국 수도권에서 살아가는 나 역시 그 사람 못지않게 회의적이고 비관적이기에, 제아무리 유명인이자 희망의 메신저인 제일 구달의 이야기라도 해도 금세 몰입하기는 쉽지 않으리라 예상했다. 무슨 일이든 말로 하기야 쉬워도, 공감과 실천은 얼마나 어려운가.

　하지만 제인 구달이라는 인물의 매력과 더불어 거침없는 희망에 대한 논의는 조금씩 습기처럼 나를 적셔 갔다. 늘 그러했듯이, 각 분야와 주제에 대한 희망을 이야기하며 보이는 제인 구달의 예리한 통찰력은 놀랍고 단호하다. 감동적인 이야기의 힘은 늘 크게 느껴지지만, 무엇보다도 대담자 두 사람의 실제 경험과 내면의 토로가 오히려 큰 명분보다 위로를 주었던 것 같다.

　그러나 두 사람의 만남과 집필 계획이 예상치 못한 사건들로 중단되고 지연되었듯, 이 책의 번역 작업 역시 옮긴이 개인의 사정으로 오랜 난항을 겪었다. 그래서 절망과 좌절의 팬데믹 시기 직후에 한국 독자들에게 희망과 위로 안겨 주었어야 할 기회는, 나의 좌절과 방황으로 점점 늦어졌다.

서글프게도 인간은 삶의 변화를 어느덧 몸으로 느끼는 시기를 꼭 겪게 되는 듯하다. 몸이든 마음이든 주변에 아픈 사람이 너무 많다는 걸 느낀다. 얼핏 저주라고 느껴지는 '백세 시대'를 살아가야 하는 현대인들의 DNA와 장기는 풍성한 영양 공급과 과학의 도움에도 막강한 건강을 담보하지는 못한다. 특히 마음의 병을 이겨 내는 항체는 어떻게 해야 키울 수 있을까. 아이를 졸지에 잃고 의연하고 꿋꿋하게 잘 견뎌 내고 있다고 '믿었던' 친구 하나는 결국 얼마 전 아이를 따라갔다. 그들이 왜 그런 길을 가야 했는지 남은 자들은 도무지 알 수가 없고, 원망과 안쓰러움에 가슴을 치는 아픔을 공유할 뿐이다.

존경을 자아낼 만큼 역동적인 활약을 지속해 온 제인 구달에게도 사랑하는 이들의 죽음이 남긴 역경과 힘겨운 시기는 있었으며, 그때 선생에게 가장 큰 힘을 준 건 반려 동물과 숲이었다. 놀랍게도 요즘 내게 숲과 자연은 삶을 버텨내는 힘을 주는 공간이고, 반려 동물 대신에 다정한 사람들이 곁에 있다. 예민하고 까칠하고 비관적인 나에게도, 그러니까 희망의 불씨는 꺼지지 않고 있다.

숲을 사랑하게 되면서 자연에 대한 미안함 때문에 대나무 칫솔을 쓴 지 좀 되었다. 플라스틱 칫솔이 발명된 이래 단 하나도 아직 썩지 않고 이 지구 어딘가에 쌓여 있다는 소름 돋는 이야기를 들었

옮긴이의 글

기 때문이다. 어디 칫솔뿐인가. 수많은 일회용품과 썩지 않는 옷들을 생각하면 숨이 막힌다.

지구와 환경을 생각하는 삶은 당연히 불편하다. 다소 평면적이고 불친절한 대나무 칫솔만 해도 인체 공학적인 모양새의 기능성 플라스틱 칫솔보다는 사용감이 비교되지 않을뿐더러, 잘 말려두지 않으면 금세 손잡이가 썩는다. 그래도 대나무와 옥수수 전분으로 만들어진 그 칫솔이 훗날 땅속에서 생분해되는 모습을 상상하면서 불편함과 수고로움은 참기로 결심한다.

어쩌면 희망에 매달리는 건 이런 태도와 비슷한 것 같다. 어려움과 불편함을 알지만, 나 하나 이런다고 뭐가 달라지나 자괴감이 들지만, 어딘가 있는 나의 동지들을 믿고 거대한 변화의 흐름을 믿고 계속해 나가는 끈기. 그리고 분노의 힘. 야생을 지키고 싶은 욕망. 지리산 봉우리를 깎아 골프장으로 만들려는 지자체와 개발업자를 막아내고, 바다에 핵으로 오염된 폐수를 버리려는 욕심을 저지해 자연을 지키고 싶은 분노와 힘. 종종 자본의 힘과 정치 논리는 정당한 분노를 억압해 퇴보시키지만, 역사상 결국 성난 사람들의 분노는 큰 흐름을 만들었다. 퇴보처럼 보이지만 세계는 분명 더 나은 방향으로 나아가고 있다고 믿는다. 그리고 제인 구달의 말처럼 아직 완전히 늦지 않았다. 다만 우리가 행동에 옮기는 걸 망설이진 말아야 할 때다.

희망(希望). '어떤 일을 이루거나 얻고자 기대하고 바람.' 제인 구달의 희망이 곧 우리의 바람이기에 모두의 희망이 들불처럼 번져나가기를 기대하고 또 바란다.

변용란

옮긴이의 글

옮긴이 **변용란**

서울에서 나고 자라 건국 대학교와 연세 대학교에서 영어영문학을 공부했고 영어로 된 다양한 책을 번역한다. 옮긴 책으로 『시간여행자의 아내』, 『트와일라잇』, 『대실 해밋』, 『마음의 시계』, 『나의 사촌 레이첼』, 『오드리 앳 홈』, 『음식 원리』, 『호르몬 찬가』 등이 있다.

희망의 책

1판 1쇄 찍음 2023년 7월 1일
1판 1쇄 펴냄 2023년 7월 7일

지은이 제인 구달, 더글러스 에이브럼스, 게일 허드슨
옮긴이 변용란
펴낸이 박상준
펴낸곳 (주)사이언스북스

출판등록 1997. 3. 24.(제16-1444호)
(06027) 서울시 강남구 도산대로1길 62
대표전화 515-2000, 팩시밀리 515-2007
편집부 517-4263, 팩시밀리 514-2329
www.sciencebooks.co.kr

ISBN 979-11-92908-07-6 03400